KB268195

멜섹(MELSEC)을 이용한

PLC (GX-Works2) 제어

실습

PLC Basic Practice
HMI 제어

최영근 · 정용섭 공저

光文閣

www.kwangmoonkag.co.kr

“백문이불여일견(百聞而不如一見), 백견이불여일각(百見而不如一覺), 백각이불여일행(百覺而不如一行)”

저자가 가장 좋아하는 말이다.

백 번 듣는 것보다 한 번 보는 게 낫고, 백 번 보는 것보다 한 번 깨닫는 게 낫고, 깨달음도 결국 직접 해 보는 것만 못하다는 뜻이다.

자동화설비산업기사 실기 시험을 준비하다 보면, 어디서부터 시작해야 할지 막막한 경우가 많다. PLC가 낯설게 느껴지거나, 이론은 알겠는데 막상 손으로 제어를 짜 보려니 어렵게 느껴지는 분들도 많을 것이다.

이 책은 바로 그런 분들을 위해 만들었다.

MITSUBISHI MELSEC PLC를 기준으로, 자동화설비산업기사 실기 수준에 맞춘 PLC 제어 실습 예제를 중심으로 구성했다. 복잡한 이론보다는 실습을 통해 하나하나 따라 해 보면서 자연스럽게 익힐 수 있도록 했다.

모든 내용을 다 담을 수는 없었지만, 실기 시험의 첫걸음을 떼는 데 꼭 필요한 내용은 빠짐없이 담았다. 부족한 부분은 아래 Mitsubishi Electric 공식 고객지원 웹사이트를 참고하기 바란다.

https://kr.mitsubishielectric.com/fa/ko/index.do

앞으로는 자격시험 실습과 실무에 더 밀접한 응용 예제와 자료들도 꾸준히 보완해 나갈 예정이다.

이 책이 자동화설비산업기사 자격 취득을 준비하시는 여러분께 확실한 실기 길잡이가 되어 주길 바란다. 혼자서 막막할 때, 이 책이 든든한 시작이 되길 응원한다.

2025년 8월
저자 일동

Contents

Contents

01 PLC를 이용한 간단한 자동 제어기

이 책은 기초 디지털 공학을 학습한 학습자가 PLC를 활용해 간단한 자동 제어기를 구성하고 실습함으로써, 실제 생산 자동화 공정과 설비 유지 보수 능력을 기를 수 있도록 구성되었다.

초보자도 쉽게 접근할 수 있도록 시퀀스 제어의 기초 개념과 예제를 중심으로 설명하며, Mitsubishi의 Q03UDV PLC를 기준으로 작성되었고, FX3G 기종과의 명령어 차이도 함께 다루어 이해를 도왔다.

실습 과제는 자동화설비산업기사 실기 수준에 맞추어 실제 공정을 모델링한 단계별 예제로 구성되어 있으며, 다음과 같은 작업을 포함한다:

1. 소재 공급 (편솔 사용)
2. 드릴 가공 (DC 모터 및 편솔)
3. 컨베이어 이송 (DC 모터)
4. 센서를 통한 검사 (유도형/용량형 센서)
5. 소재 판별 및 분류 (양솔 사용)
6. 단속/연속 동작 구성
7. HMI 제어

각 실린더의 제어는 제4장 프로그램 실습에서 다양한 조건으로 연습할 수 있도록 구성되어 있다.

최근 PLC는 기능이 다양해졌고, 초보자도 쉽게 사용할 수 있도록 발전했다.

이 책은 기본 I/O 중심의 쉬운 예제부터 시작해 점차 실력을 쌓고, PLC의 기능을 100% 활용할 수 있도록 도전하는 기반이 되어 줄 것이다.

이제 각종 구성 사양을 먼저 다루도록 하겠다. 먼저 PLC 모듈은 어떤 종류를 사용해야 하는지부터 고민이 된다. 여기서는 Q Series 중에서 MITSUBISHI PLC CPU의 Q03UDV를 채택하여 구현해 보기로 한다. (특정 명령어에서는 FX3G를 채택)

1. 기종 선정

1) 입출력 점수 계산 방법

PLC를 선정하기 위해서는 우선 입력 및 출력 점수를 계산하여 PLC 규모를 명확히 할 필요가 있다.

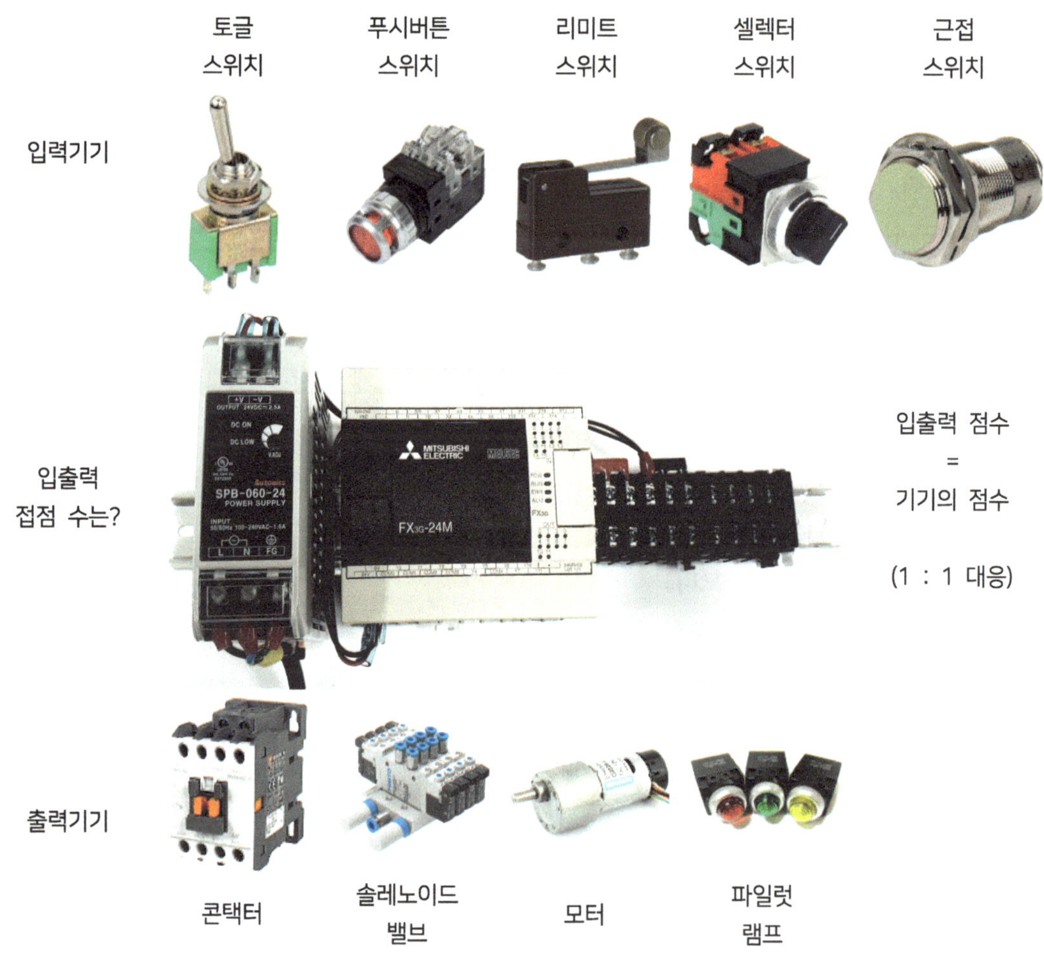

2) PLC 형식 선정

▶ **전원 전압은?**

○ PLC의 전원 전압은 일반적으로 AC100/220V계 공용으로 되어 있다. 배터리 카트나 비상 전원용 등 특수 용도에는 DC24V 전원 타입이 사용된다.

■ 여기서는 AC100/220V계 공용으로 적용된 파워 서플라이를 채택하여 PLC 전원을 연결한다.

▶ 입력 신호 전압은?

○ 저가형의 DC24V 입력 신호 형식이 일반적으로 사용된다. (전원은 PLC 내장)

○ 입력 기기의 환경이 나쁜 경우, AC100/220V계 입력 신호 형식을 사용하면 접점의 접
촉 신뢰성이 높아진다.

■ 여기서는 DC24V를 이용하여 입력 신호를 결정한다.

▶ 출력 형식은?

○ AC 부하 및 DC 부하에 함께 사용할 수 있는 릴레이 출력 타입이 사용되고 있다.

○ 장수명, 무접점 타입도 있으며, AC 부하에는 SSR(트라이액), DC 부하에는 트랜지스
터 출력이 사용된다.

■ 여기서는 DC 부하에 릴레이 출력 타입을 사용한다.

③ 메모리 형식 선택

Q 시리즈 PLC는 충분한 스텝(프로그램의 길이 또는 명령 수)을 사용할 수 있지만, FX 시리
즈 PLC는 스텝 수가 한정적이다. FX 시리즈의 EEPROM 메모리 내장 기종은 다음과 같다.

○ EEPROM 메모리 내장 기종

FX1S, FX3G, FX1NC 시리즈 : 배터리를 사용하지 않는 EEPROM 메모리가 내장되어
있다.

2000스텝 내장
(메모리 장착 가능, 옵션)

32000스텝 내장
(메모리 장착 가능, 옵션)

8000스텝 내장

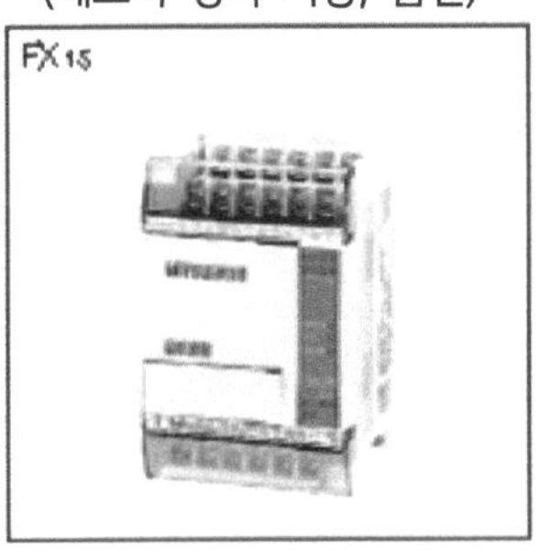
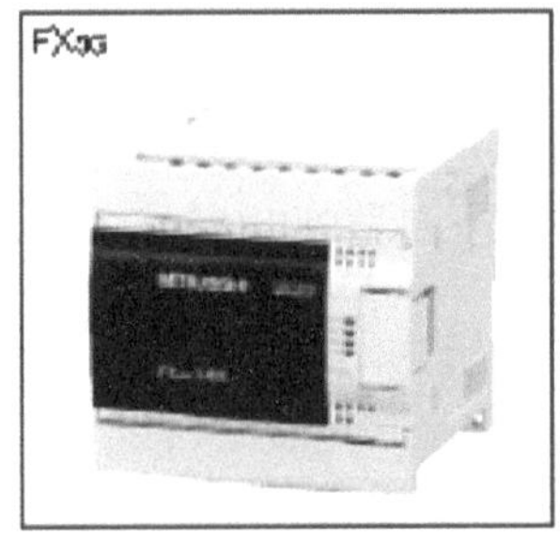

※ 출처 : FX PLC 매뉴얼

PLC와의 프로그램 전송 기능을 내장한 옵션 메모리 카세트를 사용하여 복수의 PLC에 프로
그램을 쓰거나 원격으로 PLC에 프로그램을 교환하는 것도 가능하다.

■ 여기서는 Q03UDV CPU 혹은 FX3G-24M을 채택하여 사용한다.

2. PLC 기본 구성 사양

1) MITSUBISHI Q03UDV I/O 점수

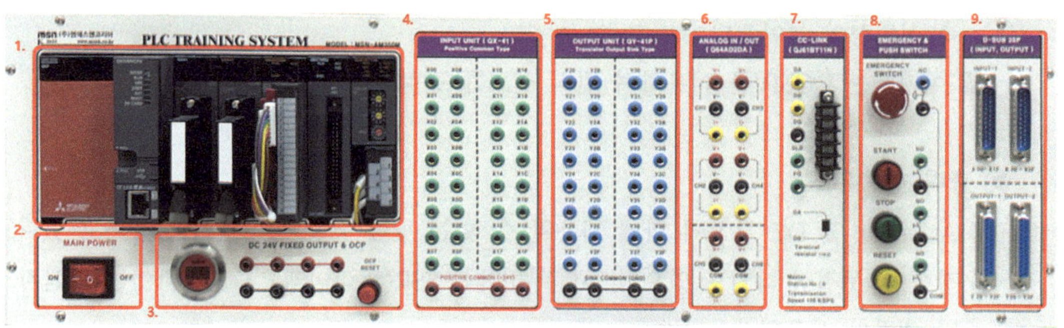

[디지털 입출력 제어부]

① PLC UNIT

② 주 전원 스위치

장비의 입력 전원(AC220V)을 ON/OFF 하는 스위치

③ 고정 DC 전원 출력부

DC 24V 및 출력 단자(+/- 4조), 과부하 표시등 및 리셋 스위치

④ PLC INPUT TERMINAL

PLC 입력 단자로서 PLC 입력 모듈의 X00~X0F, X10~X1F에 각각 연결. 입력 32점, COM 4점으로 구성되어 있으며, "+" COM을 연결하여 실습할 수 있도록 구성

⑤ PLC OUTPUT TERMINAL

PLC 출력 단자로서 PLC 출력 모듈의 Y20~Y2F, Y30~Y3F에 TR 타입의 출력 모듈이 각각 연결. 출력 32점, COM 4점으로 구성되어 있으며, "-" COM을 연결하여 실습할 수 있도록 구성

⑥ AD / DA TERMINAL

PLC 아날로그 입력 및 출력 혼합 모듈의 접점이 각각 연결. 아날로그 입력 4조, 아날로그 출력 2조로 구성

⑦ CC-LINK TERMINAL

QJ61BT11N에 대한 통신 단자대를 4mm 플러그 및 Y터미널 단자대로 구성

⑧ 스위치 모듈

비상 정지 스위치 1개 및 푸시버튼 스위치 3개로 구성

⑨ PLC 외부 입력 커넥터

본 커넥터와 패널의 PLC 입력 단자와 연결되어 있으며 외부 기기와 연결하여 제어할 때 사용

2) MITSUBISHI FX3G-24M 입출력 점수

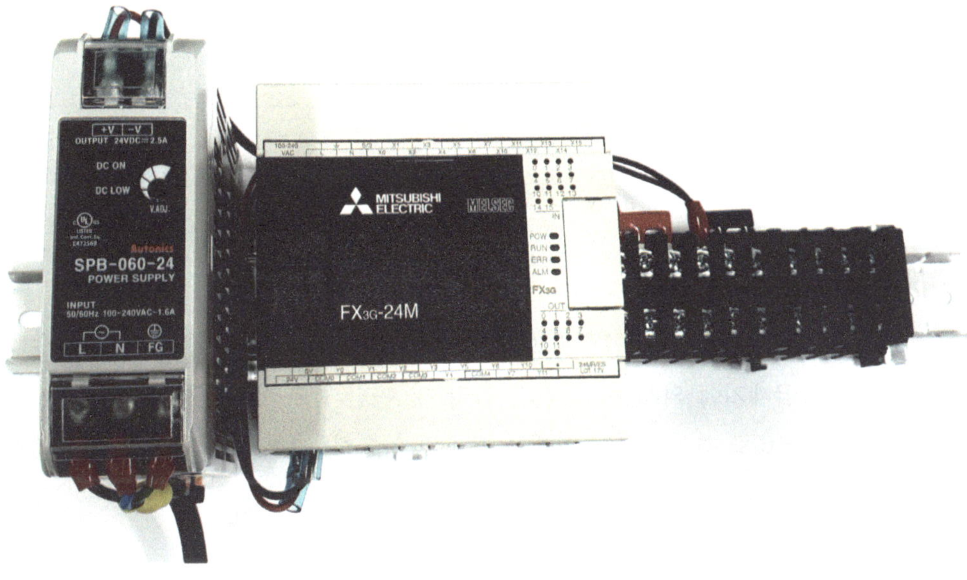

▶ 주 전원 스위치 : 장비의 입력 전원은 AC220V로 구성

▶ 고정 DC 전원 출력부 : DC24V 및 출력 단자(+ 및 -)

▶ PLC INPUT TERMINAL : PLC 입력 단자로서 PLC 입력 모듈의 X0 ~ X7, X10 ~ X15
에 각각 연결되어 14점으로 구성

▶ PLC OUTPUT TERMINAL-1 : PLC 출력 단자로서 PLC 출력 모듈의 Y0 ~ Y7, Y10 ~
Y11에 릴레이 타입의 출력 모듈이 각각 연결되어 10점으로 구성

02 PLC 제어

1. PLC 제어 개요

1-1. PLC 제어

과학 기술의 발달은 18세기의 "인간에 의한 동력 공급을 기계의 힘으로 대체한다"라는 제1차 산업혁명 이후, 금세기에 와서는 "인간의 감각 및 판단과 조작을 결합한 자동화와 성력화(생산성의 향상을 목표로 하여 생산공정에서 가공의 능률화나 공정 간의 공작물 운반의 능률화를 도모하기 위해서 될 수 있는 한 작업을 기계화하고, 사람의 손이 있어야 하는 작업을 생략하는 것)라는 제2차 산업혁명"을 완수해 가고 있다.

이러한 자동화 제어 기술은 근래에 급속히 성장했으며, 그중에서도 PLC(Programmable Logic Controller)는 최근 들어 놀랄만한 발달과 보급을 보게 되었다.

이제 PLC 기술이 산업의 자동화, 성력화 분야에서 유공압 등과 같이 그 원동력이 되고 두뇌가 되어 활약한다는 것은 모두가 알고 있는 사실이다. 아울러 근대 이후 자동화, 성력화에 의한 기술 혁명을 주축으로 한 산업 합리화의 물결은 그 일환인 PLC 기술에 의존하는 바가 크며, 이에 따라 기술적 발달이 강력히 요구되고 있다. 따라서 그 넓은 응용 분야와 이용도 전기 전자 기술자는 물론 일반 기계 기술자에 있어서도 그 지식의 이해는 필수 불가결한 것이 되고 있다.

가. 자동 제어

제어 목표가 사람의 판단이나 조작 때문에 이루어지지 않고 기계나 감지 장치 때문에 이루어지는 것을 자동 제어라 한다.

1) 입력 장치 : 물리적 신호를 전기 신호로 변환하는 감지기와 제어 장치로 신호를 전송하는 변환 장치로 구성된다.

2) 제어 장치 : 입력 조건에 따른 제어 정책 및 제어 알고리즘을 수행하여 제어 신호를 출력에 내보내는 장치이다.

3) 출력 장치 : 장치에서 만들어지는 제어 신호를 실제 구동 장치를 유발하는 조작 신호로 변환하는 장치이다.

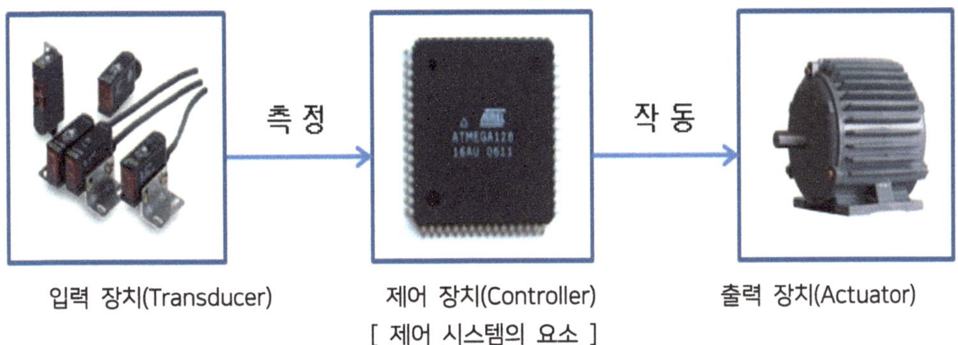

[제어 시스템의 요소]

나. PLC의 정의

PLC(Programmable Logic Controller)는 제어를 실현하기 위하여 종래의 제어반에서 사용하던 릴레이, 타이머, 카운터 등의 제어 장치들을 IC, 트랜지스터 등의 반도체 소자로 대체해 소형화하고, 기본적인 시퀀스 제어 기능 이외에 산술 연산이나 논리 연산 등의 기능을 추가하여 프로그램으로 제어할 수 있도록 한 프로그램 방식의 산업용 컴퓨터이다. 미국 전기공업협회(NEMA : National Electrical Manufacturers Association)에서는 PLC를 "디지털 또는 아날로그 입·출력 장치를 통하여 논리 연산이나 시퀀스 제어, 타이밍, 계수 등과 같은 특수한 제어 기능을 특정 명령어로 프로그램하여 기계나 프로세서를 제어하는 디지털 동작의 전자 제어 장치"라고 정의하고 있다.

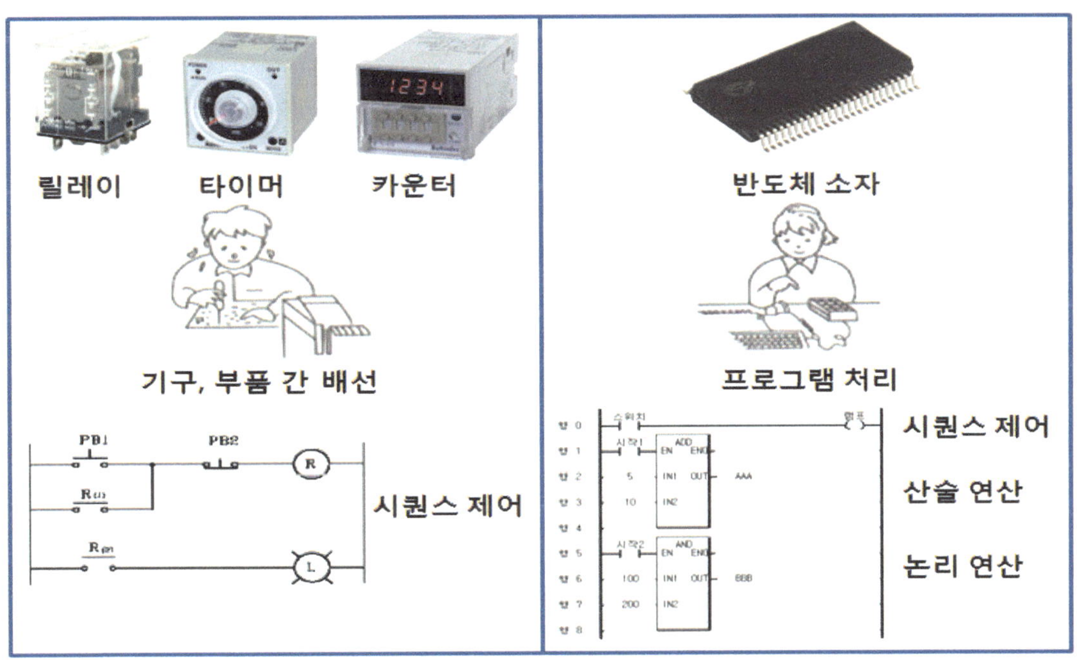

[릴레이 시퀀스 제어와 PLC 제어]

릴레이 제어반과 PLC의 비교

구 분	릴레이 제어반	PLC
제어 방식	하드 로직	소프트 로직
제어 요소	유접점(한정된 수명, 저속)	무접점(긴 수명, 고속 제어, 고신뢰성)
제어 기능	릴레이, 타이머, 카운터	릴레이(무접점, 소프트웨어로 처리), 다양한 카운터 및 타이머, PID 제어
제어 대상 변경	하드웨어적 배선 변경	프로그램만으로 변경 가능
시스템 특성	해당 시스템에만 종속적인 제어 장치	시스템 확장 용이, 컴퓨터에 의한 제어 및 저장 가능
유지 보수	유지 보수 비용 및 시간 필요	유지 보수가 쉬움
특징	소형화가 곤란, 소규모 제어 회로에선 가격이 저렴	소형화 가능, 소비 전력이 적음

컴퓨터와 PLC의 비교

구 분		컴퓨터	PLC
하드웨어	입력	키보드, 마우스, 스캐너 등	스위치, 센서, 리밋 스위치
	출력	프린터, 모니터 등	모터, 표시등, 릴레이 등
	구조	약전	강, 약전 병용
	목적	연산 및 데이터 처리	기계 장치의 제어
	사용 장소	사무실, 전산실, 공장 제어실	공장 등 산업 현장
소프트웨어	사용자	오퍼레이터, 프로그래머	현장 작업자
	프로그램 언어	컴퓨터 언어	시퀀스 회로를 중심으로 한 언어

다. PLC의 제어 시스템

1) 단독 시스템

PLC와 제어 대상이 1:1의 관계인 시스템이며 종래의 시퀀스 제어 장치에서 Relay 대신 PLC를 적용한 기본적이며 기존에 많이 사용했던 시스템이다.

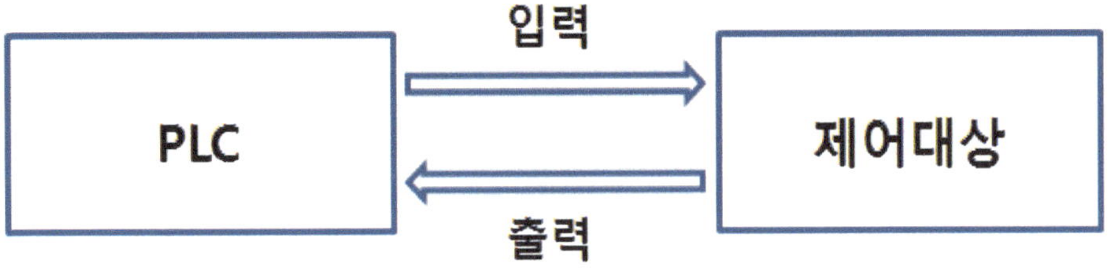

[단독 시스템]

2) 집중 시스템

복수의 제어 대상을 PLC 1대가 제어하는 시스템이며 하나의 시스템이 정지할 때 자동으로 다른 시스템들도 정지하므로 시스템을 구성할 때 신뢰성이 감소하게 된다는 점에 주의해야 한다.

기계가 각각 다른 장소에 분산된 경우는 전선의 절약을 위해 Remote I/O 기능을 가진 PLC를 사용하는 것이 바람직하며, 시스템을 설계할 때 고려해야 할 점은 PLC 처리 속도, 입/출력부의 응답 시간 등의 검토가 필요하다.

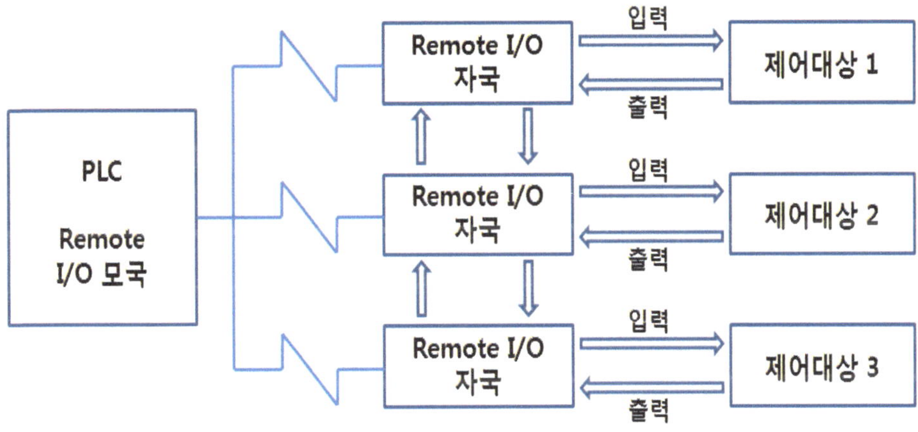

[Remote I/O 사용한 집중 시스템]

3) 분산 시스템

분산화된 개개의 제어 시스템에 대해 각각의 PLC가 제어를 담당하고 상호 연계 동작에 필요한 제어 신호는 PLC 간에 신호가 송수신되는 시스템이다. 이 시스템은 각각의 제어 대상에 대응하는 PLC가 있으므로 1대가 정지하여도 다른 제어 대상은 단독 운전이 가능해서 집중 시스템보다 신뢰성이 높다.

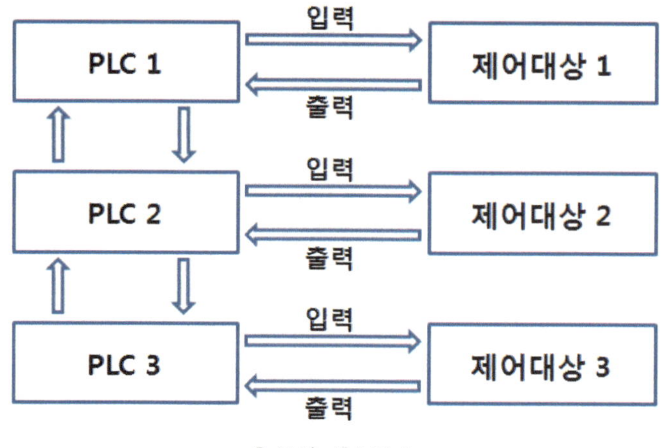

[분산 시스템]

4) 계층 시스템

컴퓨터와 PLC를 결합하여 정보를 종합 관리, 운용하는 TOTAL 제어 시스템이다. 최근 개인용 컴퓨터의 급속한 성능 향상과 신뢰도의 증대에 따라 계층 시스템의 구축이 활발하게 이루어지고 있다. 상호 데이터 송수신은 PLC의 메모리 맵과 컴퓨터의 메모리 맵이 소프트웨어의 설정에 의해 1:1로 대응되어 있다. 근래의 공장과 프로세스 자동화의 추이를 보면 종래의 대규모 분산 제어 시스템인 DCS(Distributed Control System)에서만 가능했던 고급 제어 기능(실시간 데이터 감시 제어, 고정밀 루프 제어, 시스템의 이중화, 통신을 이용한 다중 운전자 시스템)을 DCS보다 저가격, 소규모 시스템에 구축하고자 고기능 PLC와 이를 활용한 다양한 응용 시스템이 개발되고 있다. 그 외에도 PID 루프 제어, 아날로그 제어, 모션 제어(위치 결정 제어), 고속 카운터 등의 발전 역시 가속화되고 있다.

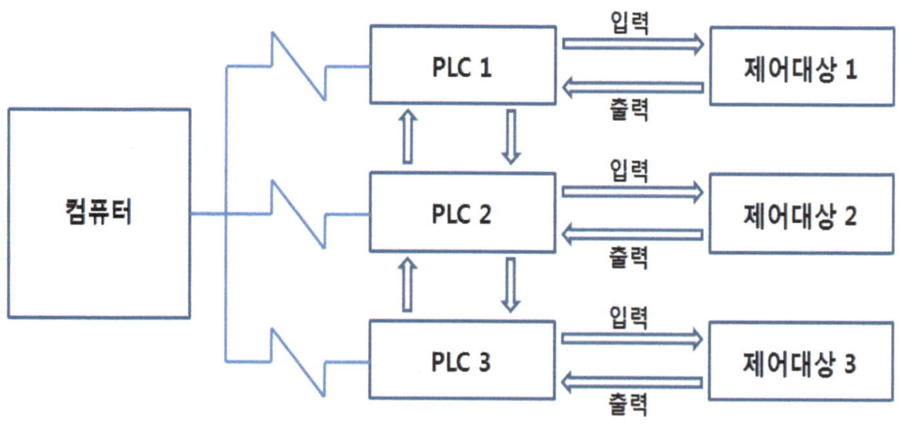

[계층 시스템]

라. PLC의 선정 및 적용 분야

1) PLC의 선정

PLC를 선정하려면 제어 대상의 시방과 제어 내용에 대해 정확히 이해하고 제어 대상의 기능, 가격, 확장성, 사후 관리, 기종의 계속성, 사용자의 수준 등을 고려하여야 한다.

[PLC 기종을 선택할 때 고려할 사항]

항목	검토 항목
전원 장치	공장의 전원과 사용하는 입·출력 기기의 전원을 고려
CPU 장치	명령어 종류, 처리 속도, 데이터 메모리 종류와 점수, 프로그램 메모리 용량, 특수 모듈의 사용 여부를 고려
입력 장치	입력 점수, 절연 방식, 정격 입력 전압, 최대 입력 전류 등
출력 장치	출력 점수, 절연 방식, 정격 출력 전압, 최대 출력 전류 등
사용 환경	주변 온도, 습도, 내전압, 절연 저항, 내진동, 내노이즈 등
기타	확장성, 호환성, 경제성 등

가) 입력 점수의 파악

조작반의 누름 스위치, 리밋 스위치 등의 명령을 내리는 입력 신호의 수와 근접 센서, 광감지기, 리드 스위치 등의 입력 신호의 수를 더하여 입력 점수로 산정하여 개수를 선정한다. 또한, 입력으로 사용되는 센서 등의 사용 전압을 고려하여 입력 모듈(AC 및 DC 전압)의 사양을 선정한다.

나) 출력 점수의 파악

전원 표시등, 운전 표시등, 과부하 표시등, 버저 등의 표시기와 솔레노이드 밸브, 릴레이, 전자 접촉기의 수를 더하여 출력 점수로 산정하고 8점, 16점, 32점 등의 모듈을 적절히 혼합하여 출력 모듈 수를 선정한다. 또한, 출력 방식은 릴레이 접점 방식, TR 출력 방식, SSR 출력 방식 등이 있으므로 출력부의 사용 전압을 고려하여 선정하여야 한다.

다) CPU 및 특수 모듈의 지원

일반적으로 Digital I/O외에 Analog I/O와 특수 카드(HSC, POP, PID 등) 지원 기능 등과 CPU의 특성을 고려하여 선정하여야 한다.

2) PLC의 적용 분야

과거 중규모 이상의 릴레이 제어반을 대체하던 PLC는 공장 자동화와 FMS의 발전에 따라 고기능화, 고속화되는 추세로서 소규모 공작 기계는 물론 대규모 시스템 설비 등에서 활용되고 있다. 아래 표는 제어 대상에 따른 PLC의 적용 분야를 나타낸 것이다.

[PLC의 적용 분야]

분　　야	제 어 대 상
식료 산업	컨베이어 총괄 제어, 생산설비 자동 제어
제철, 제강산업	작업장 하역 제어, 원료 수송 제어, 압연 라인 제어
자동차 공업	전송 라인 제어, 자동 조립 설비 제어
기계 산업	산업용 로봇 제어, 공작기계 제어, 송·배수 펌프 제어
상하수도	정수장 제어, 하수처리 제어, 송·배수 펌프 제어
물류 산업	자동 창고 제어, 하역 설비 제어, 반송 라인 제어

2. PLC의 내부 회로 결선

2-1. 입력 모듈

가. 입력 모듈의 내부 회로

대부분의 PLC 입력 모듈을 외부에서 살펴보면 Terminal Block 부분만 보이며, 내부의 전자
회로는 볼 수 없도록 되어 있다.

Mitsubishi PLC 입력 모듈(QX40)의 내부는 다음 그림과 같은 전자회로로 구성되어 있다.
각 PLC 제조회사마다 약간의 차이는 있겠지만 기본적인 구성은 다음 회로와 같다.

입력 모듈의 입력 접점 수가 8점인 모듈은 아래 그림 우측 점선 부분의 회로가 8개가 있는
것이고, 입력 접점 수가 16점인 모듈은 회로가 16개, 입력 접점 수가 64점인 모듈은 회로가 64
개로 구성되어 있다.

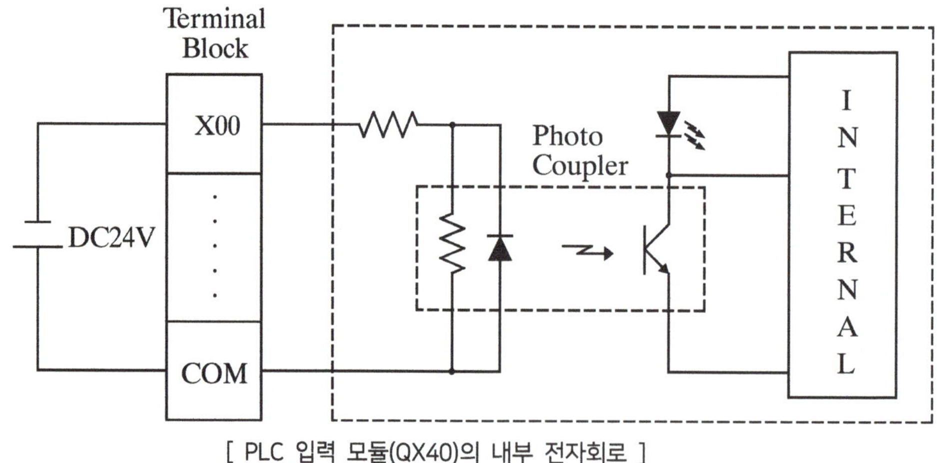

[PLC 입력 모듈(QX40)의 내부 전자회로]

위 그림에서 점선 안쪽의 회로는 Input 모듈의 내부 PCB 회로이며, 점선 외부는 단자대 (Terminal Block)로 인출되는 부분으로, 외부의 단자대에 COM 단자와 다른 입력 단자 간에 DC24V의 전위차를 인가하면 작은 점선 내부의 전자회로에서 적외선 발광 다이오드가 점등되고, 이 적외선이 포토 TR의 베이스를 트리거하여 TR이 On 된다.

이렇게 하여 TR이 On되면 우측의 Internal로 명기된 부분을 통해 PLC CPU에 입력이 들어왔다는 신호가 전달되는 것이다.

점선 내부의 적외선 발광 다이오드와 포토 TR이 한 Package에 조합되어 있는 회로 소자를 포토 커플러(Photo Coupler)라 하며, 입력 모듈의 모든 접점 단자에 위와 같은 회로가 구성되어 있다.

위의 그림은 입력 전압이 DC24V인 경우의 회로이며, 입력 전압은 모듈에 따라 AC110V, AC220V의 전압을 인가해야 동작되는 경우도 있다.

통상적으로 입력 전압이 낮은 DC24V용을 많이 사용하고 있으나, 일부 생산 현장에서는 입력 전압이 AC220V인 모듈도 사용하고 있다.

입력 전압이 DC24V인 모듈은 낮은 전압을 인가해 모듈을 동작시키므로 감전 위험이 작은 반면, 별도의 Power Supply가 준비되어야 한다는 단점이 있다.

물론 PLC Power 모듈에 DC24V의 전원을 준비해 놓고는 있지만, 용량이 작아 많은 수의 입력 접점 사용 시, 특히 각종 센서 사용 시 용량이 작아 부적합하다.

따라서 대부분의 생산 현장에서 사용 시 별도의 Power Supply를 준비해서 DC24V를 사용하고 있다.

또한, 입력 전압이 AC110V인 모듈과 입력 전압이 AC220V인 모듈이 있는데, 입력 전압이 AC110V인 모듈은 예전에 AC110V를 사용하던 시절에 쓰였던 모듈로 현재는 거의 사용하지 않고, 최근에는 입력 전압이 AC220V인 모듈을 많이 사용하고 있다.

입력 전압이 AC220V인 모듈은 높은 전압을 사용하므로 감전 위험이 큰 반면, 별도의 Power Supply가 필요없이 상용 전압을 그대로 사용할 수 있다는 것이 장점으로써 시스템 구축 시 단가 절감의 효과가 있기 때문에 생산 현장에서 주로 사용하고 있다.

이 경우 입력 전압이 AC220V이므로 입력에 연결되는 센서 역시 사용 전압이 AC220V인 것을 사용해야 하는데 이 때문에 자재 수급에 에로점이 따르기도 한다.

나. 입력 모듈 결선도

다음 그림은 DC 24V 입력 모듈의 외부 입력 회로도(접속도)이다.

그림에서 알 수 있듯이 16점용 DC 24V 입력 모듈로서 16점 Common이며 외부에서 DC24V를 공급해 주어야 한다. 이때 직류 전원의 극성은 무극성이다.

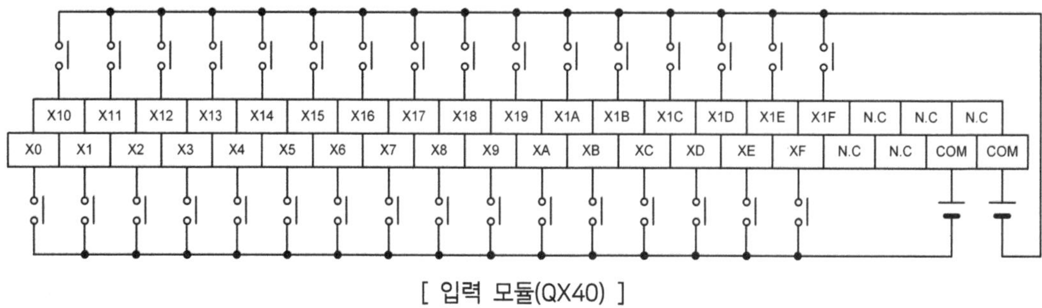

[입력 모듈(QX40)]

2-2. 출력 모듈

가. 릴레이 출력 모듈의 내부 회로

대부분의 릴레이 출력 모듈 역시 외부에서 살펴보면 Terminal Block 부분만 보이게 되므로 안쪽의 전자회로는 볼 수 없도록 되어 있다.

릴레이 출력 모듈(QY10)의 내부는 다음 그림과 같은 전자회로로 구성되어 있다.

릴레이 출력 모듈의 PCB 기판은 전자회로라고 하기에는 너무나 간단한 회로로 구성되어 있다.

각 PLC 제조 회사마다 약간의 차이는 있지만 릴레이 출력 모듈의 기본적인 구성은 아래의 회로와 같다. 출력 모듈의 출력 접점 수가 8점인 모듈은 아래 그림 우측에 점선 부분의 회로가 8개가 있는 것이고, 출력 접점 수가 16점인 모듈은 회로가 16개, 출력 접점 수가 64점인 모듈은 회로가 64개로 구성되어 있다.

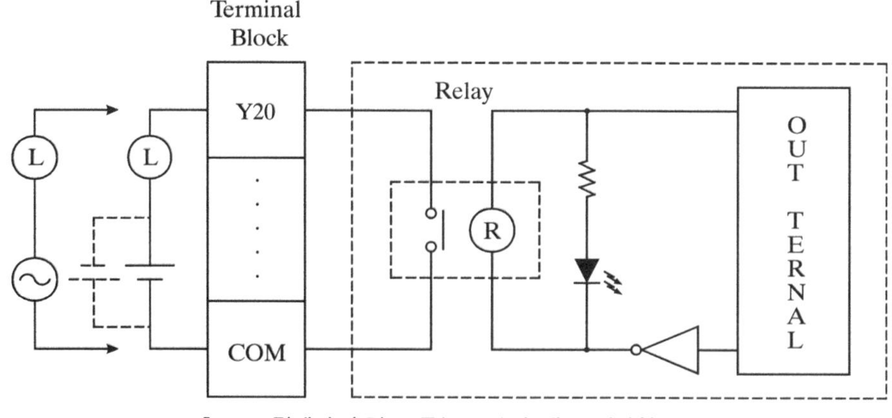

[PLC 릴레이 출력 모듈(QY10)의 내부 전자회로]

위 그림에서 점선 안쪽의 회로는 릴레이 출력 모듈의 내부 PCB 회로이며, 점선 외부는 단자대(Terminal Block)로 인출되는 부분으로 외부의 단자대에 COM 단자와 다른 출력 단자 간에 PCB상의 소형 릴레이 접점이 인출되어 있다.

우측 점선 안쪽의 작은 점선의 그림이 기판용 소형 릴레이로서, 통상적으로 접점 용량이 최대 2A인 릴레이가 많이 사용되고 있다. (PLC 제조 회사마다 약간의 차이가 있음)

PLC Program에 의해 Y20번이 On 되면, Y20번 단자대에 연결된 접점의 소형 릴레이가 On 되어 그림에서처럼 Terminal Block의 COM 단자와 Y20번 단자가 단락된다.

따라서 단자대 외부의 연결은 그림에서 확인할 수 있듯이 DC24V, AC110V, AC220V 어느 것이든 무관하다.

즉 입력 모듈은 모듈의 종류에 따라 입력 전압의 Type과 Voltage가 결정되나, 릴레이 출력 모듈은 전압의 Type이나 Voltage가 전혀 상관없다. 단, 출력 전류에는 상관이 있다.

앞에서 말했듯이 모듈에 사용된 릴레이는 PCB 기판에 사용되는 소형 릴레이를 사용했기 때문에 접점 용량이 최대 2A밖에 안 되므로 출력 모듈로 직접 구동할 수 있는 부하는 정격전류가 2A 이하인 것이어야 한다.

소형 전동기(정격전류 2A 미만), 백열전구, 솔레노이드 밸브 등은 릴레이 출력 모듈로 직접 제어가 가능하나, 그 밖의 부하(교류전동기, 히터 등)는 외부에서 별도의 Contactor(MC, Relay)를 사용해 주 전류를 제어하고 PLC는 Contactor(MC, Relay)를 제어함으로써 그 결과 PLC로 큰 용량의 부하를 제어하도록 구성한다.

나. 릴레이 출력 모듈 결선도

다음 그림은 릴레이 출력 모듈의 외부 회로도(결선도)이다.

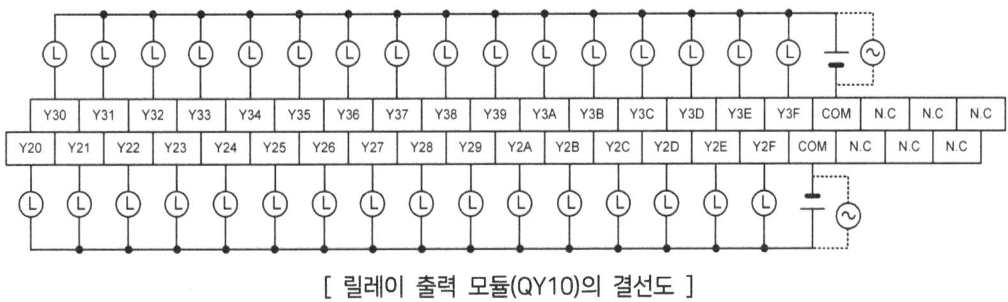

[릴레이 출력 모듈(QY10)의 결선도]

위 그림 아래 측의 경우 1번, 2번, 3번, … 16번 단자대에 각각 기판용 릴레이의 접점이 연결되어 있고, 나머지 한쪽은 17번 단자대에 공통적으로 연결되어 있어, PLC Program에 의해 On 된 번호의 단자대와 17번 단자대가 단락되어 전기가 흐르게 된다.

따라서 부하에 맞는 전원 전압을 17번 단자대에 연결하고, 각각의 단자대에 부하를 연결한 후, 부하의 나머지 한쪽을 모두 묶어 전원 전압의 나머지 한쪽에 연결한다.

또한, 위측의 1번에서 16번 단자대에 똑같은 회로가 연결되고 나머지 한쪽은 17번에 연결되어 있어, PLC Program에 의해 On 된 번호의 단자대와 17번 단자대가 단락되어 전기가 흐르게 된다.

따라서 부하에 맞는 전원 전압을 17번 단자대에 연결하고, 각각의 단자대에 부하를 연결한 후, 부하의 나머지 한쪽을 모두 묶어 전원 전압의 나머지 한쪽에 연결한다.

이와 같이 출력 접점을 16개씩 묶어서 하나의 단자에 Com을 인출한 경우를 16점 Com이라고 한다.

Com은 출력 모듈의 종류에 따라 4점 Com, 8점 Com, 16점 Com, 32점 Com 등이 있다.

위 그림에서 사용된 모든 부하는 정격전류가 2A 이하인 것이어야 하며, 전압은 무관하다.

앞에서 입력 모듈의 경우 입력 전압의 Type과 Voltage에 따라 여러 가지의 모듈이 있듯이 출력 모듈도 출력 Type에 따라 여러 가지의 모듈이 있다.

지금까지 설명한 내용은 현재 가장 많이 사용되고 있는 릴레이 출력 모듈에 대한 것이고, 그 밖에 고속의 스위칭이 가능한 TR 출력 모듈, 무접점 교류 제어가 가능한 트라이액 출력 모듈 등이 있다.

출력 모듈은 PLC로 제어하고자 하는 부하에 따라 가장 적합한 모듈을 선택하면 된다.

 GX–Works2 소프트웨어

1. GX-Works2 소프트웨어 설치

※ 우리가 사용하는 어떤 PLC 장치든 프로그램 작성, 전송, 모니터링 등을 위해 각 제조사에서 공급하는 전용 프로그램 편집기를 PC 환경에 설치해야 한다. 이 교재에서 사용하는 PLC는 MITSUBISHI Q 시리즈의 PLC이다.

많은 사용자가 이미 알고 있겠지만 MITSUBISHI사의 PLC는 GX-Works2라는 소프트웨어를 이용하므로 GX-Works2를 PC에 설치하고 프로그램하여 동작할 수 있는 환경을 준비해야 한다. 프로그램의 설치가 끝나면 PC와 PLC를 연결하는 과정을 거쳐서 사용할 수 있게 된다.

1-1. 프로그램 설치
① GX-Works2 폴더에서 setup.exe를 실행한다.

Doc	2013-09-03 오후...	파일 폴더	
LLUTL	2013-09-03 오후...	파일 폴더	
Manual	2013-09-03 오후...	파일 폴더	
SUPPORT	2013-09-03 오후...	파일 폴더	
data1	2012-03-08 오후...	압축(CAB) 파일	
data1.hdr	2012-03-08 오후...	HDR 파일	
data2	2012-03-08 오후...	압축(CAB) 파일	
engine32	2005-11-14 오전...	압축(CAB) 파일	
GXW2	2012-04-30 오후...	Text file	
Information	2011-11-07 오후...	Text file	
layout	2012-03-08 오후...	Binary file	
setup	2005-11-14 오전...	응용 프로그램	
setup.ibt	2012-03-08 오후...	IBT 파일	
setup	2012-03-08 오후...	구성 설정	
setup.inx	2012-03-08 오후...	INX 파일	

② 설치 마법사가 실행되며, 아래와 같은 화면이 나타나면 Next 버튼을 클릭한다.

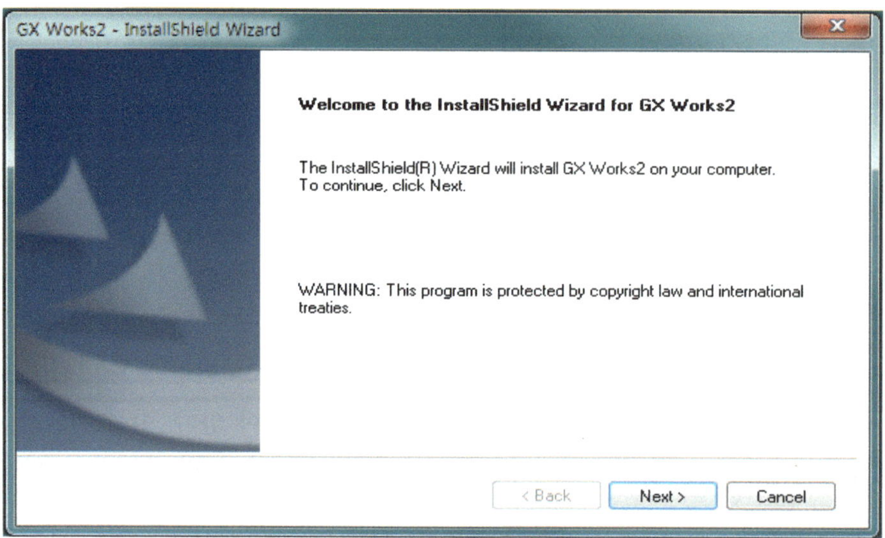

③ 설치할 S/W의 사용자명, 회사명, 시리얼 넘버를 입력한 뒤 다음 버튼을 클릭한다.
(시리얼 넘버는 설치 폴더의 GXW2.TXT 파일을 참조)

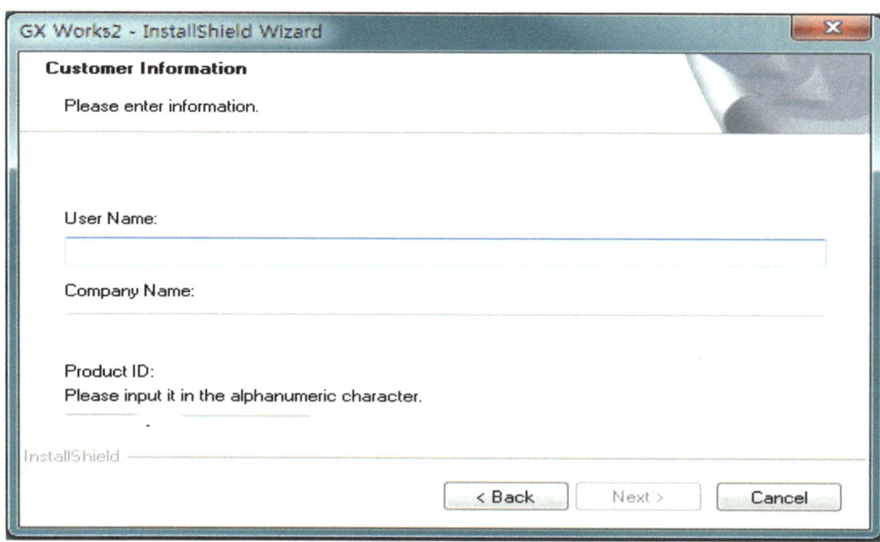

④ 이 화면은 GX Developer를 설치할지 물어보는 화면이다. Install GX Developer를 선택한 다음 Next를 누르면 GX Developer도 같이 설치된다.

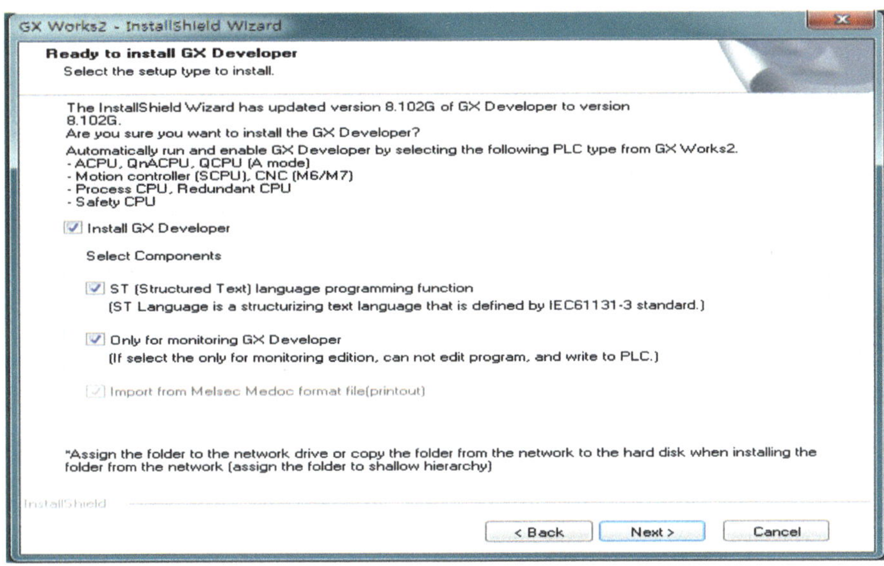

⑤ GX Works 설치 경로를 선택한 다음 Next를 누른다.

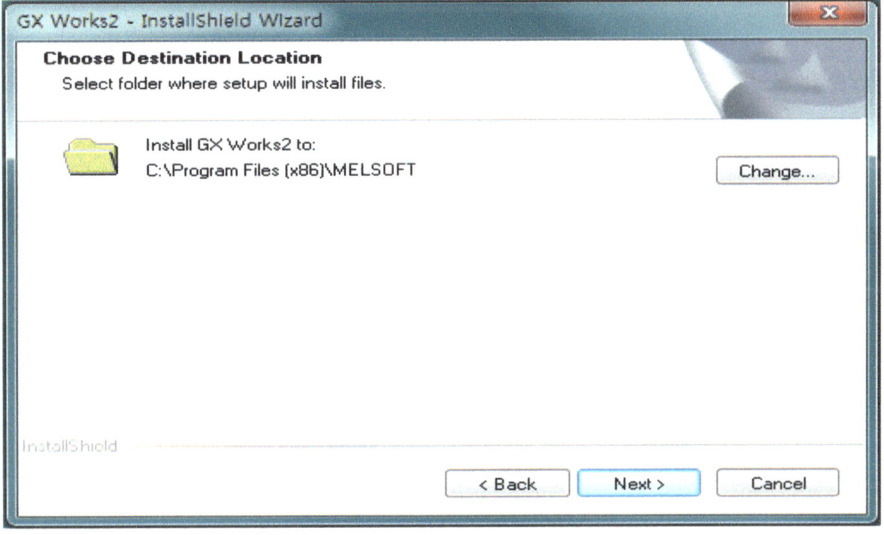

⑥ 설치가 완료되면 완료 버튼을 클릭하여 설치 마법사를 종료한다.

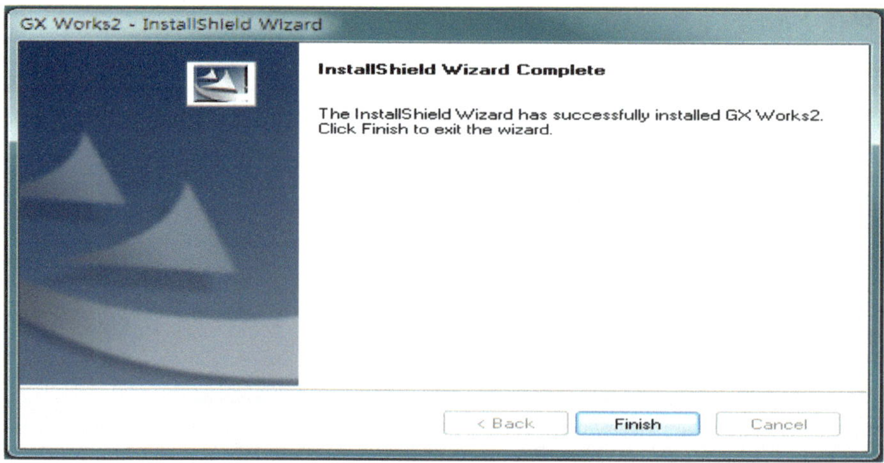

⑦ GX-Works2가 정상적으로 설치되면 바탕 화면에 아래와 같은 아이콘이 생성된다.

[GX-Works2 실행 아이콘]

⑧ GX-Works2 아이콘을 더블클릭하여 실행하면 아래와 같이 프로그램이 실행된다.

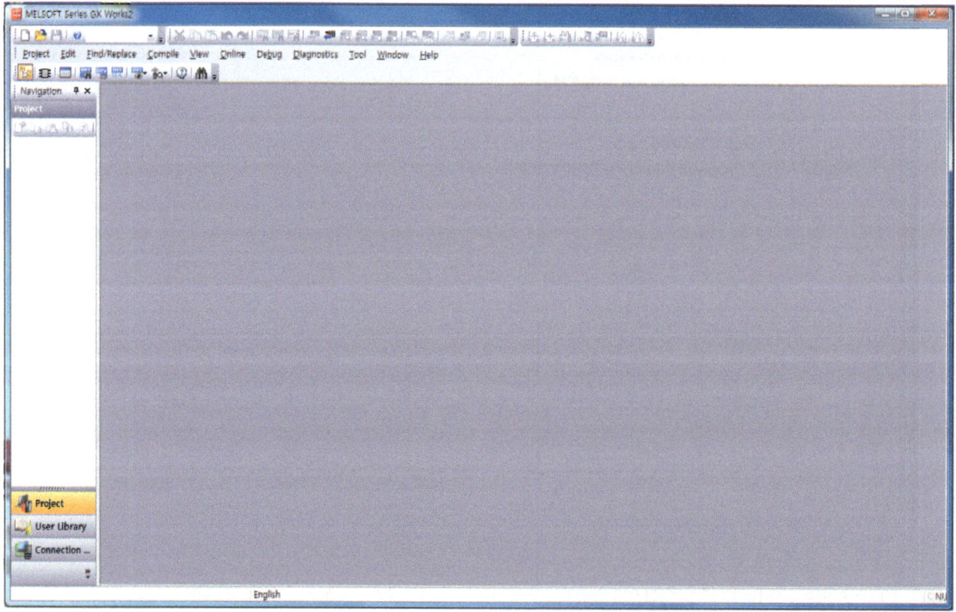

1-2. 프로그램 특징

GX-Works2 소프트웨어의 특징에 대해서 살펴보도록 하자. 그러나 PLC를 사용할 때 이와 같은 특징을 모두 이해해야만 가능한 것은 아니므로 간단하게 특징을 알아보자.

(1) 소프트웨어의 공통화

GX Works2는 Mitsubishi Electric사의 PLC(Programmable Logic Controller)를 프로그래밍하고 설정하는 통합 개발 환경(IDE)이다. 이 소프트웨어는 주로 MELSEC 시리즈 PLC (예: FX, L, Q 시리즈 등)를 대상으로 사용되며, 다양한 기능을 통해 제어 시스템을 구성하고 진단할 수 있다.

GPPA(General Purpose Program for A-series)

A 시리즈 PLC(예: A2SH, A2AS 등)를 위한 범용 프로그램 포맷이다. 구형 A 시리즈 PLC에 적용되는 프로그램 파일 형식으로, 프로그램의 백업이나 이전을 위해 사용되며, 확장자는 .gpp, .gpx 등으로 저장된다.

GPPQ(General Purpose Program for Q-series)

Q 시리즈 PLC용 범용 프로그램 포맷이다. Q 시리즈(예: Q02H, Q06H 등)의 프로그램을 백업, 이동, 또는 다른 장치에 업로드하는 데 사용되며, 확장자는 .gppq 또는 이와 유사한 파일로 저장된다. GX Works2에서 Q 시리즈 프로그램을 저장하거나 가져올 때 활용된다.

항목	GPPA	GPPQ
대상 PLC 시리즈	A 시리즈	Q 시리즈
용도	A 시리즈용 프로그램 백업/복원	Q 시리즈용 프로그램 백업/복원
사용 소프트웨어	GX Developer, GX Works2	주로 GX Works2
형식 특이사항	구형 PLC 전용	최신 모델 지원

(2) Windows의 장점을 살려 조작성이 비약적으로 향상

Excel, Word 등에서 작성한 코멘트 데이터 등을 복사, 붙여넣기 하여 유용하게 사용된다.

(3) 프로그램의 표준화가 가능

① 라벨 프로그래밍

라벨 프로그래밍으로 시퀀스 프로그램을 작성하면, 디바이스 번호를 의식하지 않고 라벨에 의해 표준 프로그램을 작성할 수 있다. 라벨 프로그래밍으로 작성한 프로그램은 컴파일함으로써 실행 프로그램으로 사용할 수 있다.

② 평션 블록(Function Block, 이하 FB라고 한다.)

FB는 시퀀스 프로그램의 개발 효율 향상을 목적으로 한 기능이다. 시퀀스 프로그램을 개발할 때에 반복해 사용하는 시퀀스 프로그램의 래더 블록을 부품화하여 시퀀스 프로그램의 개발을 용이하게 한다. 또한, 부품화에 의해 다른 시퀀스 프로그램에 쓰이게 될 때 시퀀스 프로그램을 잘못 입력하는 것을 막을 수 있다.

③ 매크로

임의의 래더 유형에 이름(매크로 명)을 붙여 파일에 등록(매크로 등록)해 두면 간단한 명령을 입력하는 것만으로 등록되어 있는 래더 유형을 읽어내 디바이스를 변경하여 유용하게 사용할 수 있다.

(4) 풍부한 프로그램 언어를 제공

릴레이 심볼어, 논리 심볼어, MELSAP3(SFC), MELSAP-L, 평션 블럭을 작성할 수 있으며 스트럭처 텍스트(Structure Text, 이하 ST 언어라고 한다)가 추가되었다.

ST 언어의 특징은 다음과 같다.

① C 언어 등의 고급 언어와 동등한 프로그래밍이 가능

ST 언어는 C 언어 등의 고급 언어와 똑같이 조건문에 의한 선택 분기나 반복문에 의한 반복 등의 구문에 의한 제어를 기술할 수 있다. 이 때문에 보기 쉬운 프로그램으로 간결하게 쓸 수 있다.

② 연산 처리를 용이하게 기술

ST 언어는 리스트나 래더에서 기술하기 어려운 연산 처리를 간결하고 보기 쉽게 기술할 수 있으므로 프로그램의 가시성이 좋고, 복잡한 산술 연산·비교 연산 등을 실시하는 분야에 적절하다.

(5) 타국 액세스를 간단하게 설정

접속 상대의 지정을 그래픽화한 도형에서 설정할 수 있으므로 복잡한 시스템을 구축하고 있는 경우라도 간단하게 설정할 수 있다.

(6) PLC CPU와 다양한 방법으로 접속 가능

① 시리얼 포트 경유　　　　　　② USB 경유
③ MELSECNET(Ⅱ) 보드 경유　　④ MELSECNET/10(H) 보드 경유
⑤ CC-Link 보드 경유　　　　　　⑥ Ethernet 보드 경유
⑦ CPU 보드 경유　　　　　　　　⑧ AF 보드 경유

(7) 충실한 디버그 기능을 제공

① GX Simulator를 이용하여 한층 더 간단하게 디버그할 수 있다. 즉 PLC CPU와 접속할 필요가 없으며, 유사 시퀀스 프로그램을 작성할 필요가 없이 디버그할 수 있다.

② 도움말에서 CPU 에러, 특수 릴레이·특수 레지스터의 내용을 알고 싶은 경우에 편리하게 찾아볼 수 있다.

③ 데이터 작성 중에 에러가 발생했을 경우, 무엇이 원인인지 메시지를 표시하므로 데이터 작성 시간을 대폭 절감할 수 있다.

2. 프로젝트 새로 만들기

① 바탕 화면의 GX-Works2 아이콘을 더블클릭하여 프로그램을 실행한다. 혹은 [시작]-[모든 프로그램]-[MELSOFT 응용 프로그램]-[GX Works2]-[GX Works2]를 클릭하여 실행한다.

[GX-Works2 실행 아이콘]

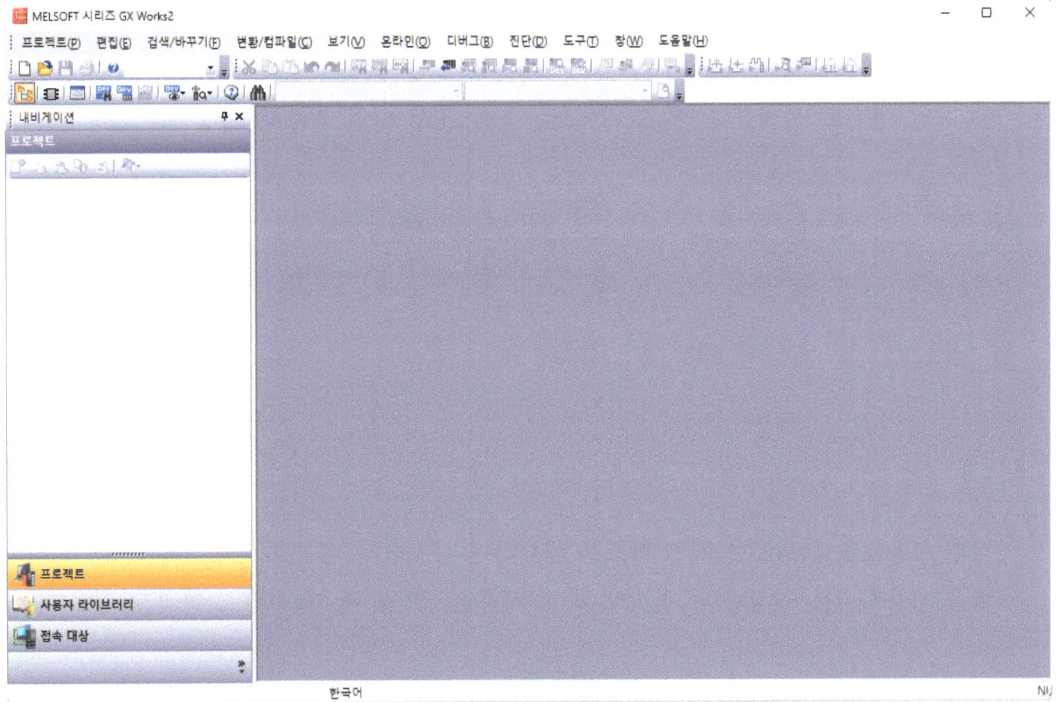

[초기 실행 화면]

② GX-Works2가 실행되면 메뉴바에서 [프로젝트(Project)]를 선택 후 [새로 만들기(New)]를 선택하여 프로젝트를 새로 만든다. 또는 단축키 Ctrl+N을 누른다.

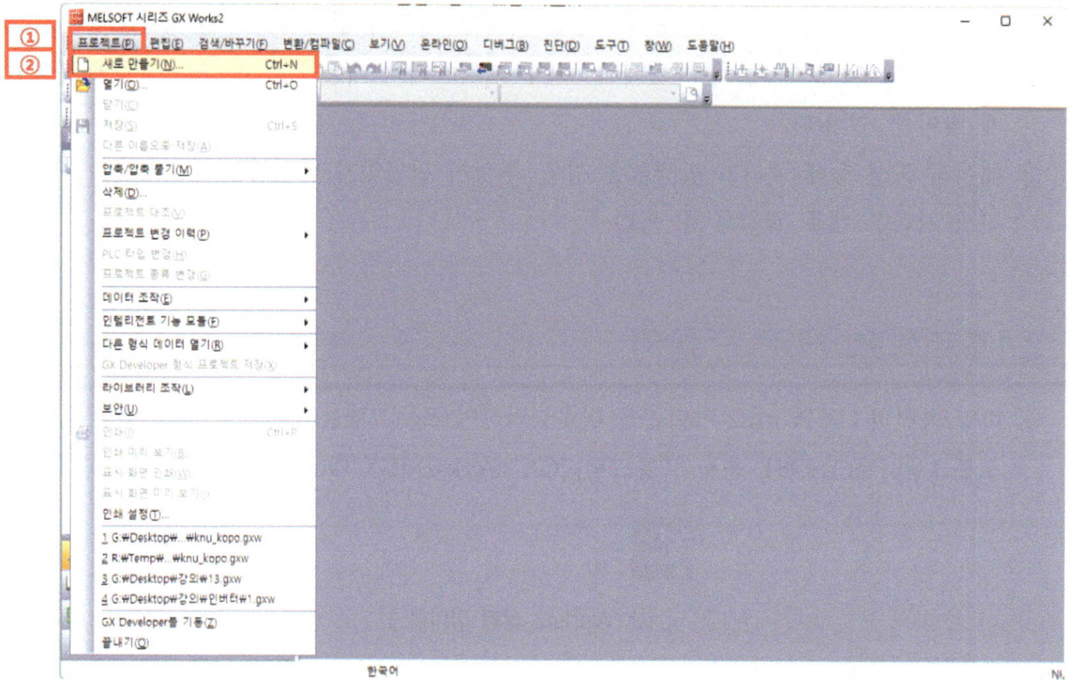

③ 프로젝트 새로 만들기 창에서 아래와 같이 시리즈를 QCPU로 선택 후 PLC의 기종을 사용 중인 CPU로 선택한다. 본 교재에서는 Q03UDV 타입 위주로 설명한다.

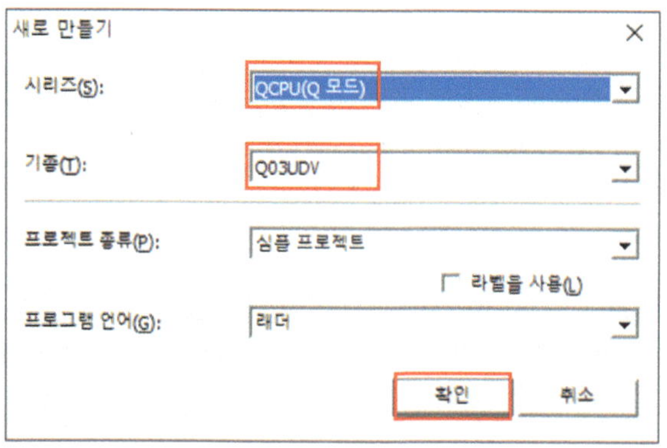

라벨 사용(Use Label)은 체크 박스를 해제하여 사용한다. 충분한 I/O 연습을 한 후에 라벨을 사용하기를 권장한다. 참고로 라벨 사용은 C언어 등의 변수 선언과 동일하다.

④ 프로젝트 새로 만들기 창에서 확인(OK) 버튼을 누르면 다음과 같은 프로젝트 초기 화면
   이 나타난다.

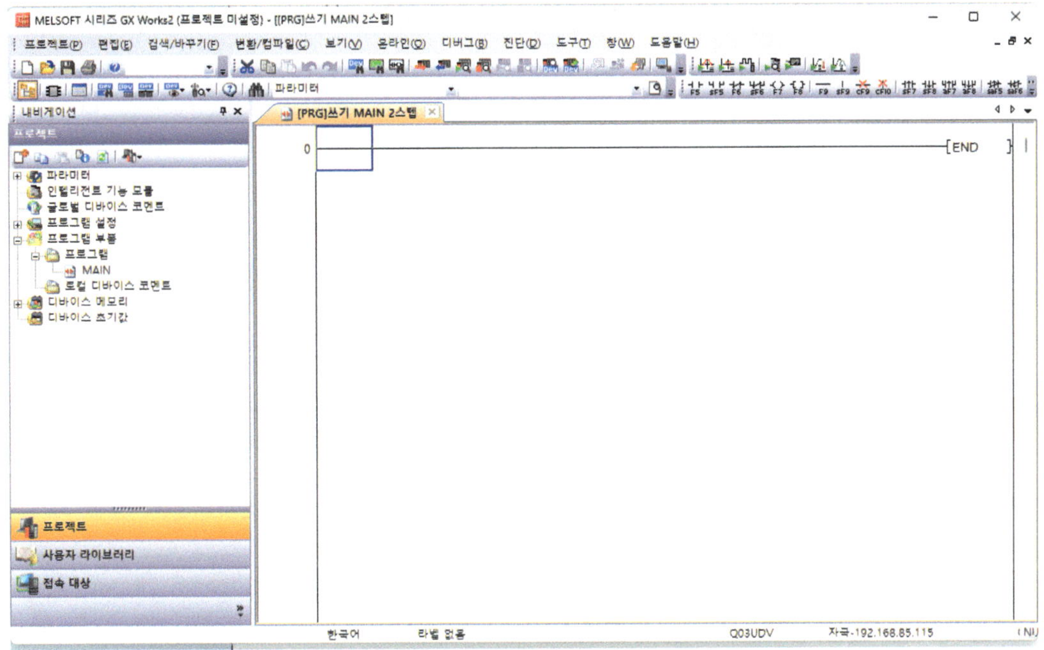

⑤ 새로운 프로젝트가 시작되면 아래와 같이 좌측 내비게이션에서 [접속 대상]을 선택한 후
   [Connection1]을 더블클릭한다.

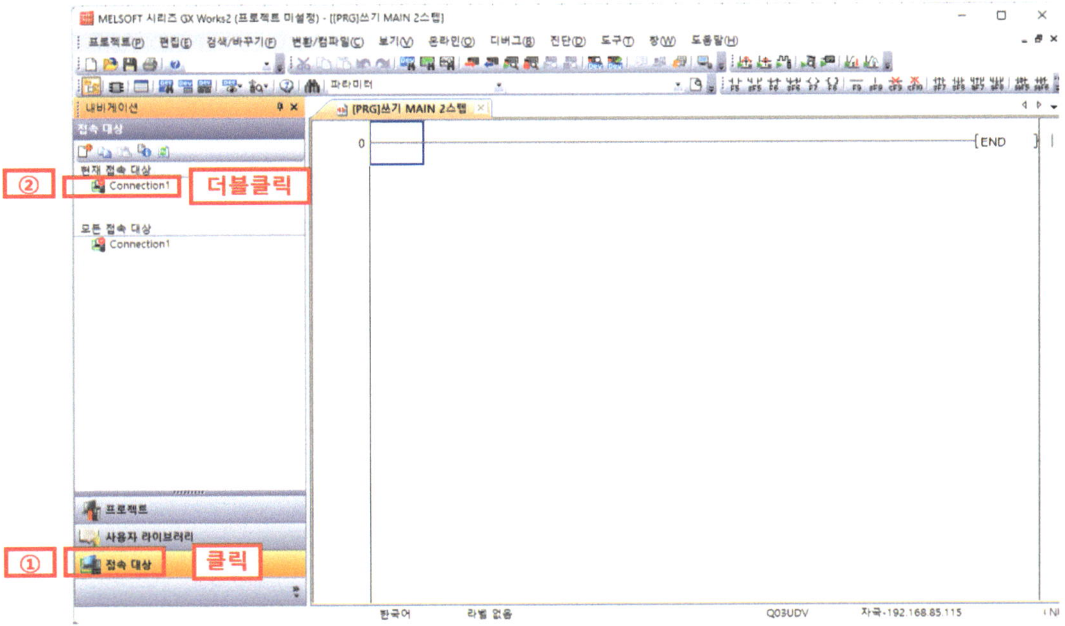

⑥ 접속 대상 설정 화면에서 [PC측 I/F(InterFace)]를 "Serial/USB"로 선택한다. 그 후 [PLC 측 I/F]에서 PLC Module"을 선택하고 [다른 국 지정]에서 "No Specification"을 선택한다. 그다음 [통신 테스트]를 눌러 통신 상태를 체크한 후 [확인] 버튼을 선택한다.

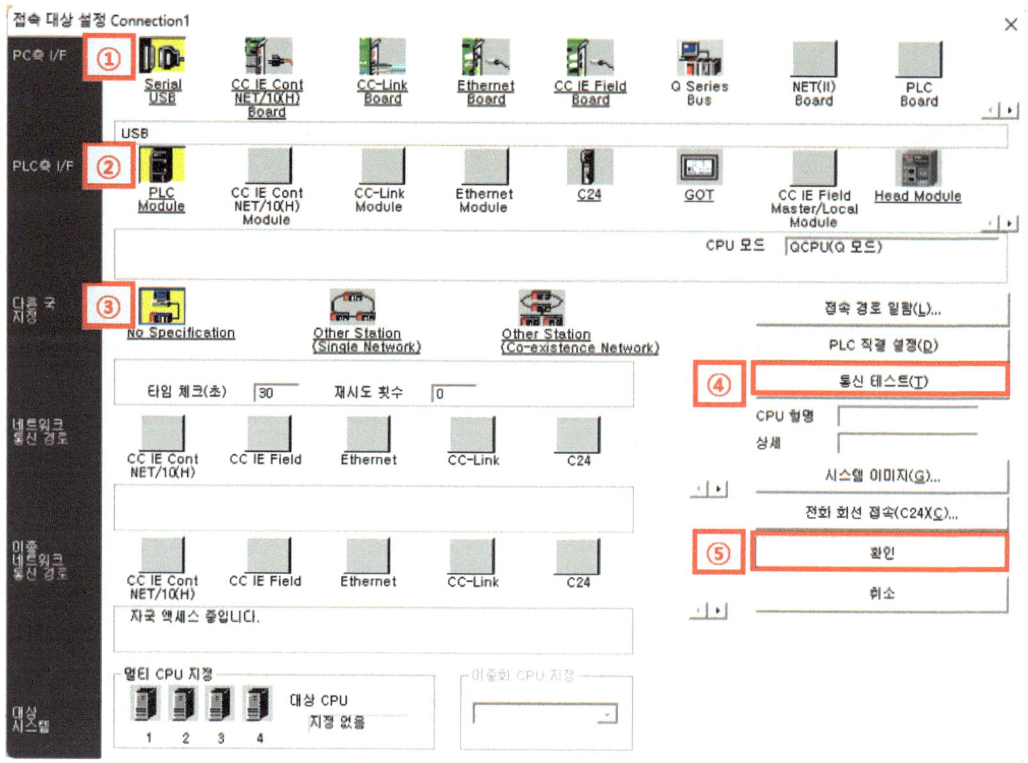

⑦ PLC 연결 설정 및 프로그램 작성 후 프로젝트 저장 시에는 [메뉴바] -> [프로젝트] -> [저장] 또는 [다른 이름으로 저장]을 누른다. 단축키 Ctrl + S를 눌러도 된다.

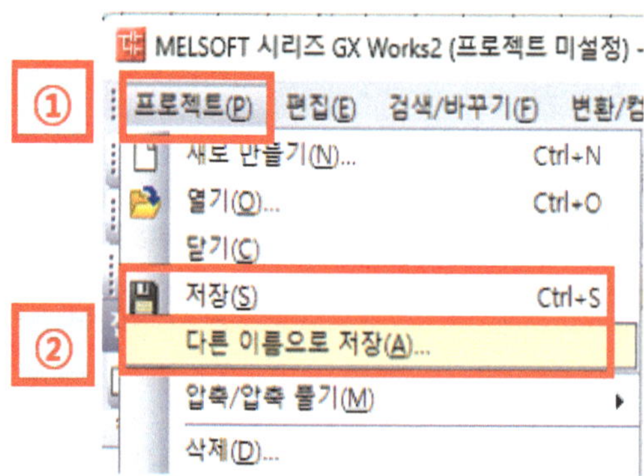

⑧ 아래의 그림처럼 프로젝트 저장 화면에서 파일 이름 및 타이틀을 기재한 후 [저장] 버튼이나 Enter 키를 누른다. 다른 드라이브 및 경로를 선택 시에는 저장하고자 하는 경로를 선택 후 저장한다.

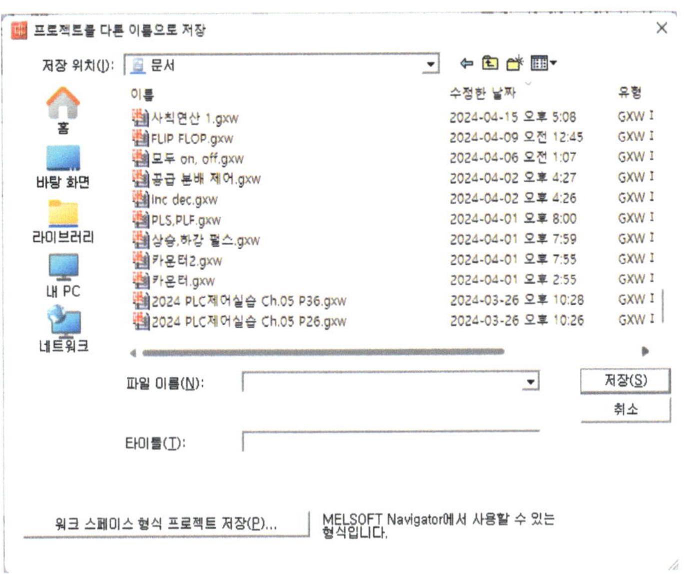

⑨ PLC 기본 모듈 및 고속 카운터, 시리얼 통신 모듈 등 인텔리전트 기능 모듈의 파라미터 설정을 위해 아래의 그림처럼 프로그램 좌측 셀의 [내비게이션] - [프로젝트] - [파라미터] ⇒ [PLC 파라미터]를 더블클릭한다.

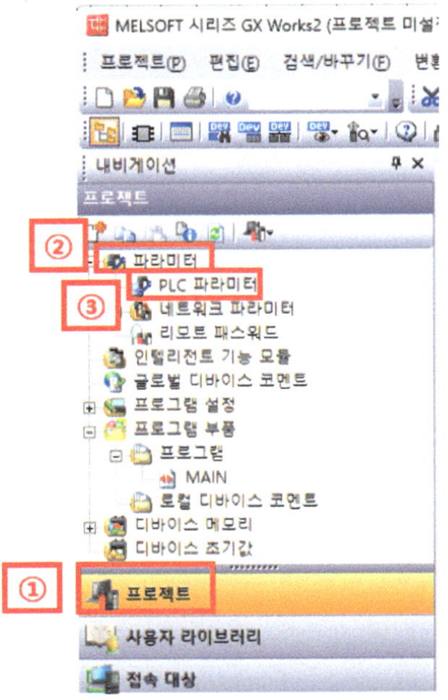

⑩ 아래의 그림처럼 I/O 할당 설정에서 PLC 모듈의 구성을 입력할 수 있다.

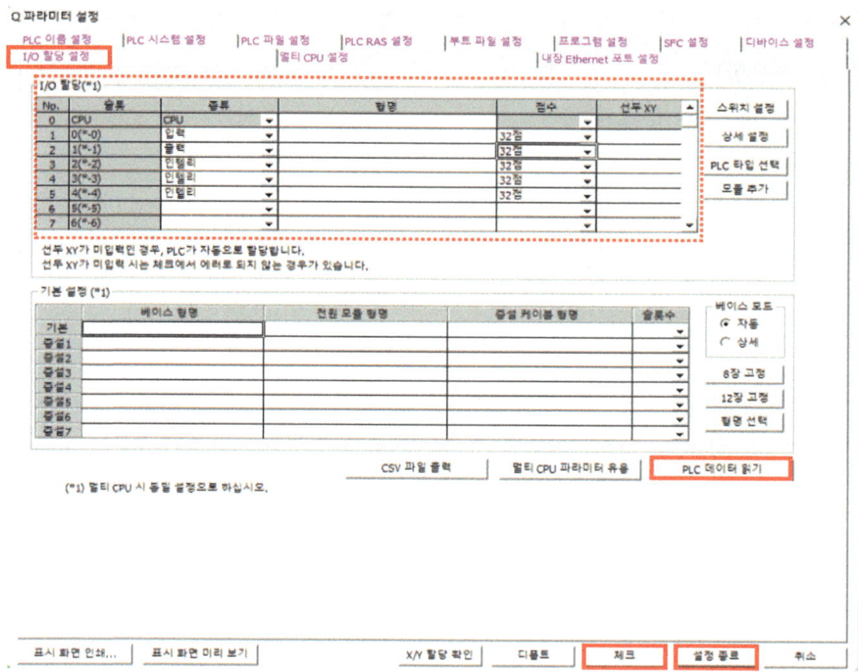

※ 직접 입력하는 대신 PLC 전원이 On 된 상태에서 우측 하단의 [PLC 데이터 읽기] 버튼을 누르면 자동으로 PC와 연결된 PLC의 입/출력 모듈 및 인텔리전트 기능 모듈의 정보를 읽어 올 수 있다.

⑪ 위의 그림과 같이 설정 후 [체크] 버튼을 눌러 오류가 없으면 [설정 종료] 버튼을 누른다. 다음으로는 통신 설정을 하고 PC 측에서 PLC 측으로 "쓰기(Write)" 하는 과정에 대해 설명할 것이다.

(1) GX-Works2의 단축키 및 프로그램 편집키 목록

● 표준 툴바

표준 툴바와 대응하는 단축키를 나타난다.

툴바 아이콘	단축키	대응하는 메뉴
	Ctrl+N	프로젝트 새로 만들기
	Ctrl+O	프로젝트 열기
	Ctrl+S	프로젝트 저장

● **프로그램 공통 툴바**

프로그램 공통 툴바와 대응하는 단축키를 나타난다.

툴바 아이콘	단축키	대응하는 메뉴
	Ctrl+X	잘라내기
	Ctrl+C	복사
	Ctrl+V	붙여넣기
	Ctrl+Z	실행 취소
	Ctrl+Y	다시 실행
	Ctrl+F	디바이스 검색
	-	명령 검색
	Ctrl+Alt+F7	접점 코일 검색
	-	PLC 쓰기
	-	PLC 읽기
	-	모니터 시작(모든 윈도우)
	-	모니터 정지(모든 윈도우)
	F3	모니터 시작
	Alt+F3	모니터 정지
	F4	변환/변환+컴파일

툴바 아이콘	단축키	대응하는 메뉴
	Shift+F4	변환+RUN 중 쓰기/변환+컴파일+RUN 중 쓰기
	Shift+Alt+F4	변환(모든 프로그램)/변환+모두 컴파일
	-	시뮬레이션 시작/정지

● **연결 윈도우 툴바**

연결 윈도우에서 사용할 수 있는 툴바를 나타난다.

툴바 아이콘	단축키	대응하는 메뉴
	-	내비게이션 윈도우
	-	부품 선택 윈도우
	-	아웃풋 윈도우
	-	크로스 레퍼런스 윈도우
	-	디바이스 사용 리스트 윈도우
	-	감시 윈도우
	-	인텔리전트 기능 모듈 모니터
	-	인텔리전트 기능 모듈 안내서
	-	검색/바꾸기 윈도우

● 기타 단축키

조작 대상에 관계없이 사용할 수 있는 기타 단축키를 나타난다.

툴바 아이콘	단축키	대응하는 메뉴
-	F2	데이터명 변경/ 라이브러리명 변경
-	Delete	데이터 삭제
-	Ctrl+Shift+C	데이터 복사
-	Ctrl+Shift+V	데이터 붙여넣기
-	Ctrl+Shift+E	신규 모듈 추가
-	Alt+F4	GX Works2 종료
-	Ctrl+E	크로스 레퍼런스
-	Ctrl+D	디바이스 사용 리스트
-	F11/Ctrl+ .	-
-	Shift+F11/ Ctrl+Shift+ .	-
-	F12/Ctrl+ ,	-
-	Ctrl+F	디바이스 검색
-	Ctrl+Shift+F	문자열 검색
-	Ctrl+H	디바이스 대체
-	Ctrl+Shift+H	문자열 대체
-	Ctrl+Alt+↓	-
-	Ctrl+Alt+↑	-
	Shift+F3	감시 시작
	Shift+Alt+F3	감시 정지
	Shift+Enter	현재값 변경
	Ctrl+Enter	실행 조건부 디바이스 테스트 등록
	Ctrl+F4	
	Ctrl+F6	

3. PLC 통신 초기 세팅 방법

● **PLC 통신 세팅 방법**

① PLC의 전원을 켜고 USB to Serial 케이블을 이용하여 PC와 PLC를 연결한다.

② 좌측 [내비게이션] 창 최하단 - [접속 대상(Connection Destination)] 클릭 - [Connection1]
을 더블클릭한다.

③ 접속 대상 설정 Connection1 창에서 아래 그림과 같이 선택한다.

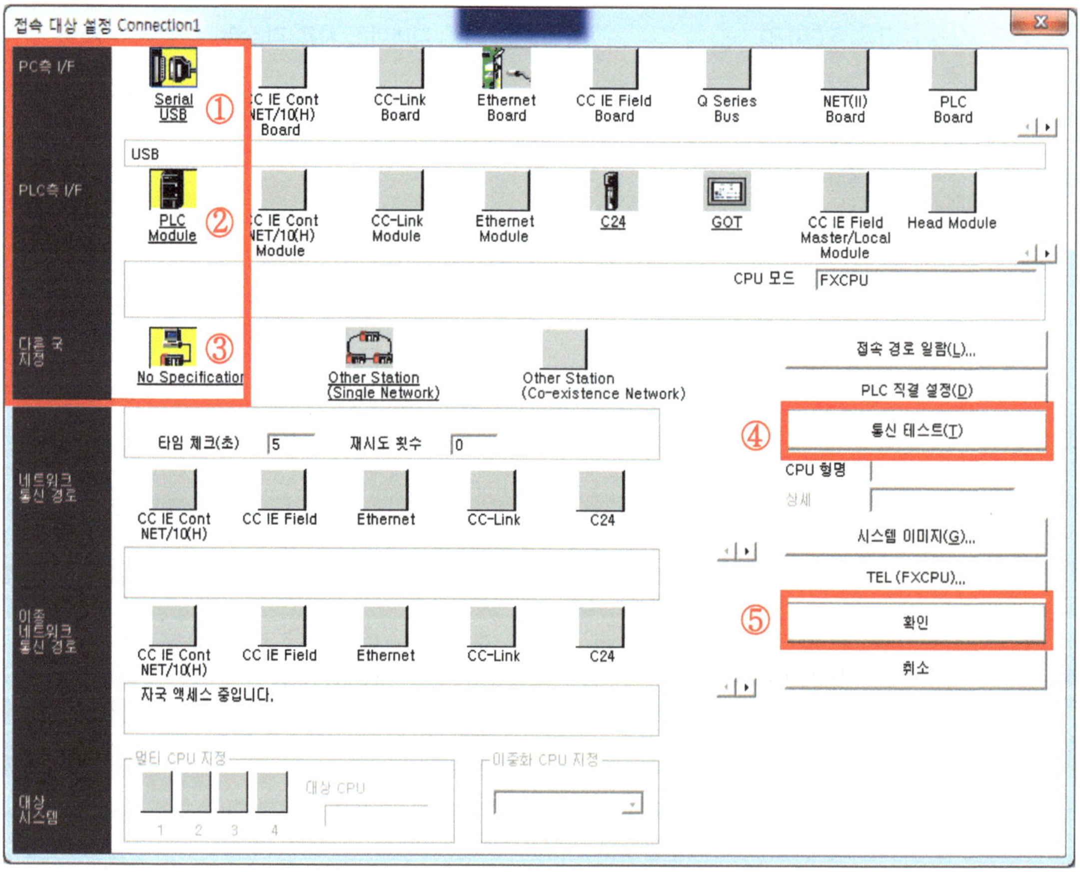

④ 선택이 끝나면 오른쪽 선택란에서 위에서 3번째 [통신 테스트(T)]를 클릭하여 통신 성공 여부를 확인한다. (FX3G CPU를 예로 들면 다음 그림과 같이 접속 성공 대화상자를 확인할 수 있다.)

⑤ 접속 성공 대화상자에서 [확인]을 선택한다.

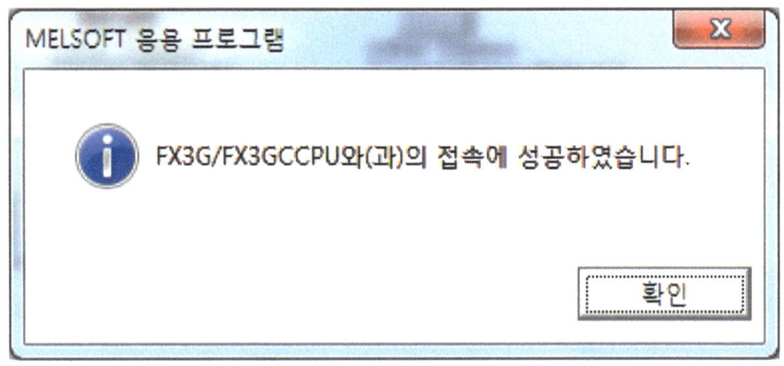

⑥ 메뉴에서 [온라인] - [PLC 쓰기]를 선택하거나 아이콘을 클릭한 다음 아래 그림과 같이 선택하여 파라미터와 프로그램을 PLC로 쓰기한다.

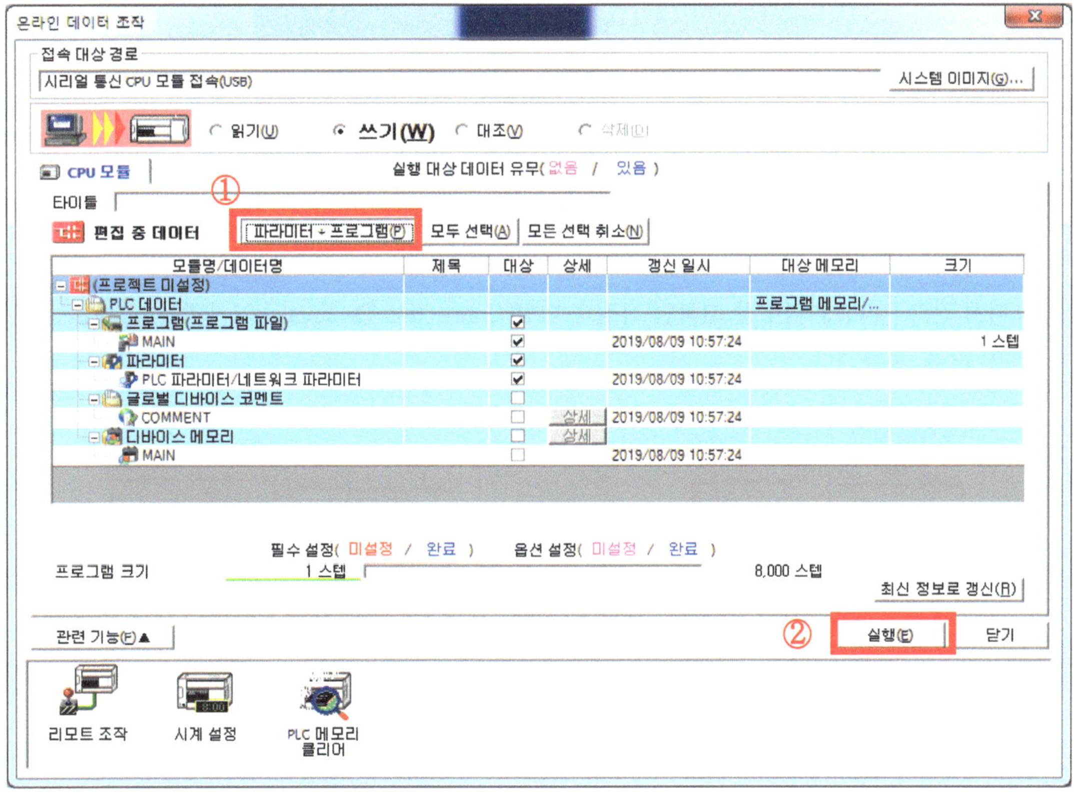

⑦ 정상적으로 쓰기가 완료되면 PLC 전원을 끈 후에 다시 켠다. (PLC 파라미터를 PLC 측으로 인식하기 위해서 재부팅을 시도하는 것이다.)

만약, USB to Serial 포트로만 접속하여 구성할 경우는 여기까지만 수행하여도 된다. 그러나 내장된 Ethernet 포트를 사용할 때는 다음의 작업을 더 수행하여야 한다.

MITSUBISHI PLC QCPU 중 Q03UDV는 Ethernet이 내장되어 있다. 이제 CPU 측의 캡을 열어 다음 그림과 같이 레버 스위치를 왼쪽으로 하면 [Reset]이 된다. 그러면 통신 연결에 문제가 발생하게 된다.

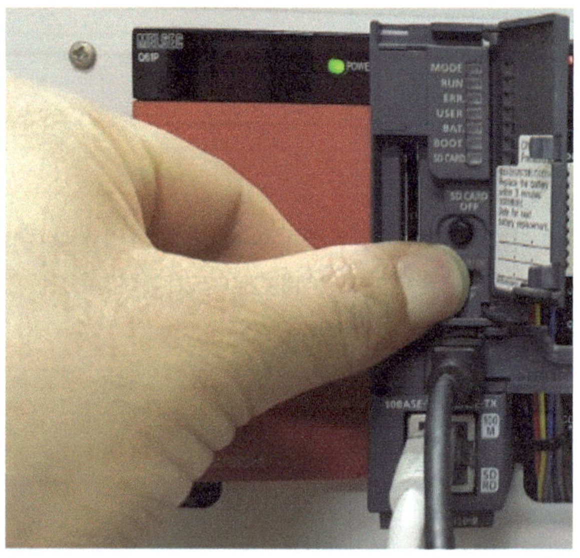

⑧ 다시 좌측 [내비게이션] 창 최하단 - [접속 대상(Connection Destination)] 클릭 - [Connection1]을 더블 클릭한다.

⑨ 새 창이 열리면 PC side I/F에서 Ethernet Board 클릭(노란색으로 바탕색이 바뀌면 선택
을 의미)한다.

⑩ PLC side I/F에서 PLC Module를 '더블클릭'하여 [허브 경유 접속]을 선택한다.

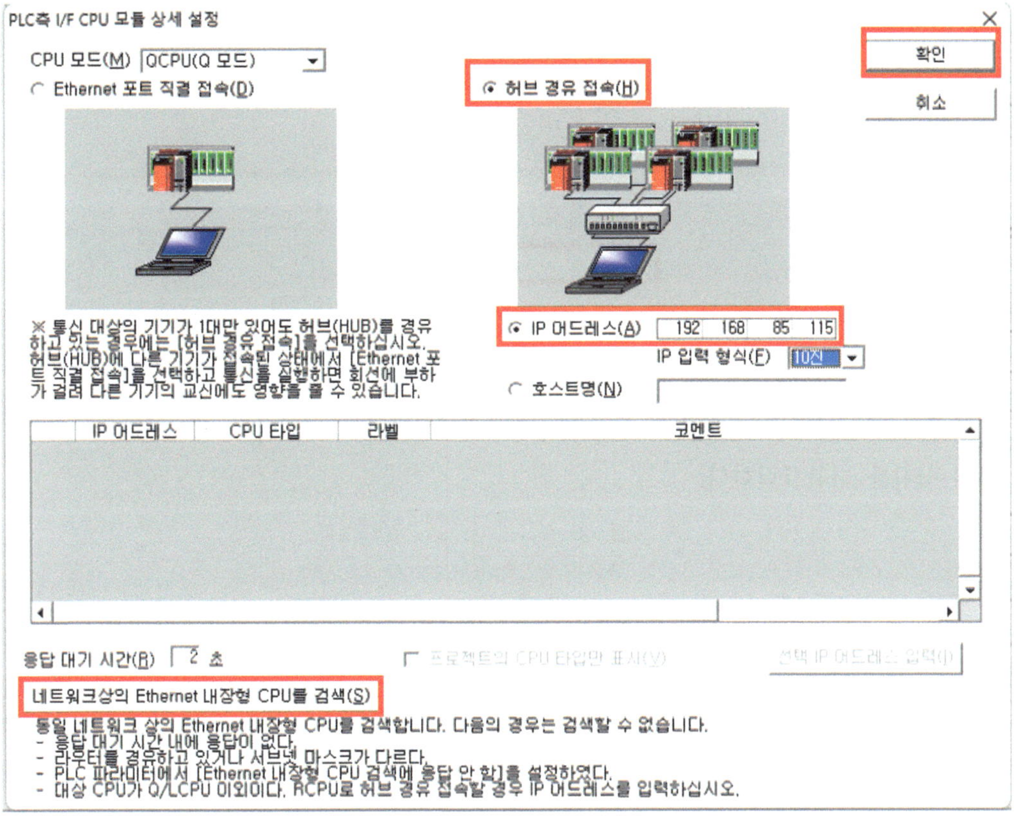

⑪ IP 어드레스 : 192.168.85.xxx (xxx : 해당 자리의 IP 설정)를 입력한다.

⑫ 좌측 하단의 [네트워크상의 Ethernet 내장형 CPU를 검색] 버튼을 클릭해서 PLC의 IP 어
드레스가 검색되는지 확인한다. 또는 ⑪을 건너뛰고(= IP 어드레스를 직접 입력하지 않
고) ⑫에서 검색된 해당 자리의 IP 어드레스를 더블클릭해도 IP 어드레스가 입력된다. 그
다음 우측 상단의 확인(OK) 버튼을 클릭한다(Esc 키를 누르면 취소되니 유의한다).

⑬ 다른 국 지정에서 [No Specification]을 선택(노란색)한다.

⑭ 오른쪽 버튼 중 [통신 테스트] 버튼을 클릭해서 새 창으로 통신 성공 메시지가 뜨면 성공한 것이니 [확인] 버튼을 클릭한다(Esc 키를 누르면 취소된다!).

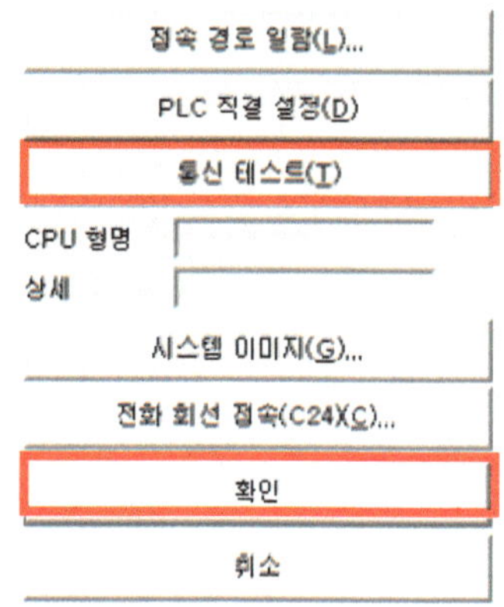

⑮ 아래의 그림처럼 프로그램 좌측 셀의 [내비게이션] - [프로젝트] - [파라미터] ⇒ [PLC 파라미터]를 더블클릭한다.

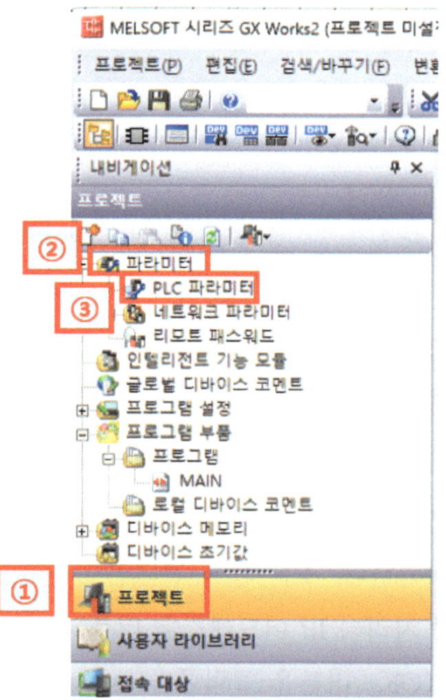

⑯ Q 파라미터 설정 창의 [프로그램 설정] 탭에서 MAIN 프로그램을 선택하고 [삽입]을 클릭한다. 프로그램을 선택하지 않고 [삽입]만 클릭해도 삽입이 된다.

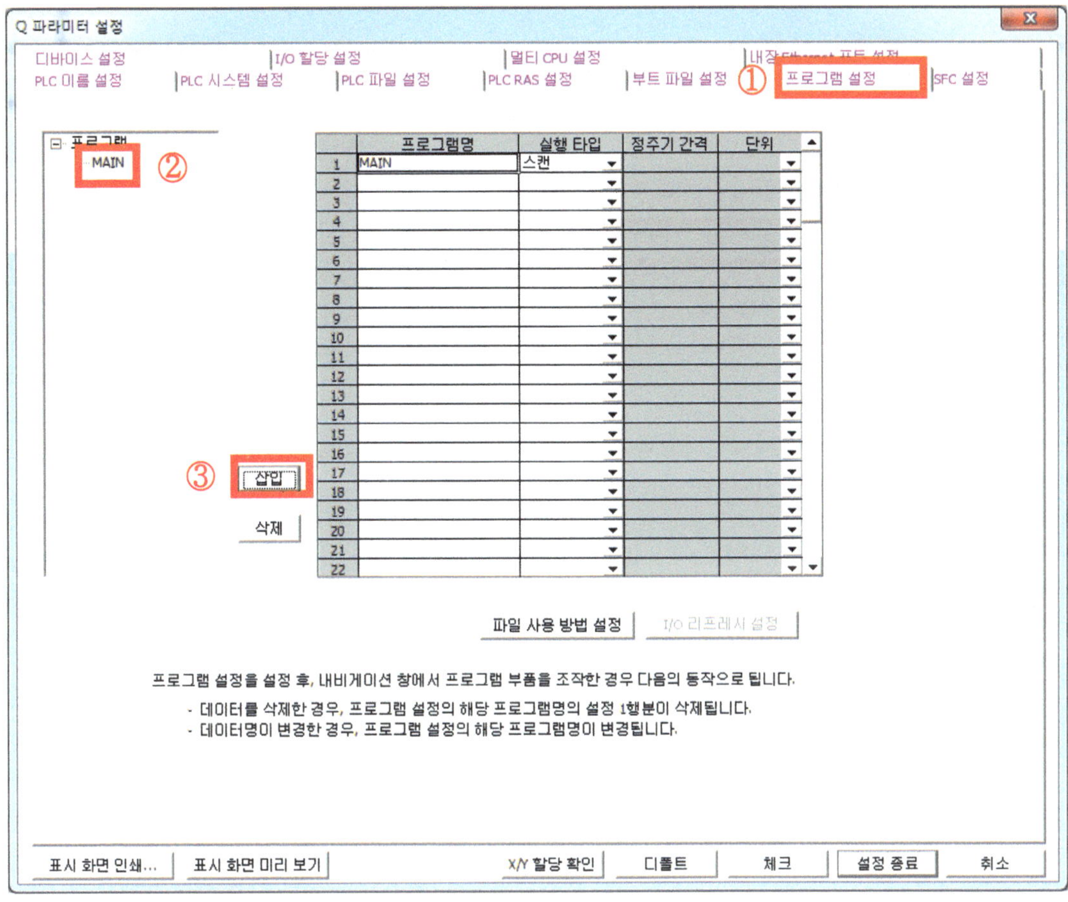

⑰ 내장 Ethernet 포트 설정에서 IP 어드레스 설정의 IP 어드레스 항목을 사용자의 IP에 맞게 입력하고, [설정 종료]를 클릭한다. (이 그림은 192.168.10.142로 설정한 예시이다.)

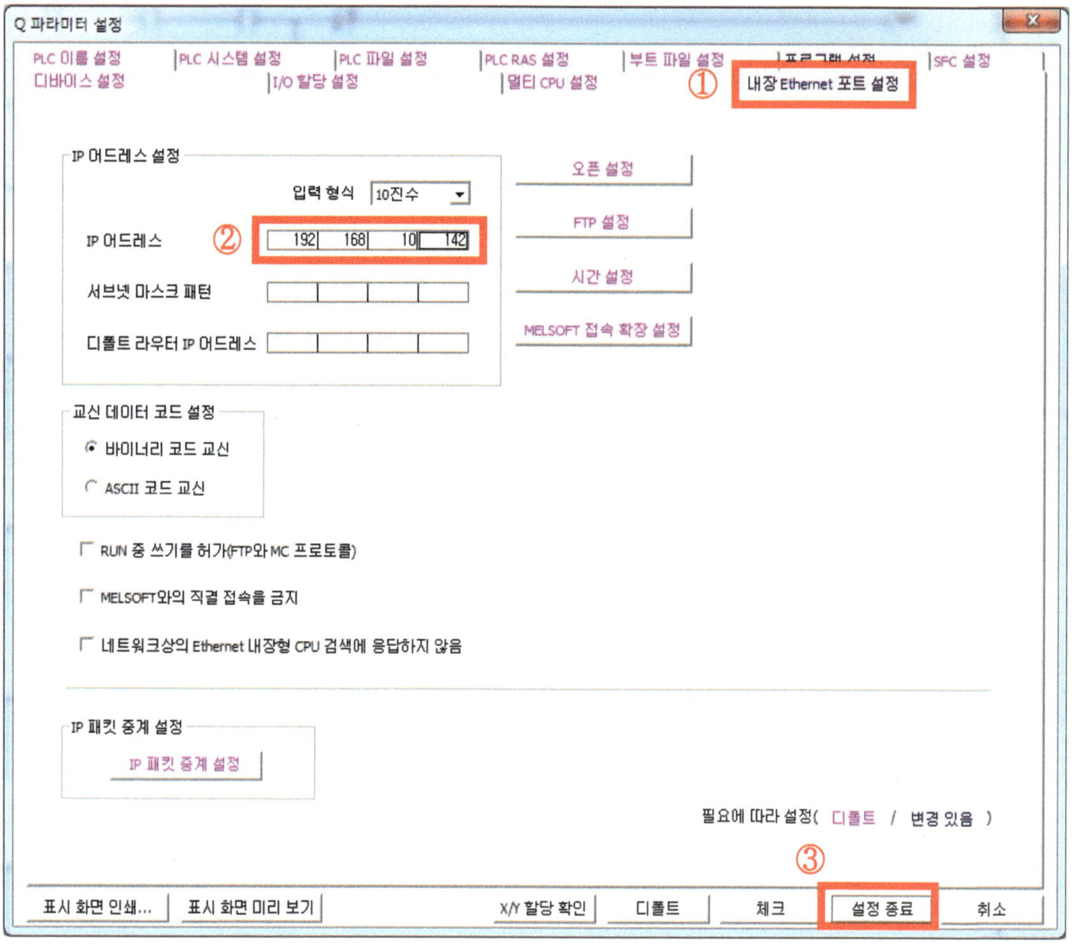

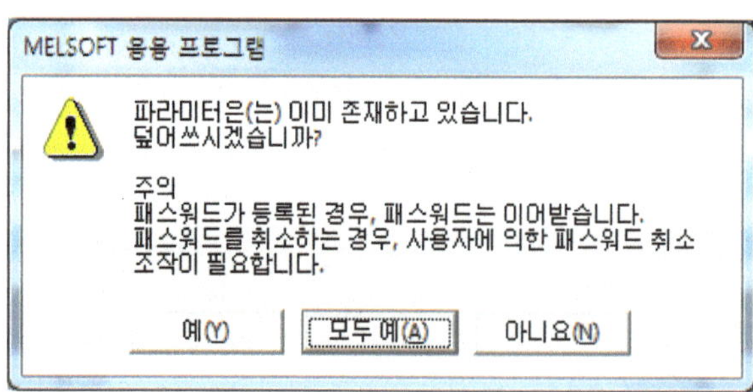

⑱ Ethernet 포트를 사용할 경우에 위와 같이 마무리가 되었다면 ⑥번 항목 PLC 쓰기를 재수행한다. ⑥번을 재수행할 때 다음 그림과 같이 이미 존재하고 있는 파라미터를 덮어쓰기 위해 [모두 예]를 클릭하여 계속 진행한다.

⑲ PLC 쓰기가 완료되면 [닫기]를 클릭하거나 ☑ 처리가 종료한 경우, 자동적으로 창을 닫는다.
를 클릭한다.

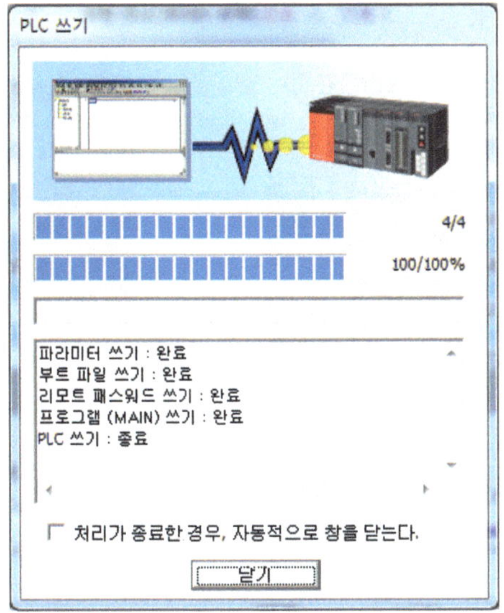

⑳ 온라인 데이터 조작에서 [닫기]를 클릭한다.

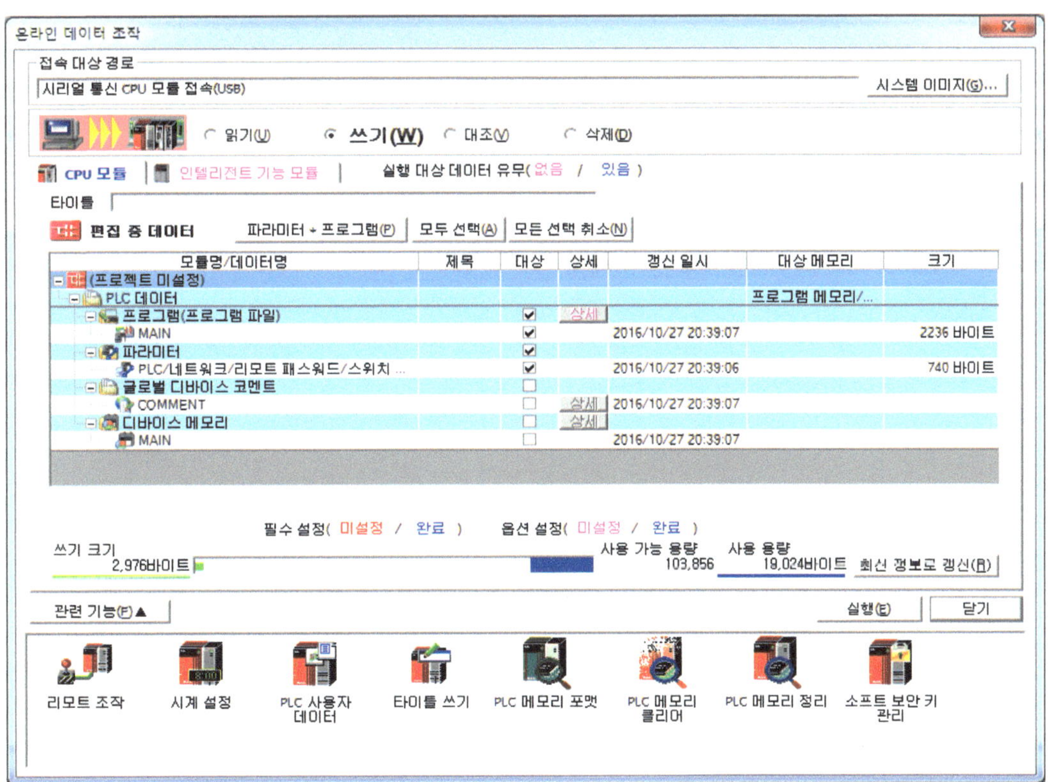

   PLC의 CPU에서 레버 스위치를 왼쪽으로 이동해서 좌측 그림처럼 [Reset] 될 때까지 기다린 다음 스위치를 다시 오른쪽 [RUN] 위치로 이동한다. 우측 그림과 같이 MODE와 RUN, 2개의 LED가 On 되어 있어야 한다.

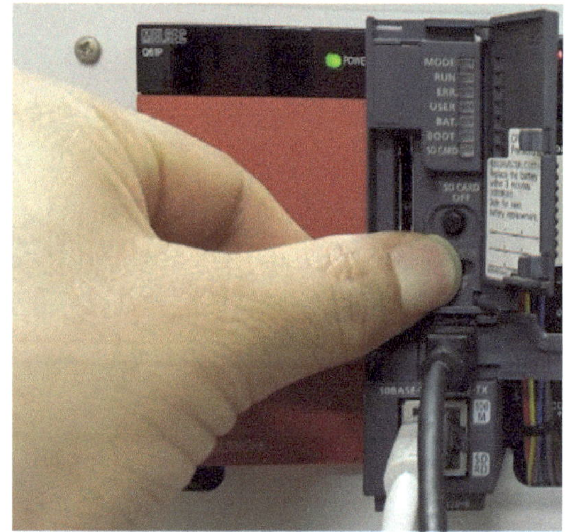

4. 공유기 설정(WiFi 통신 설정 시)

- 공유기 설정 프로그램 다운로드

① ipTIME 홈페이지에 접속한다. (URL : http://iptime.com/iptime/)

② 홈페이지 메뉴 상단에서 고객 지원 - 다운로드를 클릭한다.

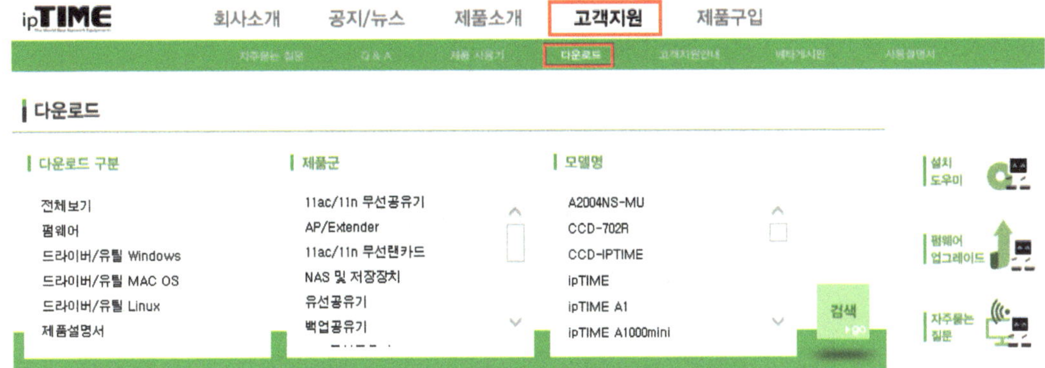

③ 우측 상단 및 공지 07번 'ipTIME 설치 도우미'를 클릭하여 다운로드한다.

[참고 : 지원 OS-Windows 7, 8, 8.1, 10]

● 공유기 초기 설정

① 공유기의 전원을 켠 후 PC에서 공유기를 찾아 연결한다. (무선 연결)

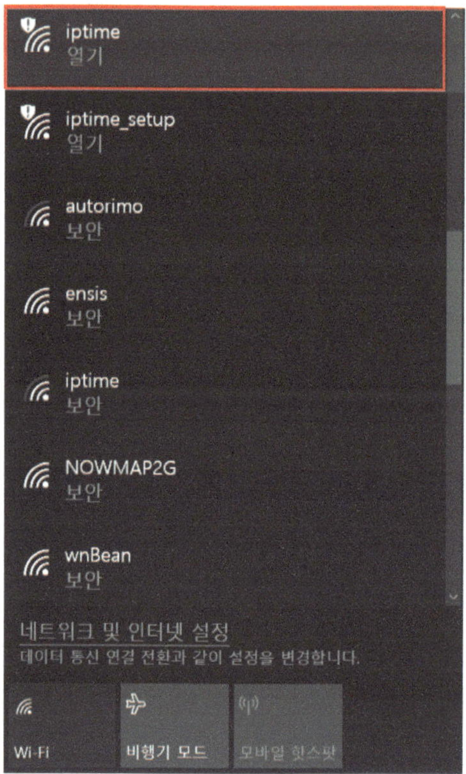

② 바탕 화면에 설치된 설치 도우미 프로그램(ipTIME_Wizard_ver_2_72)을 클릭한다.

③ 다음을 눌러 설치를 진행한다.

④ 설치가 완료되면 ipTIME 설치 도우미가 자동 실행된다. 자동 실행이 되지 않을 경우 바

탕 화면 또는 시작 프로그램에서 ipTIME 설치 도우미(ipTIME 설치 도우미)를 찾아 실행한다.

⑤ 설치 도우미가 실행되면, [다음] 버튼을 클릭하여 공유기 설치를 진행한다.

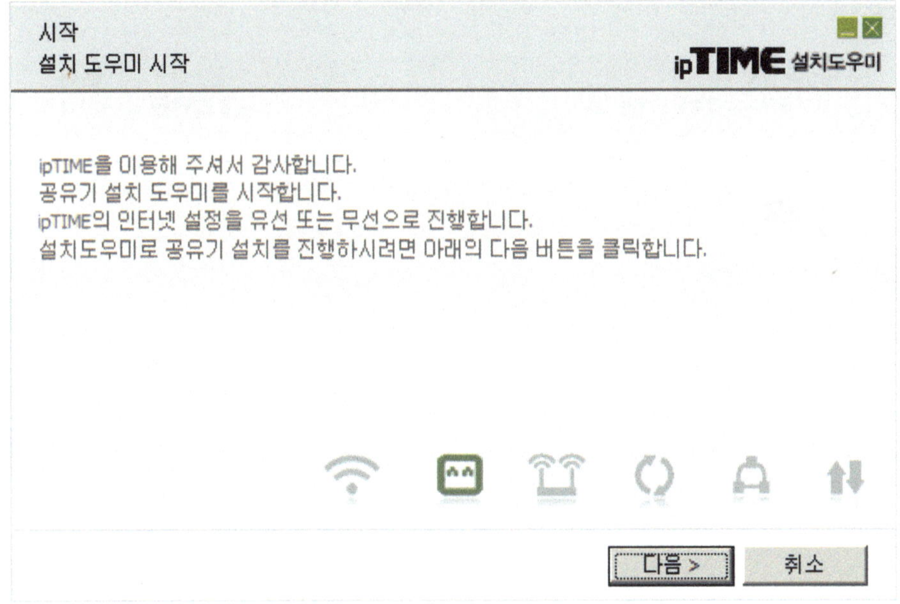

⑥ 무선랜 어댑터를 체크 후 다음을 클릭한다. (유선랜 연결 시 유선랜 체크)

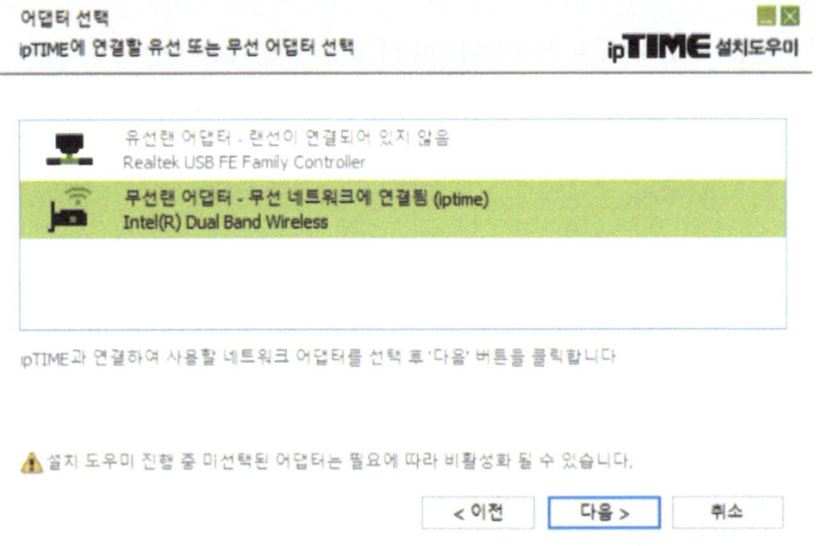

⑦ 다음과 같이 공장 초기화된 ipTIME이라는 설명과 함께 설치할 공유기가 자동으로 선택된다.

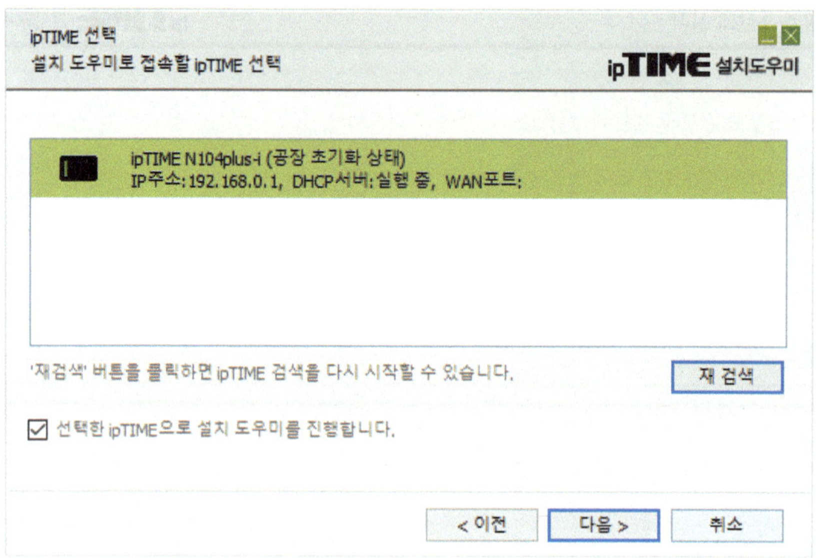

⑧ 설정할 공유기의 정보가 맞는지 확인 후, [다음] 버튼을 클릭한다.

⑨ IP는 자동 IP 주소 받기를 선택하여 [다음] 버튼을 클릭한다.

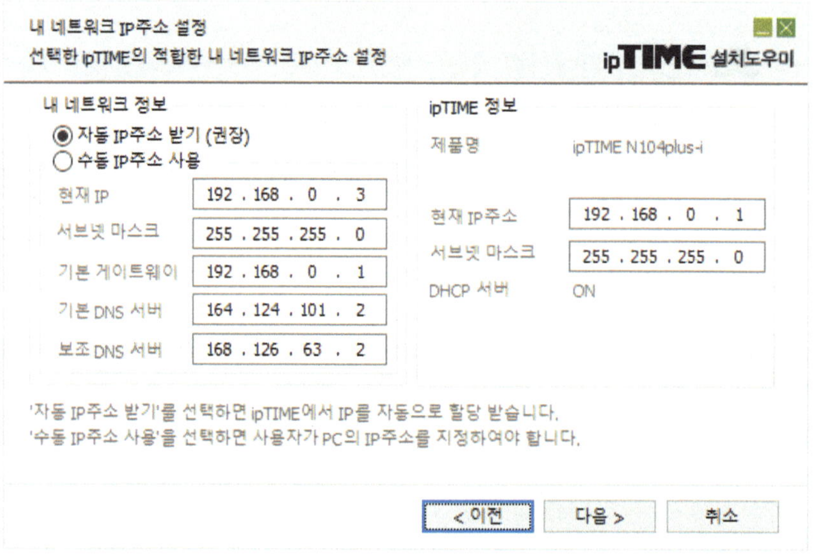

⑩ IP 구성이 완료되면 [다음] 버튼을 누른다.

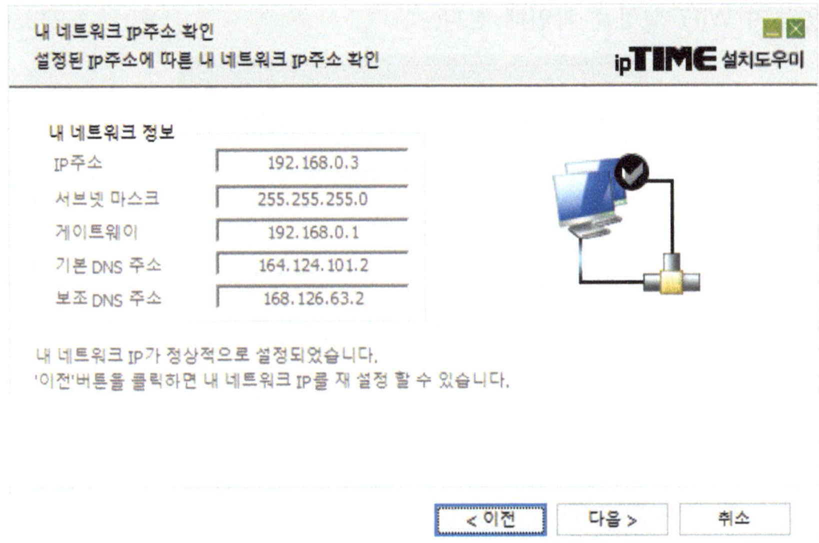

⑪ ipTIME 관리자 정보를 설정한다. 아래는 계정 설정의 예시이다.
   ⓐ 새 계정 : PLCHMIUSER
   ⓑ 새 암호 : 12345

⑫ 계정이 설정된 후 [다음] 버튼을 클릭하여 네트워크 설정을 한다. 네트워크 설정은 주변에
   같은 무선 이름(SSID)을 가진 공유기가 있다면, 장애가 발생할 수 있으므로 원하는 무선
   이름(SSID)을 입력하고 [중복 검사] 버튼을 클릭하여 확인한다. 아래는 무선 이름(SSID)
   설정의 예시이다.
   ⓐ 네트워크 이름 : PLCHMI01
   ⓑ 네트워크 암호 : 암호 없음 체크
   ⓒ 설정 완료 후 [중복 검사] 클릭
   ⓓ 중복 검사 완료 후 이상이 없으면 [다음] 버튼 클릭

⑬ ipTIME WAN 연결법은 PLC 실습과는 무관하므로 취소를 눌러 설정을 종료한다. 연결이
   잘 되었는지 WiFi 설정을 확인해 본다.

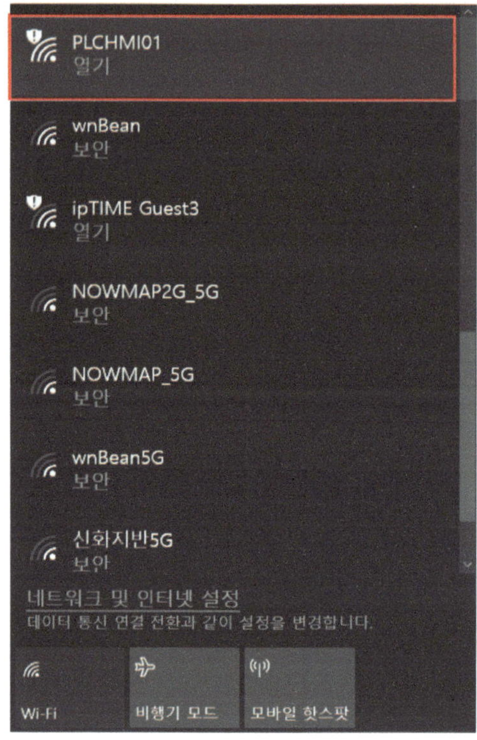

● 네트워크 IP 설정

ⓐ 설정된 네트워크의 IP 주소를 수정한다.

ⓑ PC의 "네트워크 및 공유 센터"로 접속한다.

   (경로 : 제어판\네트워크 및 인터넷\네트워크 및 공유 센터)

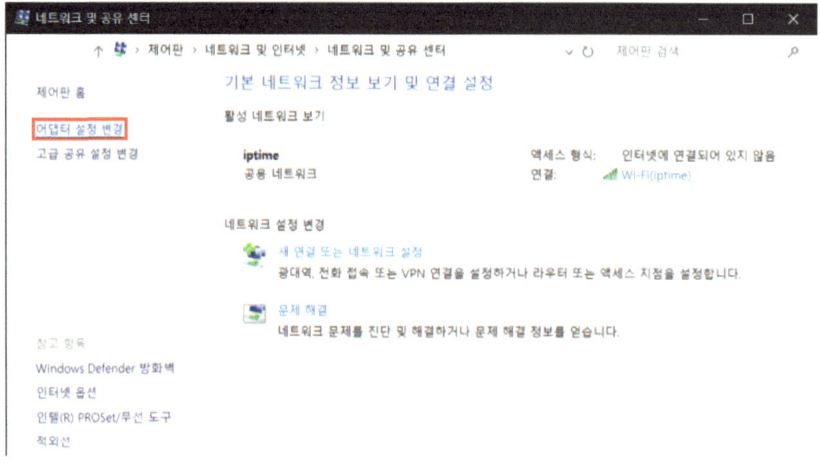

ⓒ 좌측 상단 어댑터 설정 변경을 클릭한다.

ⓓ Wi-Fi에서 마우스 우클릭 후 속성을 클릭한다. (유선 랜의 경우 이더넷 우클릭 후 속성 클릭)

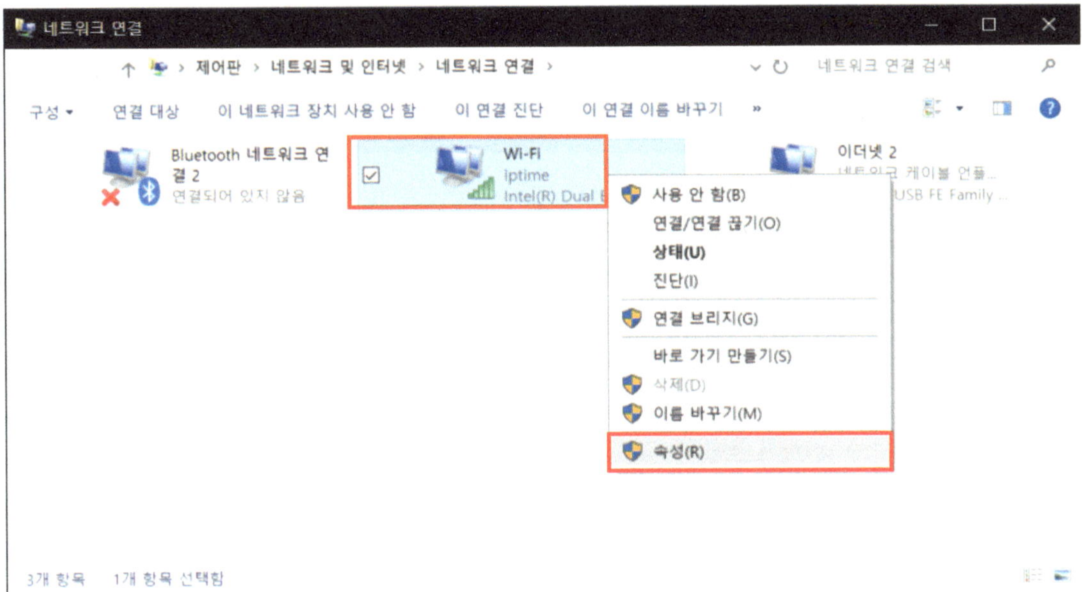

ⓔ 인터넷 프로토콜 버전 4(TCP/IPv4)를 더블클릭한다.

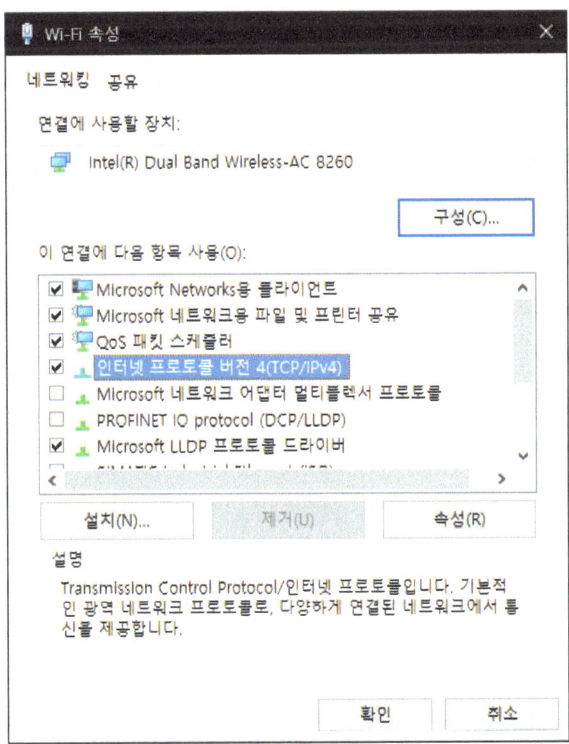

ⓕ IP 주소를 수동으로 기입한다. 아래 그림은 IP 주소 설정의 예시이다. 실습실 내 사용되는 IP 주소와 중복이 되지 않는 임의의 주소를 기입하여야 하며, 아래와 같이 192. 168. 100.XXX로 설정한 것은 PLC 및 HMI/SACDA, PC 시스템의 네트워크 구성을 하나로 묶기 위함이다.

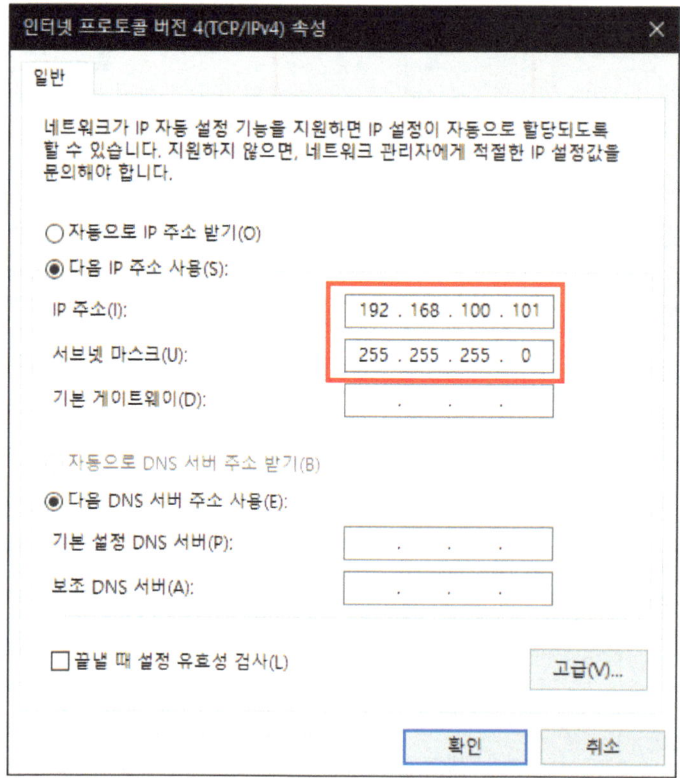

ⓖ 나머지 주소는 기재하지 않고 [확인] 버튼을 클릭해서 설정을 종료한다.

5. PLC 파라미터 설정

지금까지 설명한 프로젝트 새로 만들기와 각종 설정 방법을 다시 한번 정리해서 설명한다.
GX-Works2를 처음 사용하는 경우 '5. PLC 파라미터 설정'의 설정 방법을 반복 연습하도록 한다.

● PLC 접속 설정

① GX-Works2를 실행한다.

② 좌측 상단 프로젝트를 클릭 후 새 프로젝트를 만든다. - 단축키 Ctrl + N

③ PLC CPU와 같은 기종을 선택하고 [확인] 버튼을 클릭한다.

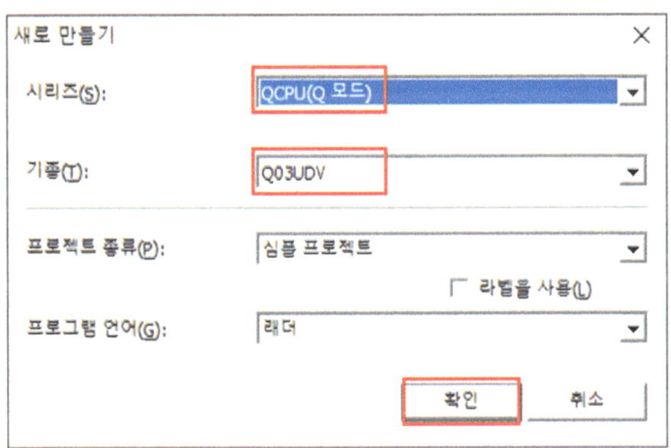

④ 생성된 프로젝트 좌측 내비게이션 아래 [접속 대상] 버튼을 클릭 후 Connection1을 더블 클릭한다.

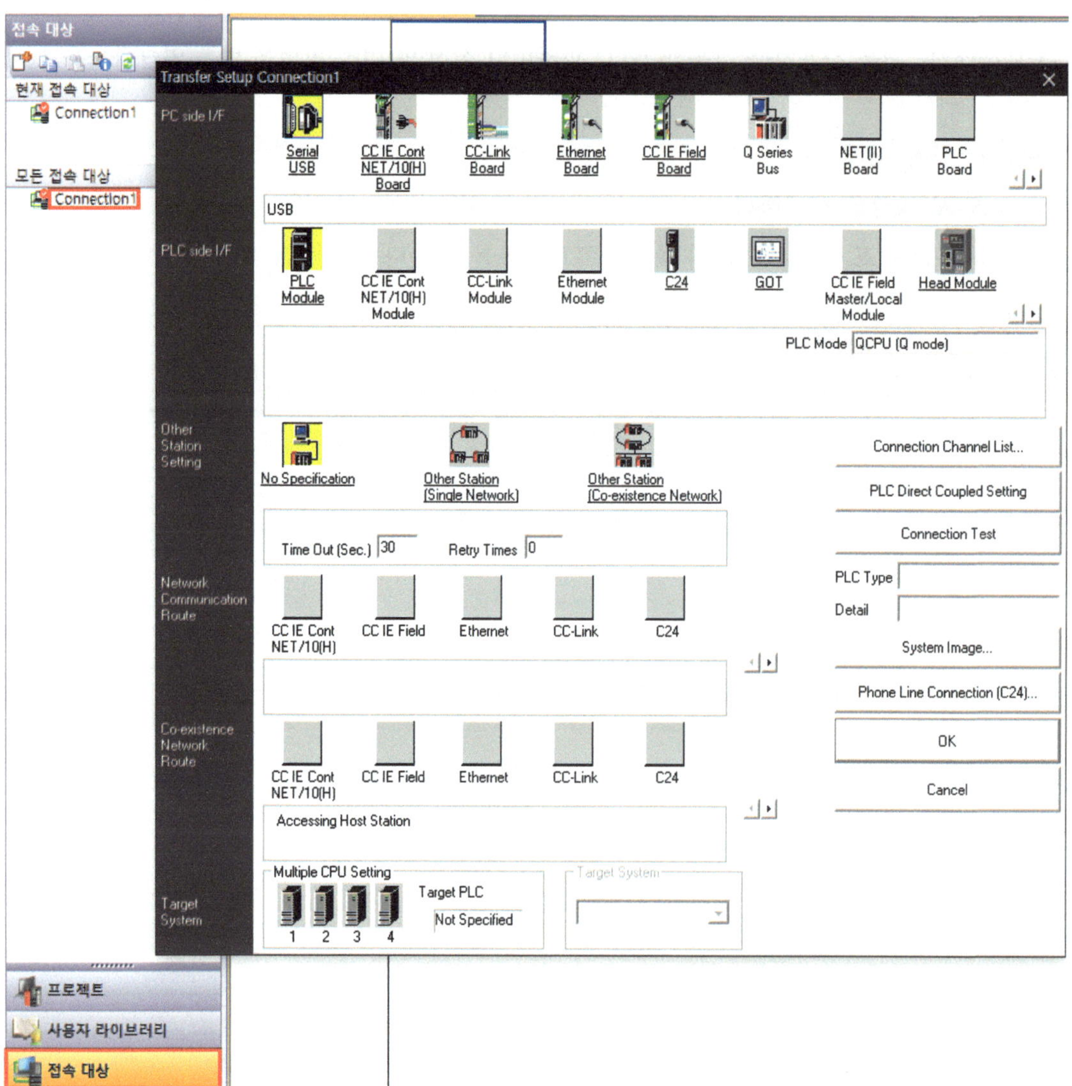

⑤ PLC 실습 장치의 전원을 ON 한 후 PC와 PLC를 USB 케이블로 연결한다.

⑥ 프로그램 창에서 PC측 I/F - [Serial USB]를 더블클릭해서 USB로 체크 후 [확인] 버튼을 클릭한다. RS-232C 케이블을 사용하지 않을 것이라면 [Serial USB] 버튼을 한 번만 클릭하고 다음 순서로 넘어가도 된다.

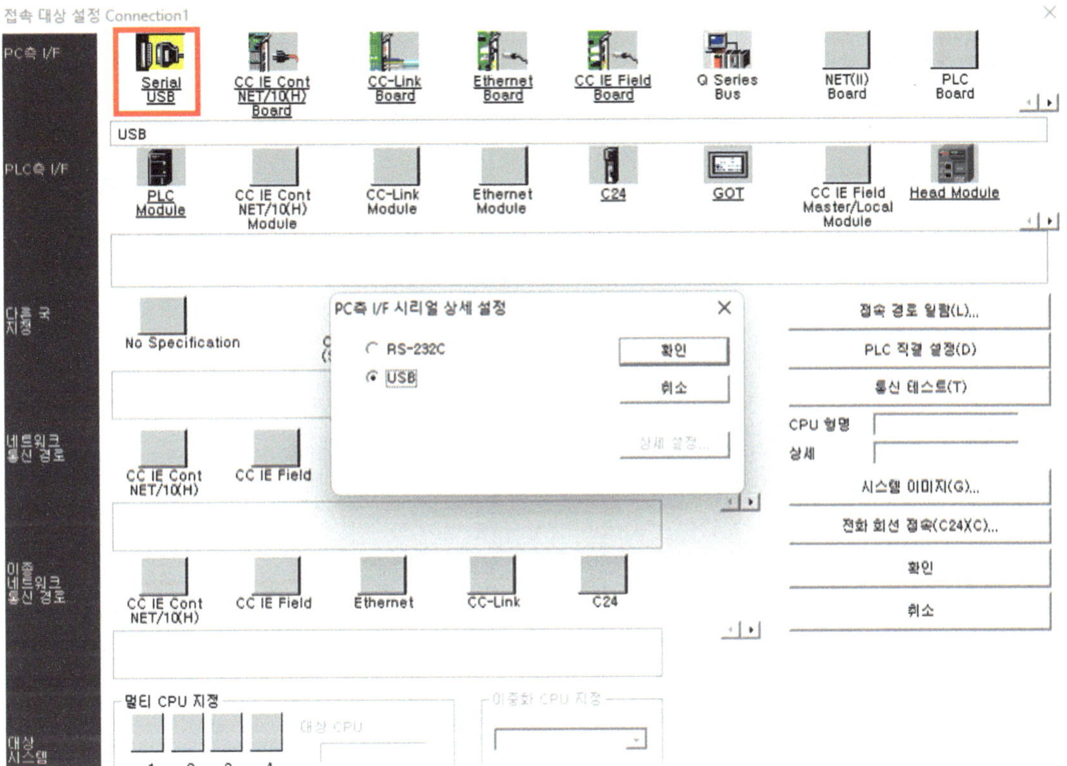

⑦ PLC측 I/F의 [PLC Module], 다른 국 지정의 [No Specification]을 한 번씩 클릭해서 노란
  색으로 활성화한 다음 [통신 테스트]를 클릭해서 접속 성공 메시지가 뜨면 [확인] 버튼을
  눌러 종료한다.

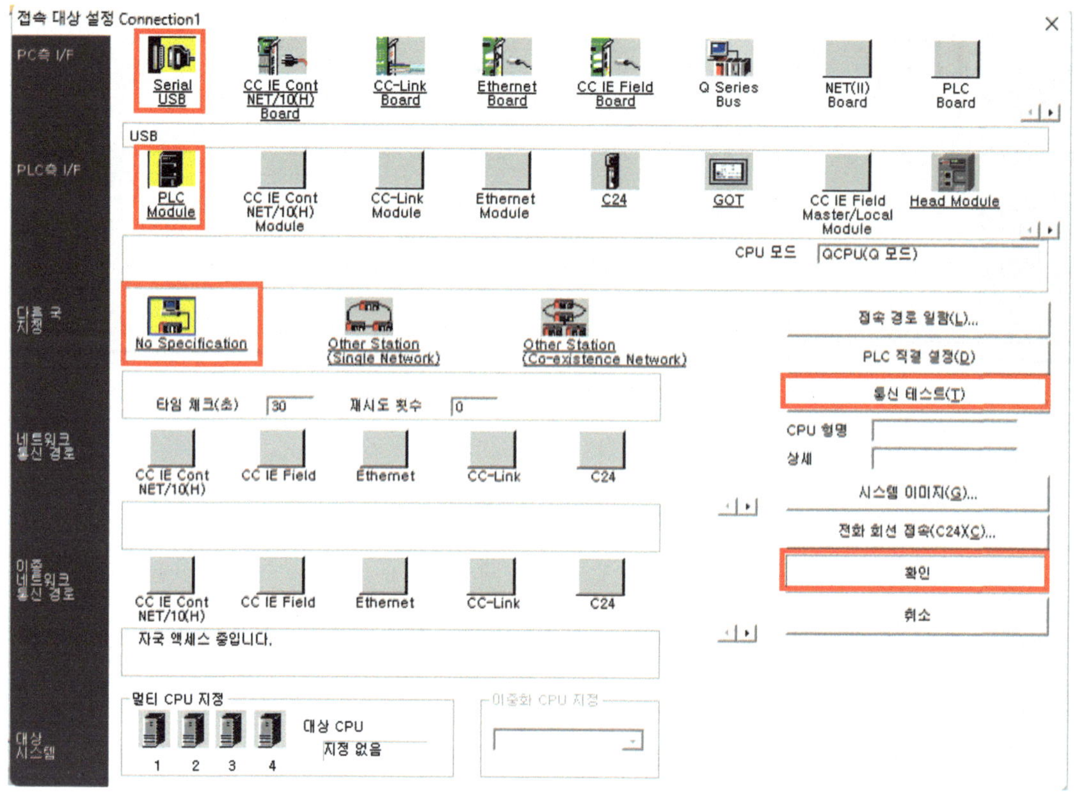

[No Specification]을 더블클릭해서 교신 타임 체크 시간을 줄여도 된다.

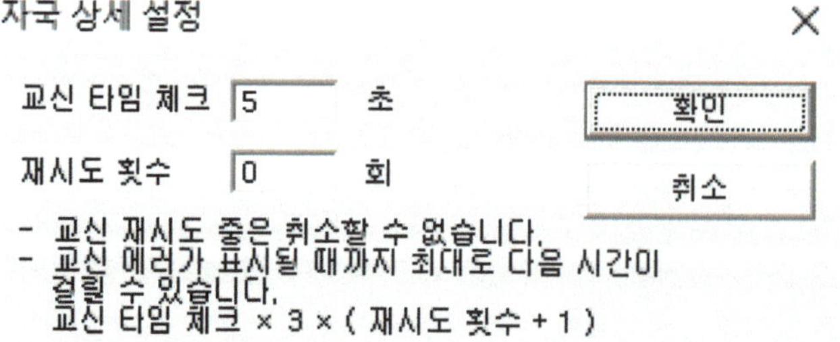

• PLC I/O 파라미터 설정

① 좌측 내비게이션에서 [파라미터]를 클릭 후 PLC 파라미터를 더블클릭하여 Q 파라미터
  설정 창을 띄운다.

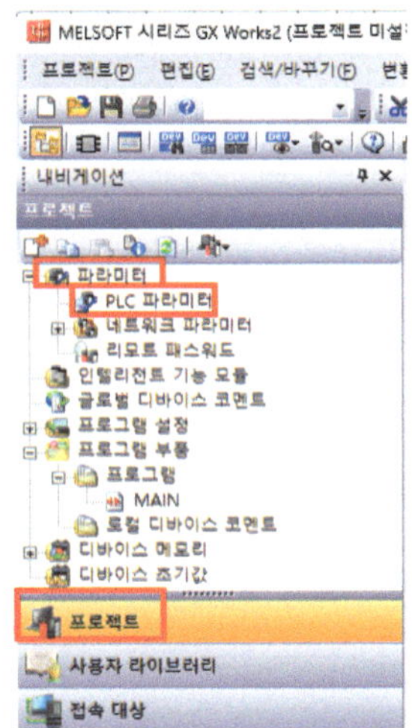

② 상단 메뉴에서 [I/O 할당 설정]을 클릭 후 [PLC 데이터 읽기] 버튼을 클릭한다.

③ 좌측 아래 [X/Y 할당 확인] 버튼을 클릭하여 선두 XY 할당을 확인 후 이상이 없으면 체크 후 [설정 종료] 버튼을 클릭한다.

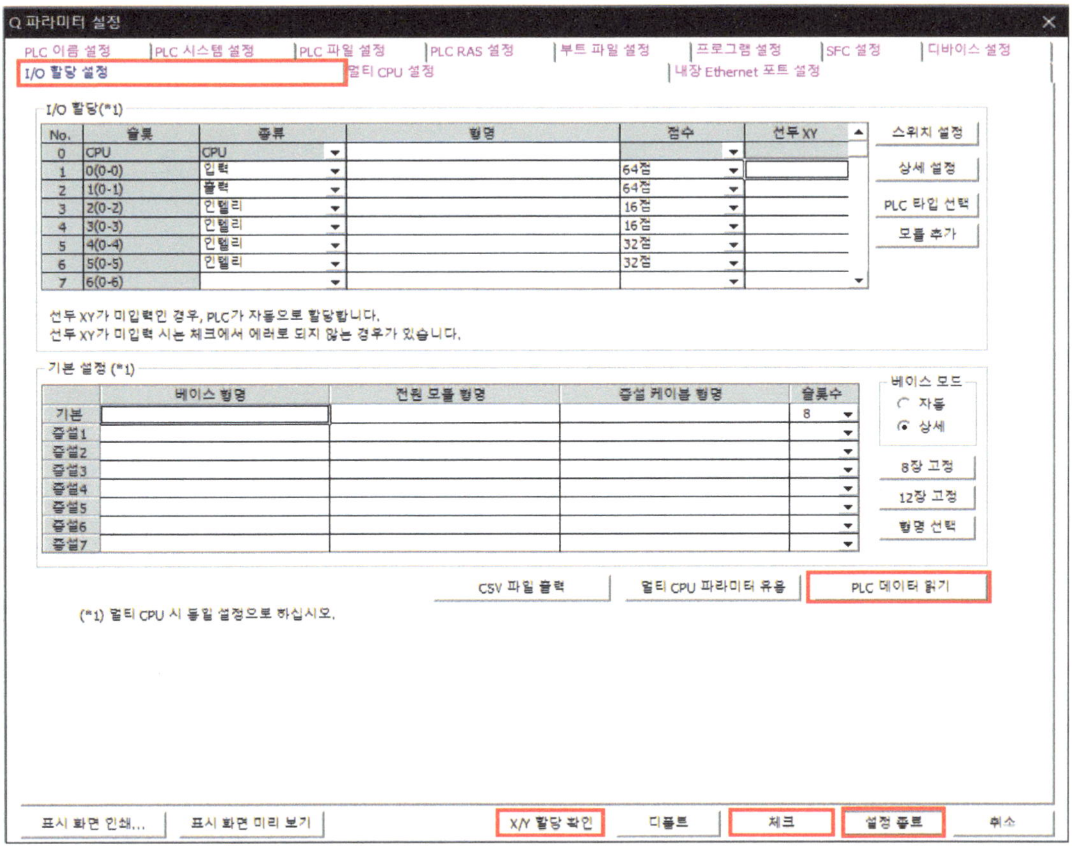

No.	슬롯	종류	형명	점수	선두 XY
0	CPU	CPU			
1	0(0-0)	입력		64점	
2	1(0-1)	출력		64점	
3	2(0-2)	인텔리		16점	
4	3(0-3)	인텔리		16점	
5	4(0-4)	인텔리		32점	
6	5(0-5)	인텔리		32점	
7	6(0-6)				

	베이스 형명	전원 모듈 형명	증설 케이블 형명	슬롯수
기본				8
증설1				
증설2				
증설3				
증설4				
증설5				
증설6				
증설7				

- 디바이스 설정

① PLC 파라미터 탭을 클릭하여 "Q 파라미터 설정"의 상단 [디바이스 설정] 탭을 클릭한다.

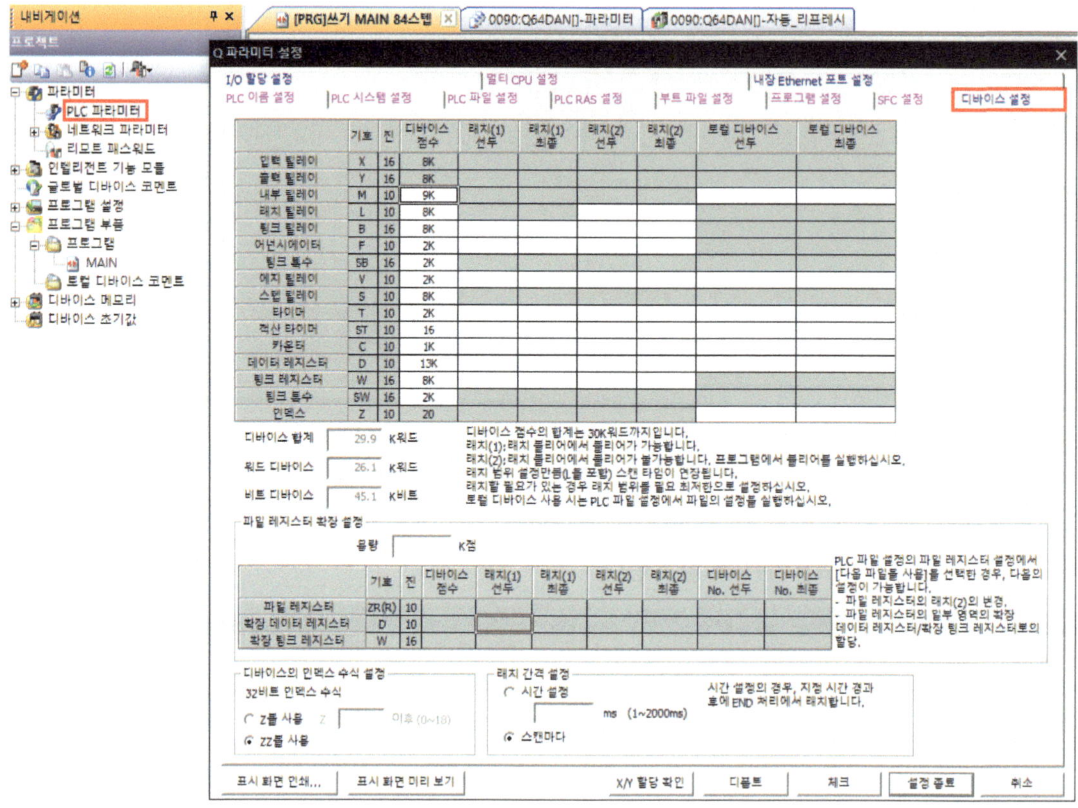

디바이스 설정 화면의 표는 다음과 같다.

	기호	진	디바이스 점수	래치(1) 선두	래치(1) 최종	래치(2) 선두	래치(2) 최종	로컬 디바이스 선두	로컬 디바이스 최종
입력 릴레이	X	16	8K						
출력 릴레이	Y	16	8K						
내부 릴레이	M	10	9K						
래치 릴레이	L	10	8K						
링크 릴레이	B	16	8K						
어넌시에이터	F	10	2K						
링크 톡수	SB	16	2K						
에지 릴레이	V	10	2K						
스텝 릴레이	S	10	8K						
타이머	T	10	2K						
적산 타이머	ST	10	16						
카운터	C	10	1K						
데이터 레지스터	D	10	13K						
링크 레지스터	W	16	8K						
링크 톡수	SW	16	2K						
인덱스	Z	10	20						

② 적산 타이머(ST)의 디바이스 사용 점수를 디폴트 값인 0에서 "16"으로 수정 후 [체크] 버튼을 누른 뒤 에러가 없으면 [설정 종료] 버튼을 클릭하여 설정을 종료한다.

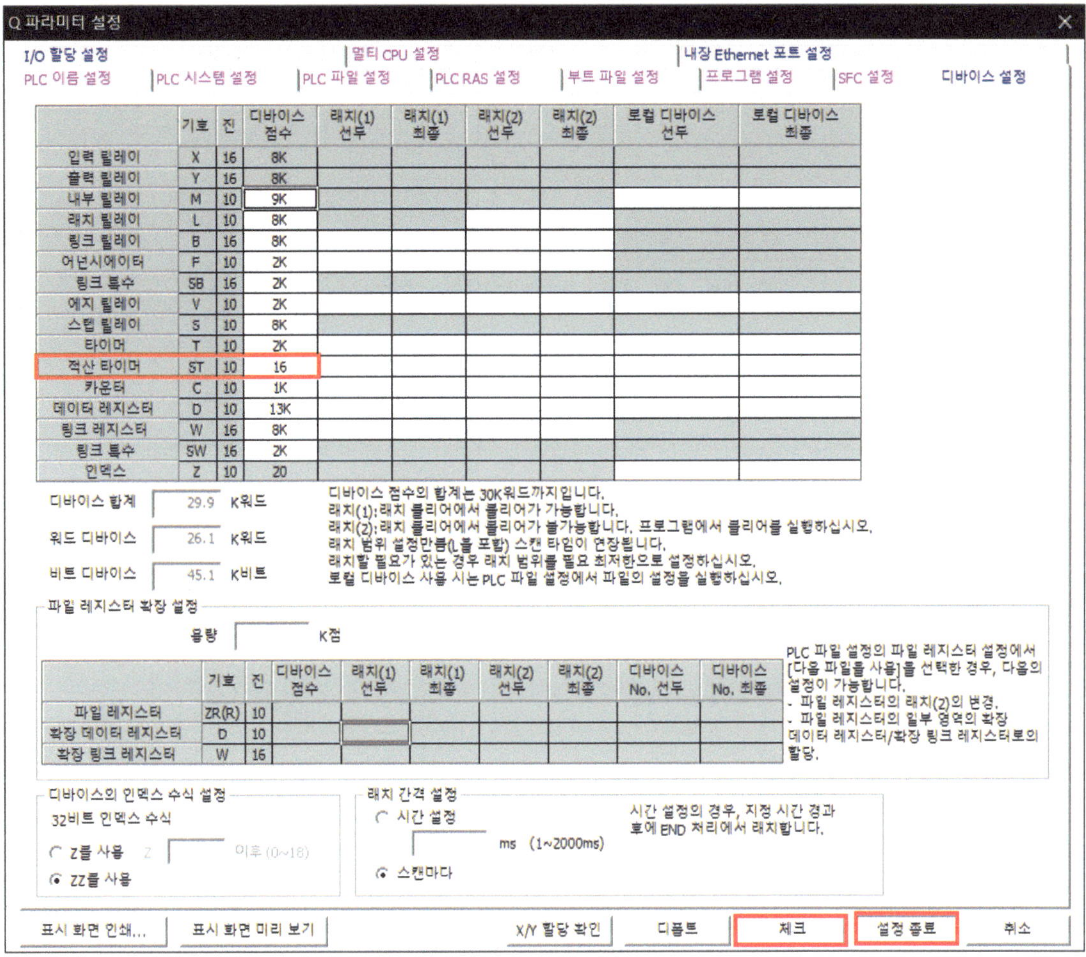

	기호	진	디바이스 점수	래치(1) 선두	래치(1) 최종	래치(2) 선두	래치(2) 최종	로컬 디바이스 선두	로컬 디바이스 최종
입력 릴레이	X	16	8K						
출력 릴레이	Y	16	8K						
내부 릴레이	M	10	9K						
래치 릴레이	L	10	8K						
링크 릴레이	B	16	8K						
어넌시에이터	F	10	2K						
링크 특수	SB	16	2K						
에지 릴레이	V	10	2K						
스텝 릴레이	S	10	8K						
타이머	T	10	2K						
적산 타이머	ST	10	16						
카운터	C	10	1K						
데이터 레지스터	D	10	13K						
링크 레지스터	W	16	8K						
링크 특수	SW	16	2K						
인덱스	Z	10	20						

	기호	진	디바이스 점수	래치(1) 선두	래치(1) 최종	래치(2) 선두	래치(2) 최종	디바이스 No. 선두	디바이스 No. 최종
파일 레지스터	ZR(R)	10							
확장 데이터 레지스터	D	10							
확장 링크 레지스터	W	16							

● PLC 내장 Ethernet 포트 설정

① 좌측 [PLC 파라미터]를 더블클릭하여 Q 파라미터 설정 창을 띄운다.

② 메뉴 상단의 [내장 Ethernet 포트 설정] 탭을 클릭한다.

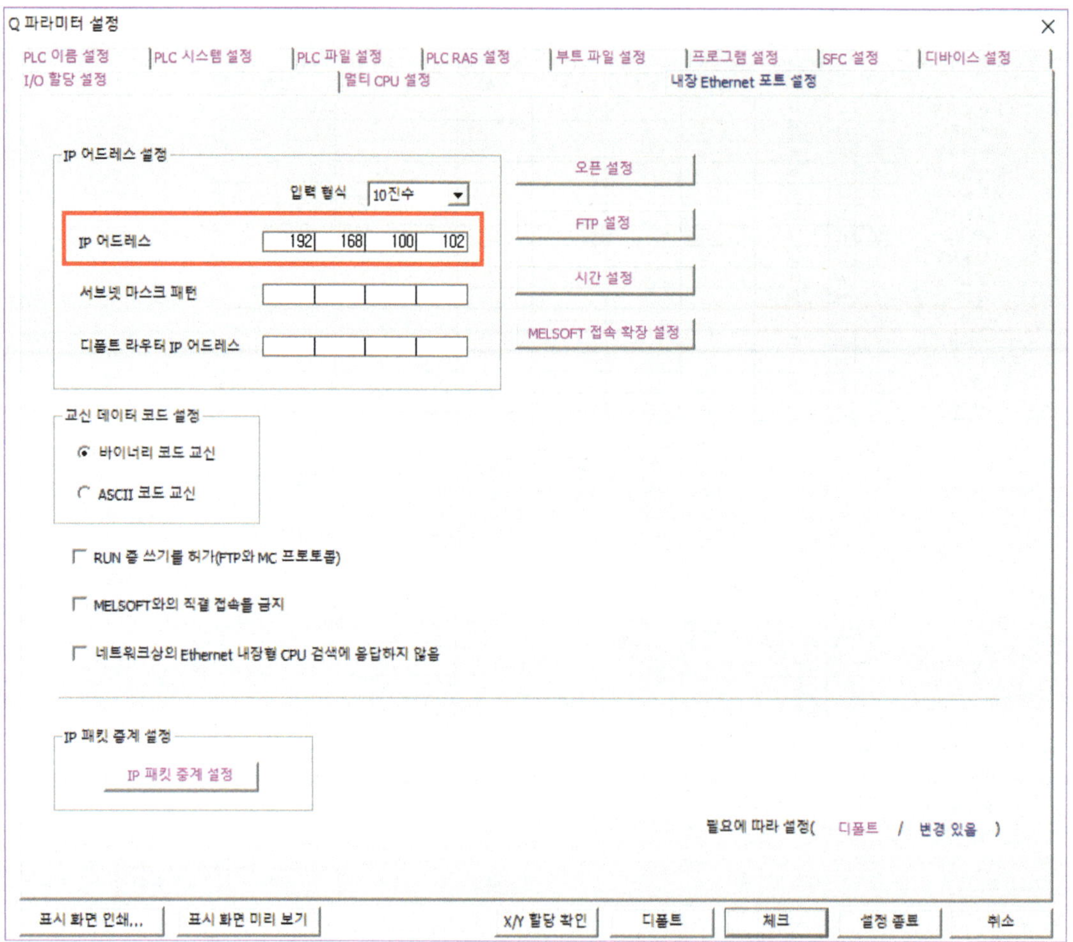

③ IP 어드레스 설정을 확인한다.

④ 실습실에서 사용되지 않는 IP 주소를 확인하고 네트워크 구성을 한다. 본 실습 교재에서는
네트워크 구성의 IP 주소가 192.168.100.XXX로 구성되어 있다.

⑤ [네트워크 IP 설정]에서 PC의 IP를 192.168.100.101(으)로 설정하였는데, PLC의 IP 주소는 192.168.100.102(으)로 설정(실습실 환경에 맞게 조정 가능)하여 동일한 네트워크가 구성 되도록 설정한다.

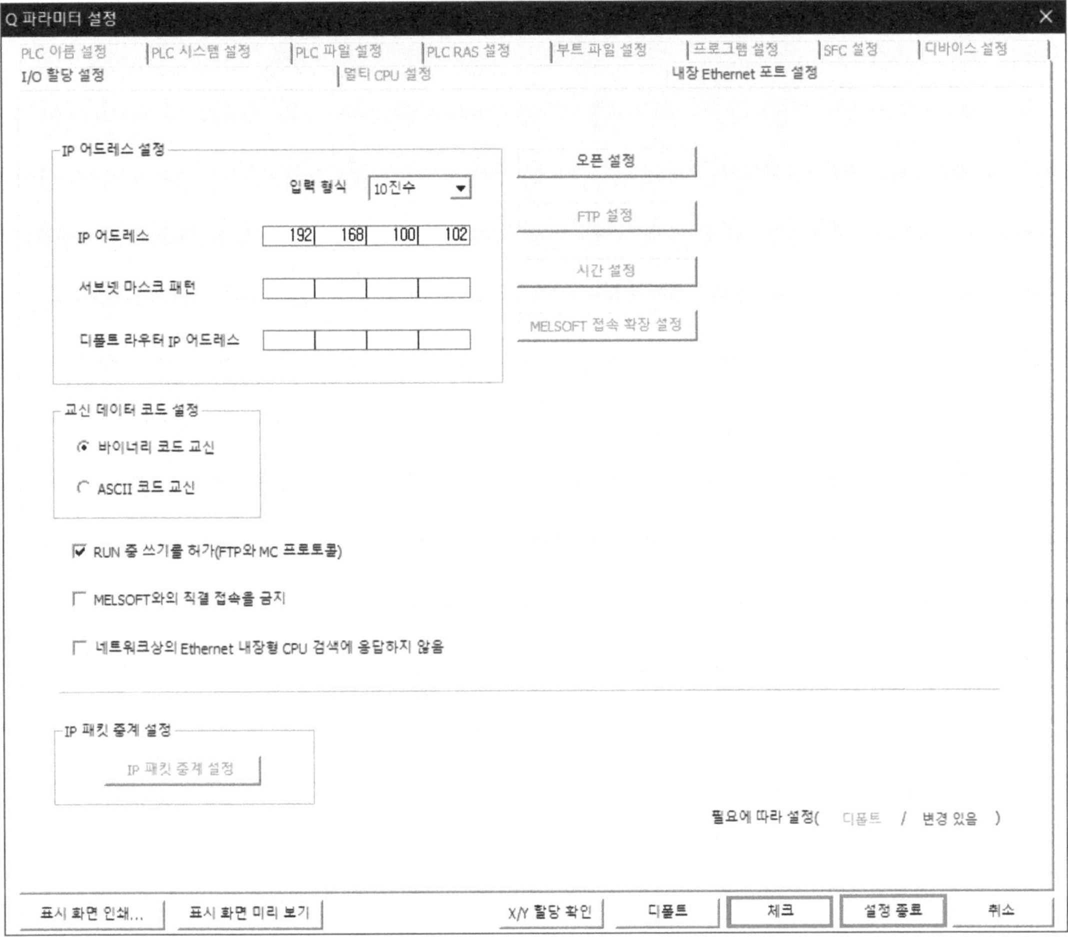

⑥ 설정이 완료되면 PLC 쓰기를 하여 파라미터값을 PLC에 저장한다.

6. 인텔리전트 모듈-아날로그 입력(A/D) 출력(D/A) 설정

① 프로젝트 좌측 내비게이션에서 "인텔리전트 기능 모듈" 버튼을 우클릭하여 "새 모듈 추가" 버튼을 클릭한다.

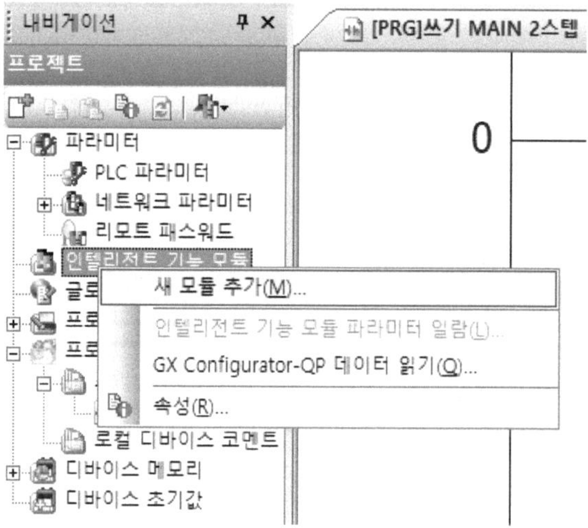

② 새 모듈 추가 창이 팝업되면, 아래와 같이 설정한다.

    ⓐ 모듈 종류 : 아날로그 모듈

    ⓑ 모듈 형명 : Q64AD2DA

    ⓒ 베이스 No. : 기본 베이스

    ⓓ 장착 슬롯 No. : 4

    ⓔ 선두X/Y 어드레스 지정 : 0040

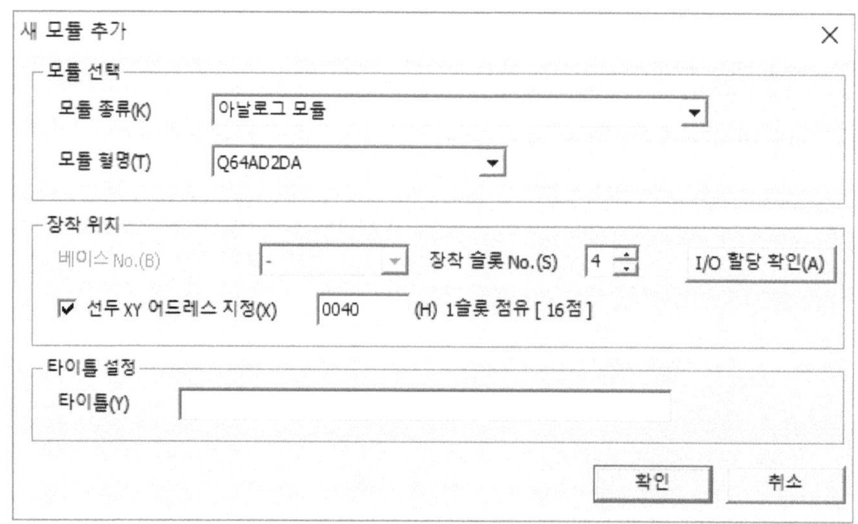

③ 0040:Q64AD2DA를 활성화하여 "스위치 설정" 버튼을 더블클릭한다.

④ 입력 범위 설정 CH1~CH4의 값을 0~10V로 체크하고 [확인] 버튼을 클릭한다.

⑤ 출력 범위 설정 CH5~CH6의 값을 -10~10V로 체크하고 [확인] 버튼을 클릭한다.

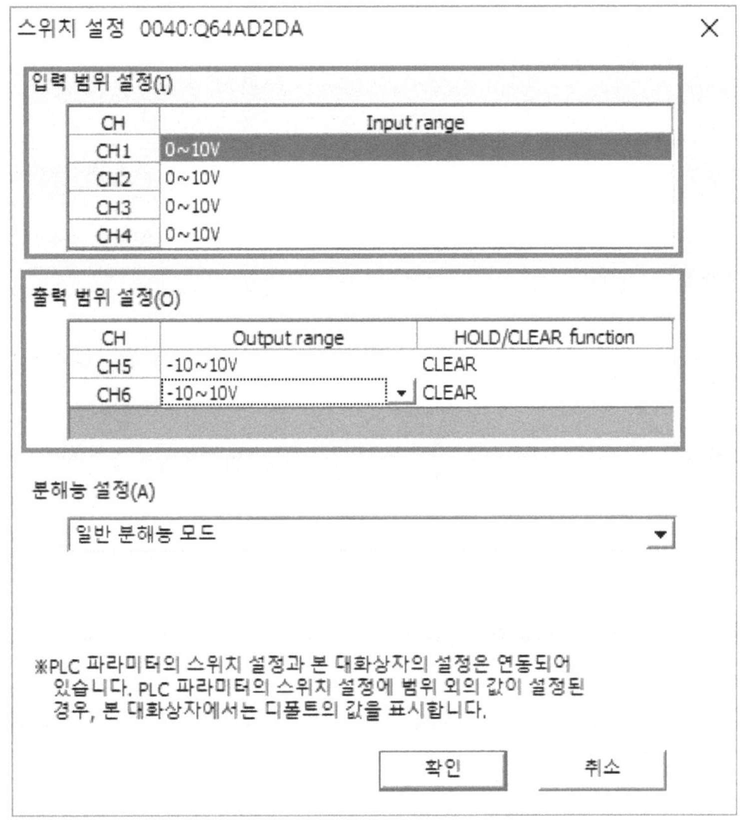

⑥ 입력 파라미터 설정은 좌측 "파라미터(A/D_변환부)"를 더블클릭한 후 다음과 같이 한다.

설정 항목	CH1	CH2	CH3	CH4
A/D 변환 허가/금지	허가	허가	허가	허가
샘플링 / 평균 처리 설정	샘플링	샘플링	샘플링	샘플링
시간 평균 / 횟수 평균 설정	횟수 평균	횟수 평균	횟수 평균	횟수 평균
평균 시간(ms) / 평균 횟수 설정	0	0	0	0

항목	CH1	CH2	CH3	CH4
Basic setting	Set the A/D conversion system.			
A/D conversion enable/disable setting	0:허가	0:허가	0:허가	0:허가
Averaging processing setting	0:샘플링 처리	0:샘플링 처리	0:샘플링 처리	0:샘플링 처리
Averaging process (time / number of times)setting	4	4	4	4
A/D conversion scaling function	Set about the scaling of A/D conversion.			
A/D conversion scaling enable/disable setting	1:무효	1:무효	1:무효	1:무효
A/D conversion scaling lower limit value	0	0	0	0
A/D conversion scaling upper limit value	0	0	0	0
Shifting function	Set about the shifting function of A/D conversion.			
Shifting amount to conversion value	0	0	0	0
Input signal error detection function	Set about the input signal of A/D conversion.			
Input signal error detection setting	0:무효	0:무효	0:무효	0:무효
Input signal error detection setting value	0.0 %	0.0 %	0.0 %	0.0 %
Logging function	Set about the logging of A/D conversion.			
Logging enable/disable setting	1:무효	1:무효	1:무효	1:무효
Logging cycle setting value	3000 us	3000 us	3000 us	3000 us
Logging cycle unit setting	0:us	0:us	0:us	0:us
Logging data setting	1:스케일링값	1:스케일링값	1:스케일링값	1:스케일링값
Logging points after trigger	5000	5000	5000	5000
Level trigger condition setting	0:무효	0:무효	0:무효	0:무효
Trigger data	102	302	502	702
Trigger setting value	0	0	0	0

⑦ A/D 입출력 신호 일람은 다음과 같다.

구분	디바이스	신호 명칭
입력	X40	모듈 READY
	X4F	에러 발생 플래그
출력	Y4D	최댓값 · 최솟값 리셋 요구
	Y4F	에러 클리어 요구

⑧ D/A 입출력 신호 일람은 다음과 같다.

구분	디바이스	신호 명칭
입력	X40	모듈 READY
	X4F	에러 발생 플래그
출력	Y45	CH5 출력 허가/금지 플래그
	Y46	CH6 출력 허가/금지 플래그
	Y4F	에러 클리어 요구

⑨ 출력 파라미터 설정은 좌측 "파라미터(D/A_변환부)"를 더블클릭한 후 다음과 같이 한다.

설정 항목		CH1	CH2
D/A 변환 허가/금지		허가	허가

항목	CH5	CH6
☐ **Basic setting**	**Set the D/A conversion system.**	
D/A conversion enable/disable setting	0:허가	0:허가
☐ *D/A conversion scaling function*	**Set about the scaling of D/A conversion.**	
D/A conversion scaling enable/disable setting	1:무효	1:무효
D/A conversion scaling lower limit value	0	0
D/A conversion scaling upper limit value	0	0
☐ **Shift function**	**Set about the shift function of D/A conversion.**	
Shifting amount to input value	0	0

⑩ 자동_리프레시 설정은 좌측 "자동_리프레시"를 더블클릭한 후 다음과 같이 한다.

구 분	설정 항목	CH1	CH2	CH3	CH4	CH5	CH6
A/D conversion	디지털 값 디바이스	D11	D14	D17	D20		
	최댓값	D12	D15	D18	D21	-	
	최솟값	D13	D16	D19	D22		
D/A conversion	디지털 값 디바이스					D31	D33
	체크코드 디바이스			-		D32	D34
	에러코드 디바이스					D51	

항목	CH1	CH2	CH3	CH4	CH5	CH6
A/D conversion	Set the devices of A/D conversion.					
Transfer to intelligent function module	The data of the specified device is transmitted to the buffer memory.					
Shifting amount to conversion value						
Transfer to CPU	The data of the buffer memory is transmitted to the					
Digital output value	D11	D14	D17	D20		
Scaling value						
Maximum digital output value	D12	D15	D18	D21		
Minimum digital output value	D13	D16	D19	D22		
Maximum scaling value						
Minimum scaling value						
Conversion completed flag						
Input signal error detection flag						
D/A conversion	Set the devices of D/A conversion.					
Transfer to intelligent function module	The data of the specified device is transmitted to the buffer memory.					
Digital input value					D31	D33
Shifting amount to input value						
Transfer to CPU	The data of the buffer memory is transmitted to the					
Set value check code					D32	D34
Real conversion digital value						
Common section	Set the common devices.					
Transfer to CPU	The data of the buffer memory is transmitted to the					
CH latest error code						
Latest error code	D51					
Transfer to intelligent function module	The data of the specified device is transmitted to the buffer memory.					

● 파라미터 PLC 쓰기

① 파라미터 설정이 완료되면 연결된 USB 케이블로 파라미터값을 PLC에 저장한다.

② 프로젝트 상단 "온라인" 탭에서 "PLC 쓰기" 버튼을 클릭하거나, 상단 PLC 쓰기 아이콘 (　)을 클릭한다.

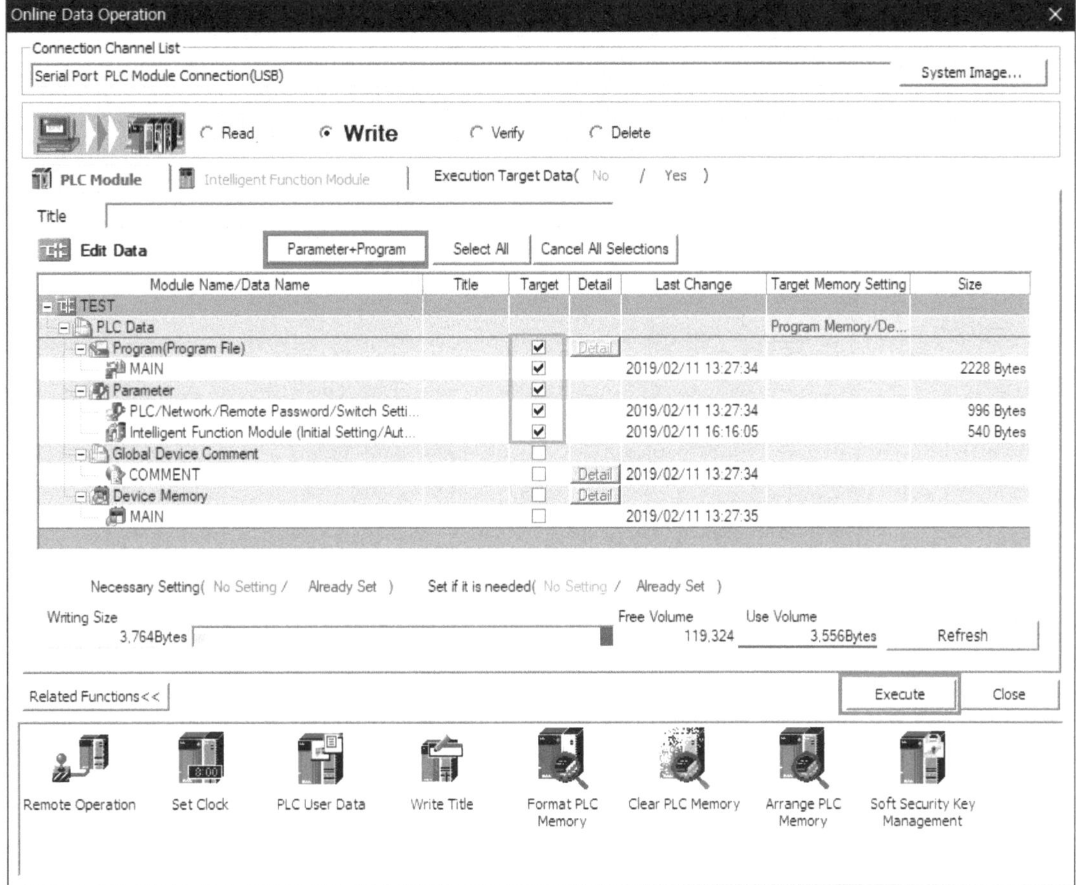

③ 파라미터+프로그램 버튼을 클릭하면 프로그램 및 파라미터가 체크된다. Execute 버튼을 눌러 진행한다.

④ YES 버튼을 클릭하여 쓰기를 완료한 후 Close 버튼을 클릭한다.

04 프로그램 실습

본격적인 프로그램 실습에 앞서 몇 가지 알아두면 좋을 만한 내용들을 미리 소개하도록 하겠다.

1. PLC CPU 모듈의 외형

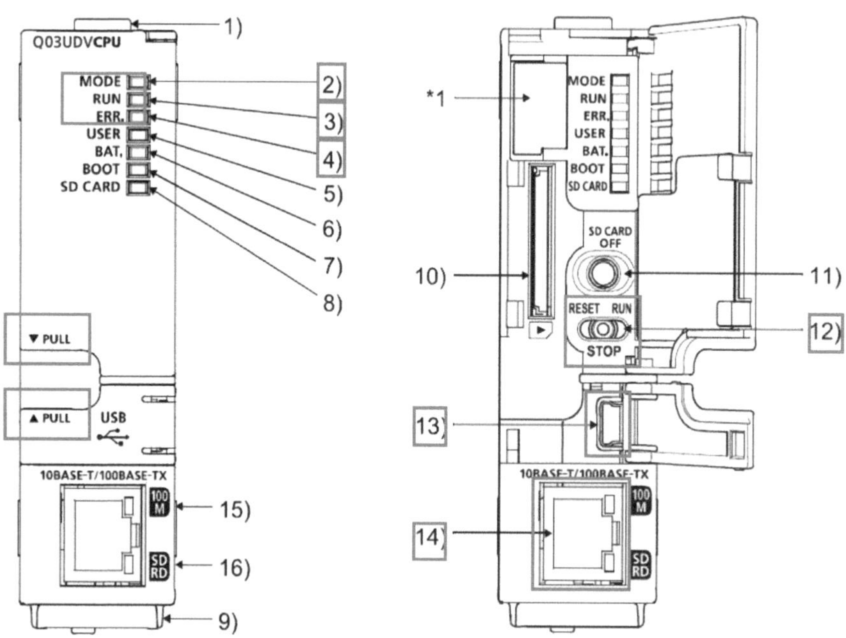

Q03UDV CPU 모듈의 외형은 위 그림과 같으며, 본 교재의 내용과 연관이 있을 만한 단자나 LED, 스위치는 다음 표에서 설명하고 있다.

2) MODE와 3) RUN, 2개의 LED는 CPU가 정상 동작하고 있다면 On 되어 있어야 하며, 만약 이전에 언급했던 대로 통신 설정이 잘못되었거나 파라미터 설정이 잘못되었거나 실행할 수 없는 연산을 실행하는 등의 이유로 CPU 에러가 발생했을 경우에는 4) ERR. LED가 점멸(On →Off→On→…)한다.

PULL이라고 표시되어 있는 홈에 손가락을 넣고 젖히면 CPU 리셋이나 정지에 사용되는 12) RUN/STOP/RESET 스위치와 이더넷 통신 대신 사용할 수 있는 13) USB 단자 등을 확인할 수 있다.

No.	명 칭	용 도
2)	MODE LED	MODE LED는 디바이스 테스트나 외부 입출력 강제 ON/OFF 기능 실행 등의 경우에 OFF, 정상적인 상태일 때는 ON
3)	RUN LED	CPU가 RUN 운전 중일 때 ON RUN/STOP/RESET 스위치가 STOP 되었을 때 OFF 에러 검출 시 점멸
4)	ERR LED	운전을 정지하지 않는 자기 진단 에러 검출 시 점등 운전을 정지하는 에러 검출시 점멸 정상일 때 소등
12)	RUN/STOP/RESET 스위치	RUN : 연산 실행 STOP : 연산 정지 RESET : 하드웨어 리셋, 연산 이상 시 리셋 파라미터를 쓴 후에는 RESET→RUN해야 반영됨
13)	USB 커넥터	MINI-B 타입 커넥터로 PC와 접속 가능
14)	ETHERNET 커넥터	LAN 케이블에 의해 접속하기 위한 커넥터

2. PLC 디바이스

파라미터 설정 등에서 언급되었던 디바이스란 MITSUBISHI MELSEC PLC에서 사용되는 CPU 내의 메모리 공간을 의미하며 아래와 같이 2가지 방법으로 구분 가능하다.

- 외부의 입출력 장치와 연결이 가능한지 여부에 따라 - 외부 / 내부

- 데이터의 사이즈에 따라 - 비트 / 워드

본 교재에서는 아래 6가지의 디바이스를 주로 사용하며, 그 외에 인덱스 레지스터 Z 역시 소개한다.

	외부 디바이스			내부 디바이스		
X	Y		M	T	C	D
	비트 디바이스			워드 디바이스		

① 외부 디바이스

CPU 외부에서 입력을 받거나 출력을 내보낼 때 사용하는 디바이스로서 센서, 스위치, 솔레노이드, 램프, 모터 등 외부 기기와 연결 시 사용된다.

② 내부 디바이스

CPU 외부로 직접 출력할 수 없으며 CPU 내부에서 논리, 수치, 타이밍 등 각종 연산에 사용하는 디바이스이다.

③ 비트(bit) 디바이스

2진수 제어. 0 또는 1, 즉 On/Off 제어가 가능한 디바이스이다.

④ 워드(word) 디바이스

비트 및 워드 단위로 제어 가능한 디바이스이며, 수치, 문자열 등의 데이터를 처리 가능하다.

3. 데이터의 사이즈

PLC에서 다루는 데이터의 사이즈는 다음과 같이 분류할 수 있다.

비트(bit) : 한 자리의 2진수. 0 또는 1(= Off 또는 On = False 또는 True)

니블(nibble) : 4비트 = 네 자리의 2진수. 16진수 한 자리로 변환 가능

바이트(byte) : 8비트 = 여덟 자리의 2진수. 문자열을 저장할 때 영어 알파벳, 특수기호, 숫자 등을 한 개 저장 가능. 부호 있는 정수(signed integer)를 기준으로 바이트는 -128 ~ 127까지 총 256(=2^8)가지의 데이터를 다룰 수 있음.

워드(word) : 16비트 = 열여섯 자리의 2진수. 문자열을 저장할 때 한글이나 한자 등을 한 개 저장 가능. 부호 있는 정수(signed integer)를 기준으로 워드는 -32768 ~ 32767까지 총 65536(=2^{16})가지의 데이터를 다룰 수 있음.

F	E	D	C	B	A	9	8	7	6	5	4	3	2	1	0
															bit
												nibble			
							byte								
word															

더블 워드(double word)

: 워드 사이즈로 사용할 수 없는, 즉 수치 데이터가 -32768보다 작거나 32767 보다 클 경우에는 더블 워드 사이즈를 사용할 수 있다. 더블 워드는 워드 (word)의 2배(double)인 32비트 사이즈이며, 서보 모터의 각종 데이터를 다루는 등 주로 큰 값을 다룰 때 사용한다. 부호 있는 정수(signed integer) 를 기준으로 한 사용 범위는 -2,147,483,648 ~ 2,147,483,647까지 총 4,294,967,296(=2^{32})가지의 데이터를 다룰 수 있다.

본 교재에서 앞으로 나오게 될 다양한 프로그램 실습 예제를 통하여 단계적인 학습이 이루어질 수 있도록 충분한 복습을 하기를 바란다. 또한, 기본 I/O 프로그램 실습부터 꾸준히 학습한다면 이외의 어떤 과제도 수행하는 데 문제가 없을 것이며, 프로그램들을 작성하는 방법은 SECTION 01, 02의 학습 내용을 참고하기 바란다.

기본 I/O 프로그램 실습

1. 동작 조건

① INPUT 16 point와 OUTPUT 16 point가 1:1로 구동할 수 있도록 프로그램을 구성한다.

② PLC TRAINER의 본체와 입력 스위치를 이용하여 출력을 확인한다.

 INPUT X00 ~ 0F 번지에 입력을 주면 Y20 ~ Y2F 번지로 출력하고, 출력 디바이스에 대응하는 LED(램프)가 켜지게 되며 아래와 같은 조건을 만족하도록 동작 회로를 구성한다.

$$X00 \rightarrow Y20$$
$$X01 \rightarrow Y21$$
$$X02 \rightarrow Y22$$
$$X03 \rightarrow Y23$$
$$X04 \rightarrow Y24$$
$$X05 \rightarrow Y25$$
$$X06 \rightarrow Y26$$
$$X07 \rightarrow Y27$$

③ 전원은 DC 24V로 구성하며 참고 사항을 참조하여 전원을 구성한다.

④ PLC DC 24는 항상 외부에서 인가해 주어야 한다.

2. PLC 프로그램 실습

① GX-Works2를 실행시킨다.

② 프로젝트 메뉴에서 [새로 만들기]를 선택한다.

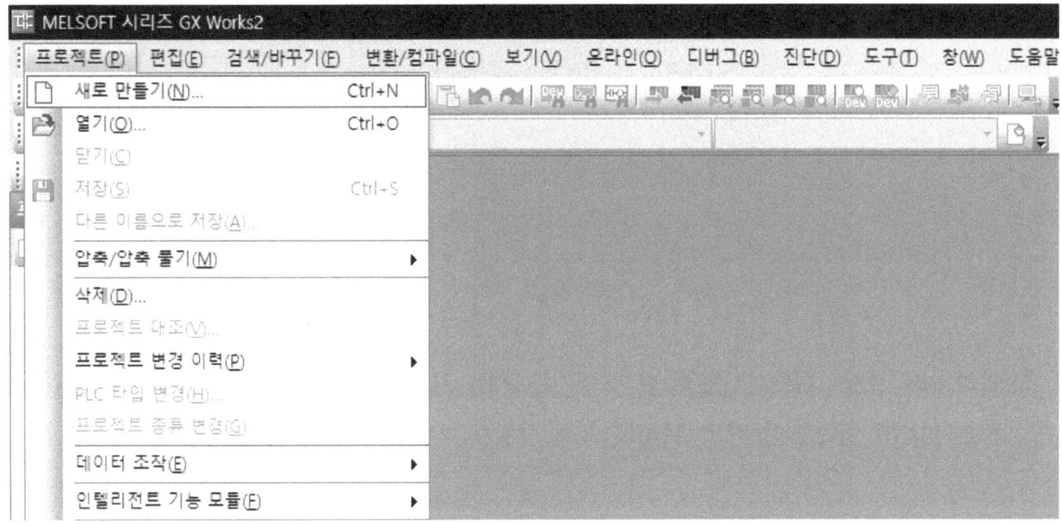

③ 아래 그림과 같이 자신의 PLC Series: QCPU Mode와 Type: Q03UDV를 선택한 다음 확
인 버튼을 클릭한다.

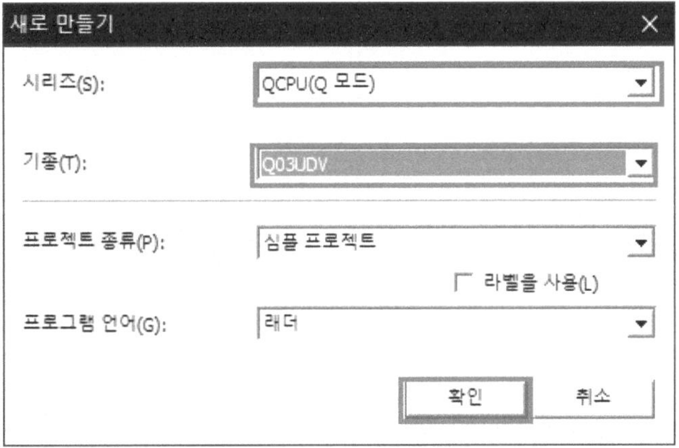

④ 다음 그림처럼 [PLC 파라미터]를 더블클릭한다.

⑤ 파라미터 설정 - [프로그램 설정] 탭에서 MAIN 프로그램을 선택하고 [삽입]을 클릭한다.
또는 [삽입] 버튼만 눌러도 MAIN 프로그램이 삽입된다.

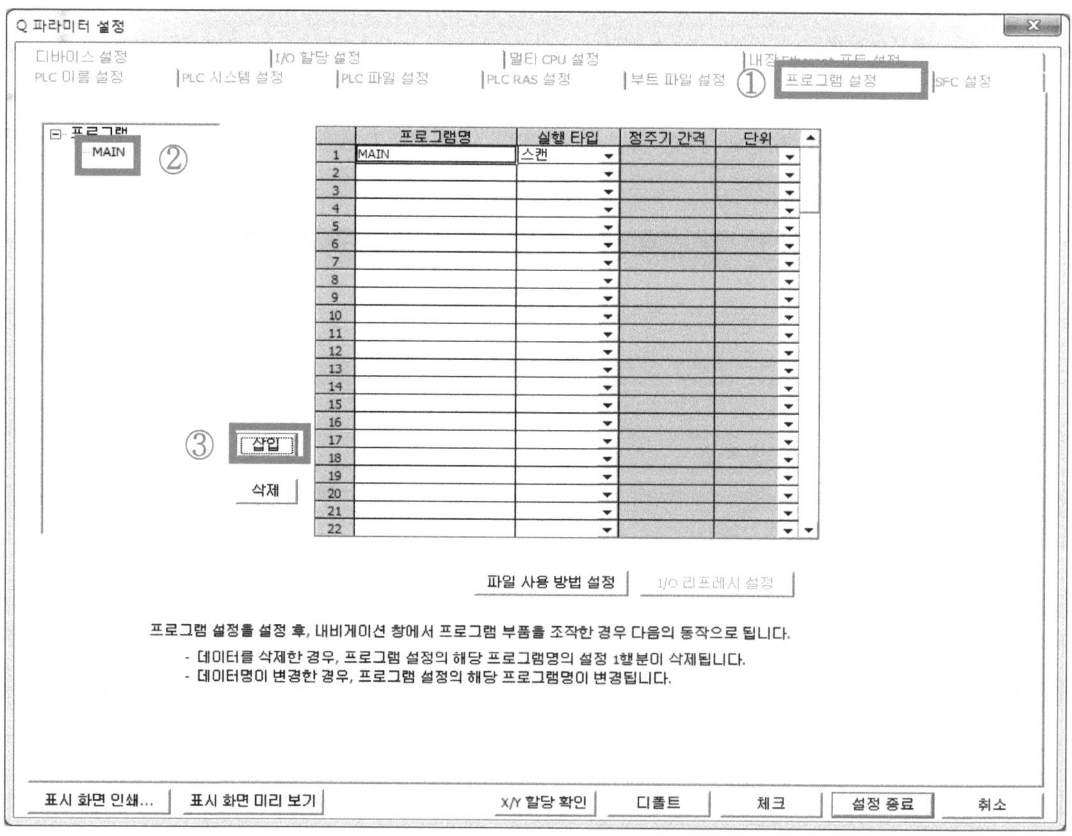

⑥ 내장 Ehternet 포트 설정에서 IP 어드레스 설정의 IP 어드레스를 사용자의 IP에 맞게 설
정하고, [설정 종료]를 클릭한다. (여기서는 192.168.10.142로 설정한 예, 실습 환경에 따라
변경 가능)

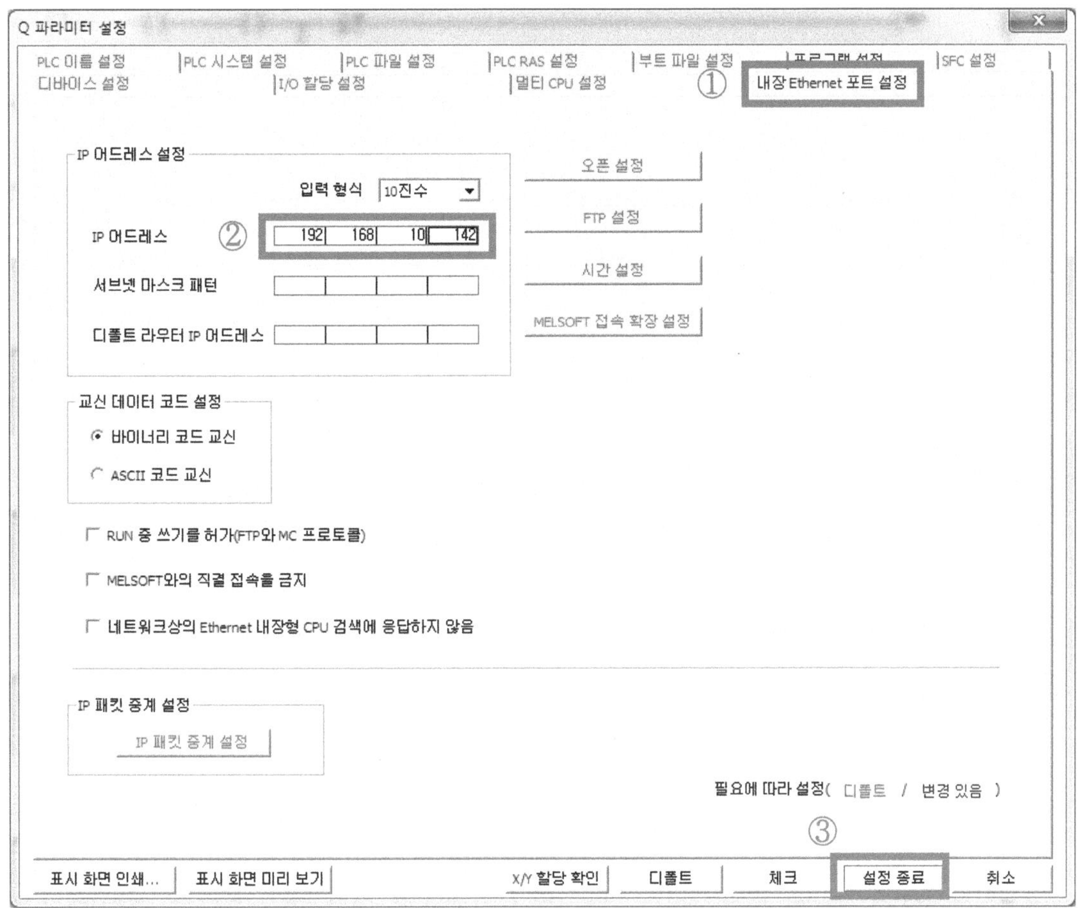

⑦ 새 프로젝트가 완성되면 아래의 그림과 같이 1:1 In/Output 프로그램을 작성한다.

⑧ 좌측 [내비게이션] 창 최하단 - [접속 대상] 클릭 - [Connection1]을 더블클릭한다.

⑨ PC측 I/F의 [Serial USB 포트], PLC 측 I/F의 [PLC Module], 다른 국 지정의 [No Specification]을 선택한 후 [통신 테스트] 버튼을 눌러 접속 성공 메시지가 뜨면 [확인] 버튼을 눌러 종료한다.

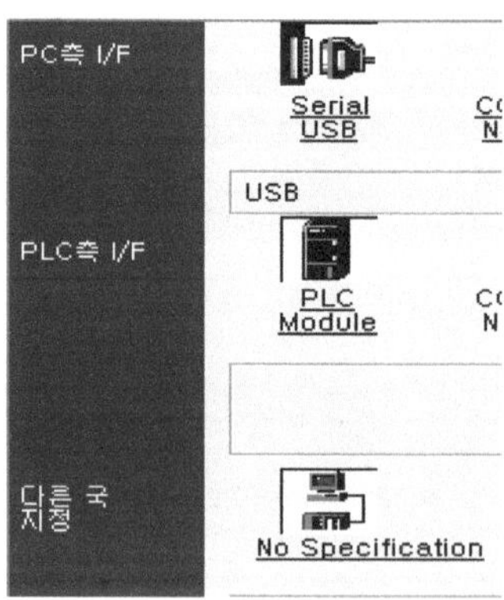

⑩ 메뉴에서 [온라인] - [PLC 쓰기]를 실행하여 아래 그림과 같이 선택한 다음 파라미터와
프로그램을 PLC에 업로드한다.

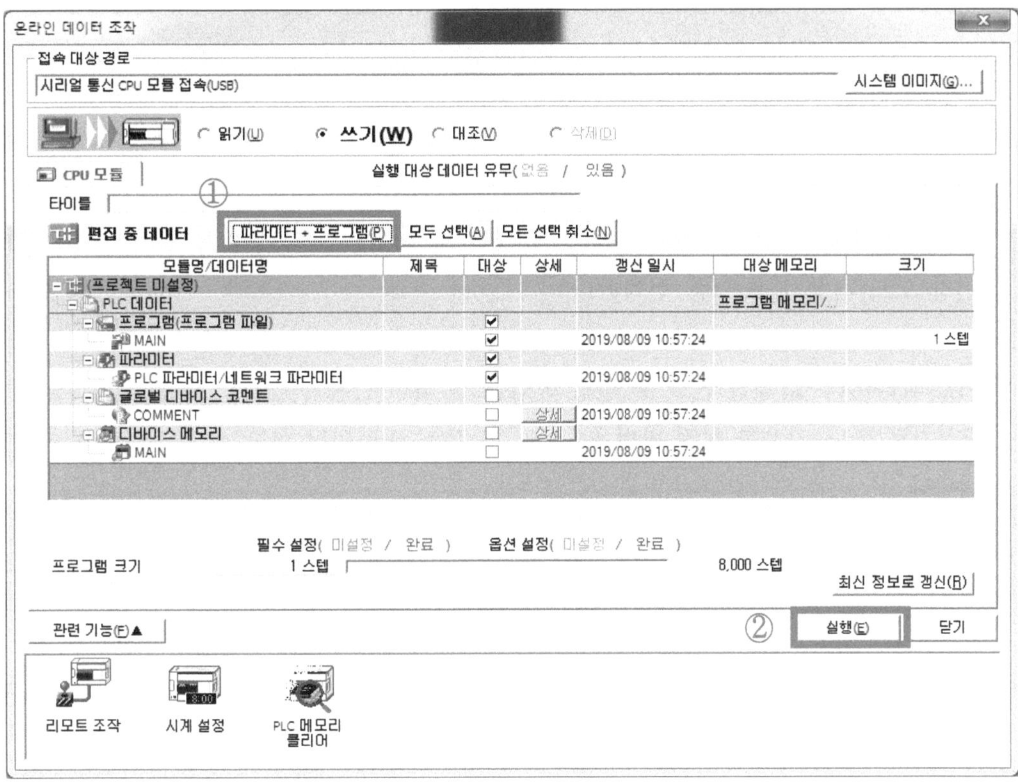

⑪ PLC 쓰기가 완료되면 [닫기]를 클릭한다. [처리가 종료한 경우, 자동적으로 창을 닫는다.]
를 체크하면 PLC 쓰기가 완료되면 자동으로 창이 닫힌다.

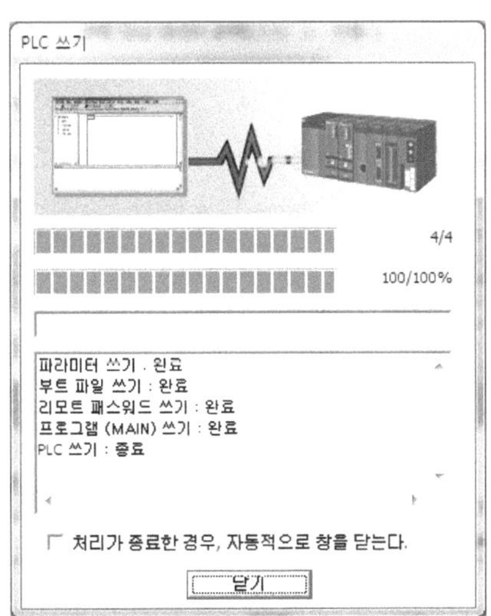

⑫ 온라인 데이터 조작에서 [닫기]를 클릭한다.

<table>
<tr><td></td><td>필수 설정(미설정 / 완료)</td><td>옵션 설정(미설정 / 완료)</td></tr>
<tr><td>쓰기 크기
2,976바이트</td><td></td><td>사용 가능 용량　사용 용량
103,856　19,024바이트　최신 정보로 갱신(<u>R</u>)</td></tr>
<tr><td>관련 기능(<u>F</u>)▲</td><td></td><td>실행(<u>E</u>)　　닫기</td></tr>
</table>

⑬ 업로드가 완료되면 단축키 [F3] 혹은 [온라인] → [모니터] → [모니터 모드]를 선택한 후 I/O의 변화를 확인할 수 있다. 이를 해제하기 위해서는 단축키 [F2] 혹은 [편집] - [래더 편집 모드] - [쓰기 모드]를 선택한다.

위 PLC 파라미터 및 통신 연결 등 설정 방법을 잘 익혀 반복 연습하고, 다음 실습 과제부터는 생략하기로 한다. 자세한 설정 방법은 3장의 "5. PLC 파라미터 설정"을 참고하여 반복 연습하기 바란다.

AND 회로 프로그램 실습

1. 동작 조건

① 논리 AND 회로에 대한 논리 기호와 진리표를 이해하고, 프로그램하여 제어할 수 있다.

② AND 회로 구성을 통한 입력에 따른 출력의 형태를 알아본다.

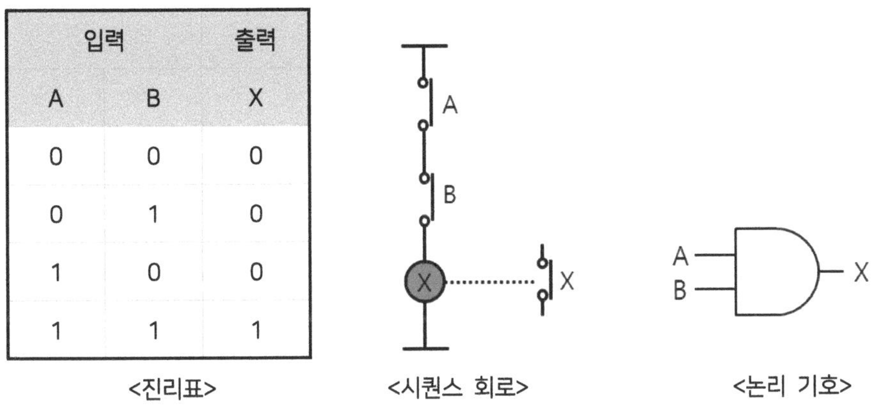

입력		출력
A	B	X
0	0	0
0	1	0
1	0	0
1	1	1

<진리표>　　　　<시퀀스 회로>　　　　<논리 기호>

③ PLC I/O MAP의 구성은 아래와 같이 구성한다.

구 분	코멘트 표시	I/O할당	비 고
입 력	A	X00	PB1
	B	X01	PB2
출 력	X	Y20	

④ PLC 입력 전원은 DC 24V로 구성하며, PLC 입력 COM은 DC 24V(+)에, 스위치 COM은 DC 0V(-)로 전원을 연결한다.

⑤ 출력 LAMP의 COM 단자에는 DC 24V(+)를 연결하고, PLC 출력 COM 단자에는 DC 0V(-)를 연결한다.

2. 프로그램 실습

① GX-Works2을 실행시킨다.

② 프로젝트 및 프로그램 창을 연다.

③ 평상시 열린 접점과 평상시 닫힌 접점, 출력 코일을 이용하여 프로그램을 작성한다.

④ 프로그램 작성

```
     X0      X1
0   ─┤ ├────┤ ├───────────────────────────────────( Y20    )

3   ─────┐                                           [END    ]
```

스텝

0   : X0과 X1은 입력 a 접점으로 직렬 연결되어 있다. 두 입력 스위치를 모두 누르면 출
           력 Y20 코일이 On 되는 것을 확인할 수 있다.

이전 실습과 같은 방식으로 단축키 [F3] 혹은 [온라인] → [모니터] → [모니터 모드]를 선택한 후 I/O의 변화를 확인할 수 있다. 이를 해제하는 방법은 단축키 [F2] 혹은 [편집] - [래더 편집 모드] - [쓰기 모드]를 선택한다. (이후 과정은 생략)

출력 코일 Y20의 논리적 수식은 다음과 같다.

$$Y20 = X0 \times X1$$

OR 회로 프로그램 실습

1. 동작 조건

① 논리 OR 회로에 대한 논리 기호와 진리표를 이해하고 프로그램하여 제어할 수 있다.

② OR 회로 구성을 통한 입력에 따른 출력의 형태를 알아본다.

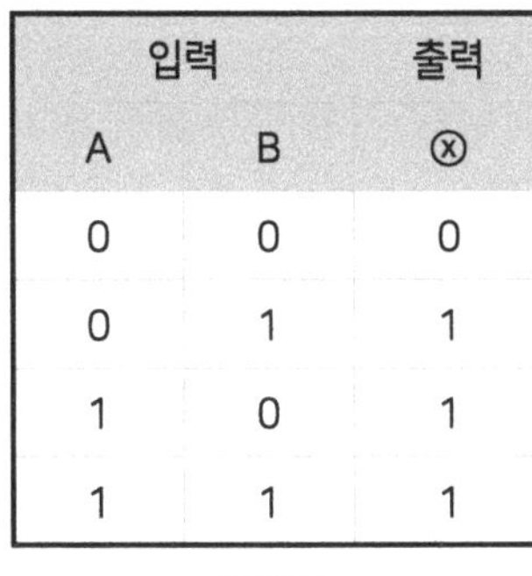

입력		출력
A	B	$\otimes$
0	0	0
0	1	1
1	0	1
1	1	1

<진리표>

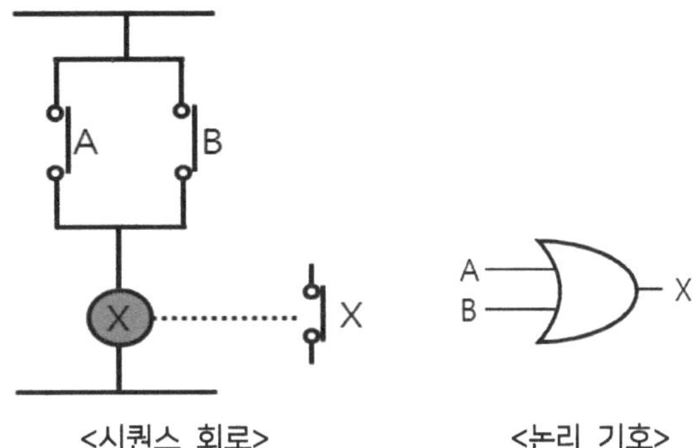

<시퀀스 회로>   <논리 기호>

③ PLC I/O MAP의 구성은 아래와 같이 구성한다.

구 분	I/O할당	비 고
	X00	PB1
입 력	X01	PB2
	X02	PB3
출 력	Y20	

④ PLC 입력 전원은 DC 24V로 구성하며 PLC 입력 COM은 DC 24V(+)에, 스위치 COM은 DC 0V(-)로 전원을 연결한다. 출력 LAMP의 COM 단자에는 DC 24V(+)를 연결하고 PLC 출력 COM 단자에는 DC 0V(-)를 연결한다.

2. 프로그램 실습

① GX-Works2을 실행시킨다.

② 프로젝트 및 프로그램 창을 연다.

③ 평상시 열린 접점과 평상시 닫힌 접점, 출력 코일을 이용하여 프로그램을 작성한다.

④ 다음 프로그램을 각각 작성하여 연습하기로 한다.

1) 같은 접점을 이용한 OR 회로 프로그램 실습

```
     X0
0   ┤├──────────────────────────────────────────(Y20  )

     X1
    ┤├

3   └──────────────────────────────────────────[END  ]
```

스텝

0   : X0과 X1은 입력 a 접점으로 병렬 연결되어 있다. 두 입력 스위치 중에서 어느 하나라도 누르면 출력 Y20 코일이 On 되는 것을 확인할 수 있다.

출력 코일 Y20의 논리적 수식은 다음과 같다.

$$Y20 = X0 + X1$$

2) 다른 접점을 이용한 OR 회로 프로그램 실습

```
     X0
0   ┤├──────────────────────────────────────────(Y20  )

     X1
    ┤├

     X2
    ┤/├

4   ───────────────────────────────────────────[END  ]
```

스텝

0   : X0과 X1은 입력 a 접점, X2는 b 접점으로 병렬 연결되어 있다. 입력 스위치 중에서 X2가 b 접점을 이루고 있으므로 X0과 X1를 누르지 않아도 출력 Y20 코일이 On 되는 것을 확인할 수 있다. 이때 X2 스위치를 누르면 출력 Y20 코일이 Off 된다. 그리고, 스위치 X2를 누른 상태에서 스위치 X0 혹은 X1을 누르면 출력 Y20 코일이 On 되는 것을 확인할 수 있다.

출력 코일 Y20의 논리적 수식은 다음과 같다.

$$Y20 = X0 + X1 + \overline{X2}$$

NOT 회로 프로그램 실습

1. 동작 조건

① 논리 NOT 회로에 대한 논리 기호와 진리표를 이해하고 프로그램하여 제어할 수 있다.

② NOT 회로 구성을 통한 입력에 따른 출력의 형태를 알아본다.

③ PLC I/O MAP의 구성은 아래와 같이 구성한다.

구 분	I/O할당	비 고
입 력	X00	
출 력	Y20	

④ PLC 입력 전원은 DC 24V로 구성하며 PLC 입력 COM은 DC 24V(+)에, 스위치 COM은 DC 0V(-)로 전원을 연결한다. 출력 LAMP의 COM 단자에는 DC 24V(+)를 연결하고 PLC 출력 COM 단자에는 DC 0V(-)를 연결한다.

2. 프로그램 실습

① GX-Works2을 실행시킨다.

② 프로젝트 및 프로그램 창을 연다.

③ 평상시 열린 접점과 평상시 닫힌 접점, 출력 코일을 이용하여 프로그램을 작성한다.

④ 프로그램 작성

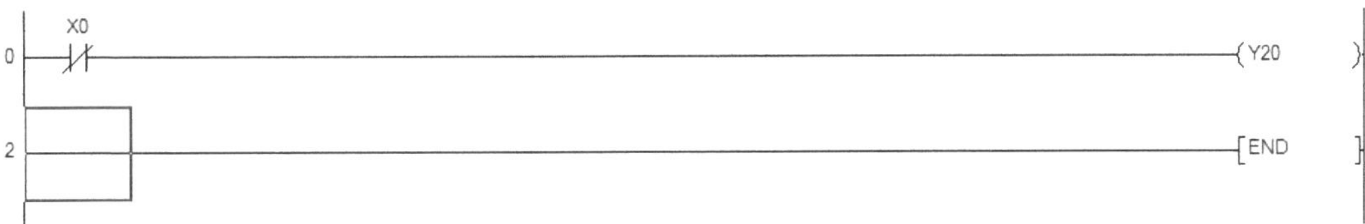

출력 코일 Y20의 논리적 수식은 다음과 같다.

$$Y20 = \overline{X0}$$

프로그램할 수 없는 회로와 대책

1. 중개 회로

① 양방향으로 전류가 흐르는 것 같은 회로는 PLC에서는 오른쪽 그림과 같이 변경하여 사용한다.

② 왼쪽 그림에서 B가 없을 때의 회로와 D가 없을 때의 회로를 각각 구성하여 이를 병렬로 접속한 것이다.

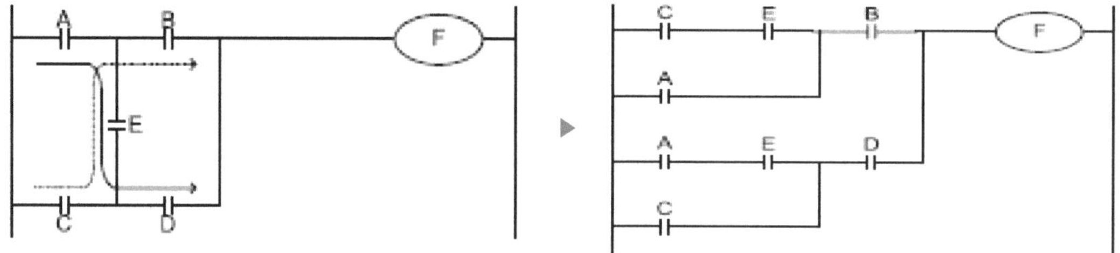

③ PLC I/O MAP의 구성은 아래와 같이 구성한다.

구 분	I/O할당	비 고
입 력	X00	A
	X01	B
	X02	C
	X03	D
	X04	E
출 력	Y20	F

④ PLC 프로그램 실습

출력 코일 Y20의 논리적 수식은 다음과 같다.

$$Y20 = ((X2 \times X4 + X0) \times X1) + ((X0 \times X4 + X2) \times X3)$$

2. 코일의 접속 위치

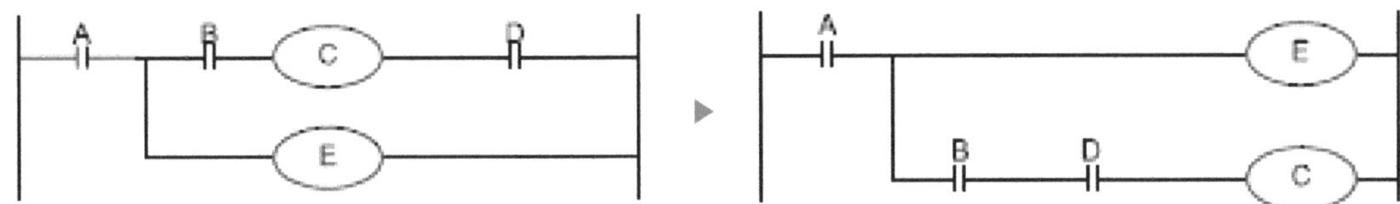

① 코일의 오른쪽에 접점을 쓰지 않는다.

② 접점 간의 코일은 먼저 프로그램한다.

③ PLC I/O MAP의 구성은 아래와 같이 구성한다.

구 분	I/O 할당	비 고
	X00	A
입 력	X01	B
	X02	D
	Y20	E
출 력	Y21	C

④ PLC 프로그램 실습

스텝

0   : 0번 스텝의 X0(a 접점)에 의하여 출력 코일 Y20은 On 된다.

2, 3   : 0번 스텝의 X0이 눌러진 상태에서 X1과 X2 모두를 누르면 출력 코일 Y21은 On 된다.

출력 코일 Y20과 Y21의 수식은 다음과 같다.

$$Y20 = X0$$

$$Y21 = X0 \times X1 \times X2$$

자기유지회로 프로그램 실습

프로그램 이해

자기유지회로는 임의의 스위치(접점) 동작 때문에 현재 상태를 계속 유지하도록 하는 회로이다. 아래 프로그램은 대표적인 자기유지와 해제를 수행하는 프로그램이다.

0번 스텝의 M10(a 접점, 푸시버튼으로 연결된 상태)이 On 되면 출력 코일 M11은 여자(勵磁)된다. 이때 0번 스텝 M10 바로 아래 3번 스텝 M11(a 접점)은 출력 코일 M11의 종속 동작으로 On 된다. 이로 인하여 3번 스텝의 M11로 신호가 계속 공급되는 구조가 된다.

이어 M10(푸시버튼 Off)의 접점이 Off 되어도 M11에서 On 상태를 계속해서 유지하게 된다. 리셋 신호인 M20(b 접점, 푸시버튼으로 연결된 상태) 접점을 On하게 되면 자기유지가 해제하게 된다.

출력 코일 M11의 논리적 수식은 다음과 같다.

$$M11 = (M10 + M11) \times \overline{M20}$$

타이밍 차트

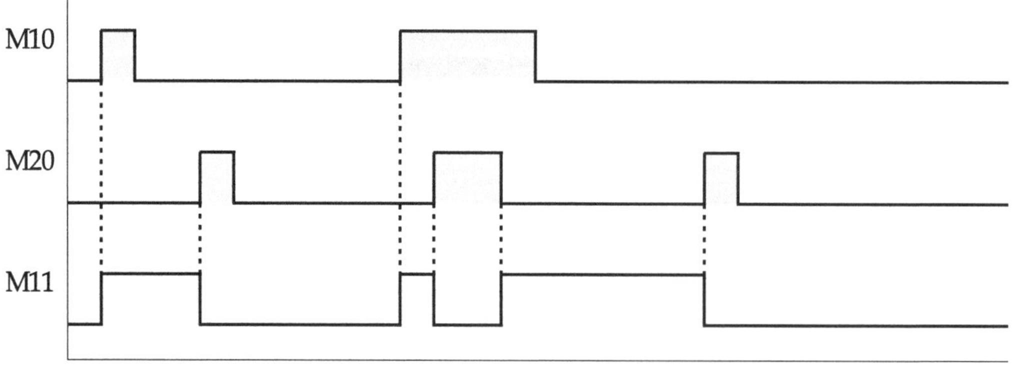

프로그램 실습 예제

1. 동작 조건

① 자기유지회로의 원리를 이해한다.

② 자기유지회로의 동작 형태를 알아본다.

③ PLC I/O MAP은 아래와 같이 구성한다.

구 분	코멘트 표시	I/O할당	비 고
입 력	시작 스위치	X00	START
	정지 스위치	X01	STOP
	내부 릴레이	M0	자기유지
출 력	모 터(MC)	Y20	MOTOR
	운전 램프	Y21	램프 L-1
	정지 램프	Y22	램프 L-2

④ PLC 입력 전원은 DC 24V로 구성하며 PLC 입력 COM은 DC 24V(+)에, 스위치 COM은 DC 0V(-)로 전원을 연결한다. 출력 LAMP의 COM 단자에는 DC 24V(+)를 연결하고 PLC 출력 COM 단자에는 DC 0V(-)를 연결한다.

2. 프로그램 실습

① GX-Works2을 실행시킨다.

② 프로젝트 및 프로그램 창을 연다.

③ 평상시 열린 접점과 평상시 닫힌 접점, 출력 코일을 이용하여 프로그램을 작성한다.

④ 프로그램 작성

```
     X0    X1
0   ─┤├───┤/├────────────────────────────────────────( M0 )
     M0
    ─┤├─

     M0
4   ─┤├────────────────────────────────────────────( Y20 )

     M0
6   ─┤├────────────────────────────────────────────( Y21 )

     M0
8   ─┤/├───────────────────────────────────────────( Y22 )

10  ─────────────────────────────────────────────[ END ]
```

스텝

0   : 0번 스텝의 X0(시작 스위치)에 의하여 M0가 자기유지가 된다.

4, 6 : 자기유지된 M0(a 접점)를 이용하여 Y20(모터)를 구동 및 Y21(운전 램프)를 On 시킨다.

0   : X1(정지 스위치)에 의하여 M0가 자기유지 해제가 된다.

8   : 자기유지 해제가 되면 M0(b 접점)에 의하여 Y22(정지 램프)를 On 시킨다.

출력 코일 M0와 Y20, Y21, Y22의 논리적 수식은 다음과 같다.

$$M0 = (X0 + M0) \times \overline{X1}$$

$$Y20 = Y21 = M0$$

$$Y22 = \overline{M0}$$

SET과 RESET

응용 명령 {F8}

데이터 전송, 수치 연산, 비교 연산 등 다양한 기능을 수행하는 명령어로서 '명령'부와 '디바이스'부를 직접 타이핑함으로써 작성한다. 아래는 응용 명령의 한 예시이다.

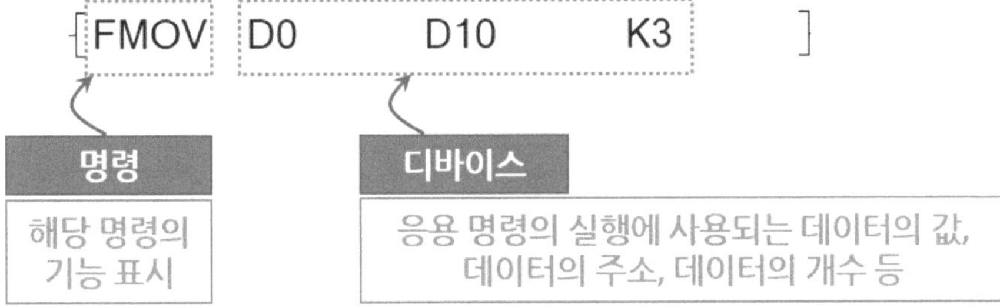

'디바이스'부는 최대 3개의 파트로 구성되며, 데스터네이션(D)만 필요할 수도 있고, 소스(s)가 2개 필요할 수도 있는 등 응용 명령의 종류에 따라 다양한 형태를 취한다.

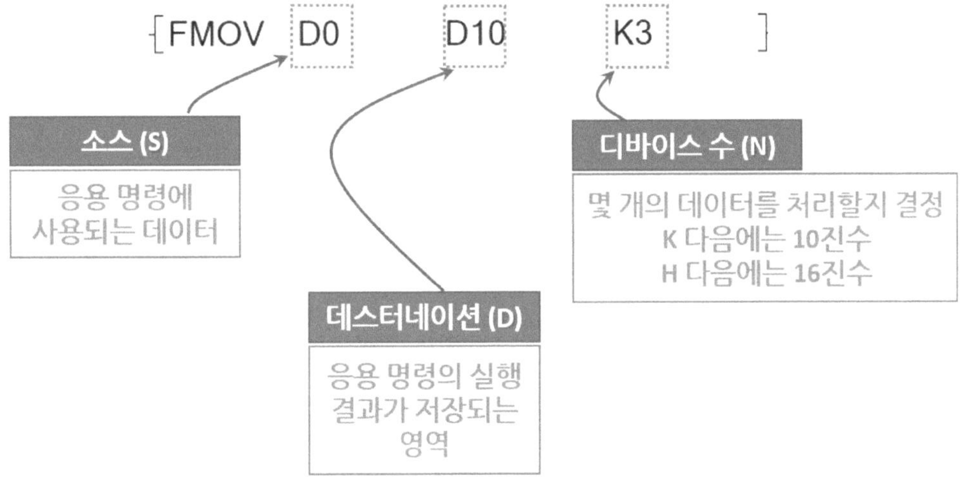

타이밍 차트

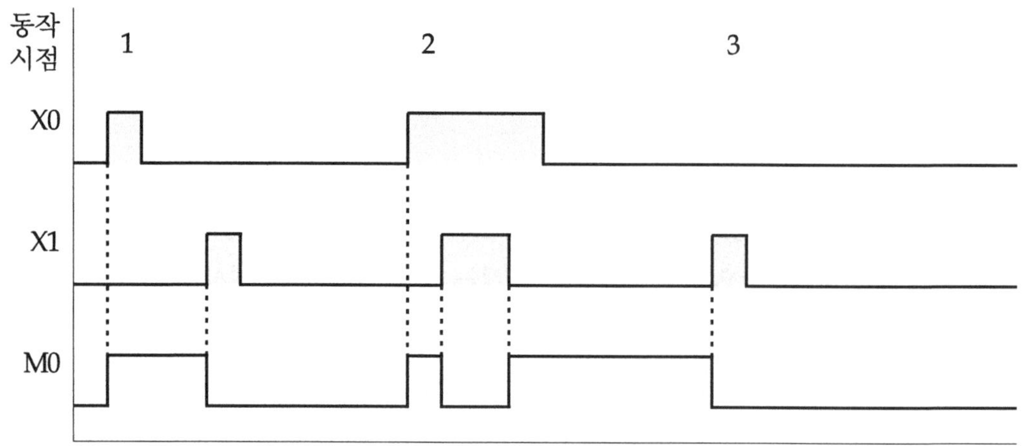

타이밍 차트를 살펴보면 알 수 있듯이 자기유지 및 자기유지 해제와 동작이 동일하다. 다음 프로그램을 이용하여 동작 상태를 비교해 보기 바란다.

프로그램 실습 예제

1. 동작 조건

① 자기유지회로의 원리를 이해하고 SET, RST을 이용한 자기유지회로의 동작 형태를 알아본다.

② PLC I/O MAP은 아래와 같이 구성한다.

구 분	코멘트 표시	I/O 할당	비 고
입 력	시작 스위치	X00	START
	정지 스위치	X01	STOP
출 력	내부 릴레이	M0	자기유지

2. 프로그램 실습

① GX-Works2을 실행시키고 프로젝트 및 프로그램 창을 연다.

② 평상시 열린 접점과 출력 코일을 이용하여 프로그램을 작성한다.

③ 프로그램 작성

```
       X0
0     ┤ ├                                                          [SET      M0  ]

       X1
2     ┤ ├                                                          [RST      M0  ]

4                                                                  [END         ]
```

단축키 F8을 누른 후 set m0 또는 rst m0을 입력하면 된다. 참고로 코일(F7)로 입력하더라도 명령어만 문법에 맞게 작성하면 자동으로 응용 명령으로 변환된다. 또한, 명령어는 소문자로 입력해도 자동으로 대문자로 변환되니 그냥 소문자로 입력한다.

스텝

0   : X0를 누르면 M0는 Set 되어 자기유지 상태가 된다.

2   : X1를 누르면 M0는 Reset 되어 자기유지가 해제된다.

위 두 가지는 타이밍 차트의 동작 시점 1에서 X0과 X1을 동작시켜 본 것으로서 동작 시점 2와 같이 X0을 계속 누르고 있는 상태에서 X1을 눌렀다가 떼면 타이밍 차트와 동일한 M0의 상태를 얻을 수 있다. 또한, 동작 시점 3에서 X1을 누르면 M0가 Off 되는 것을 확인해 볼 수 있다.

프로그램 이해

인터록 회로는 전기 기기의 보호나 작업자의 안전 등을 위하여 상대 동작을 금지하는 회로다. 푸시버튼 스위치 A를 먼저 누르면 릴레이 R1이 동작하고, R1이 동작하면 릴레이 R2가 Off 된다. 이 상태에서 푸시버튼 스위치 B를 누르더라도 R1이 동작하고 있으므로 릴레이 R2는 동작하지 않는다. 반대로 푸시버튼 스위치 B를 먼저 누르면 릴레이 R2가 동작하고, R2가 동작하면 릴레이 R1가 Off 된다. 이 상태에서 푸시버튼 스위치 A를 누르더라도 R2가 동작하고 있으므로 릴레이 R1는 동작하지 않는다.

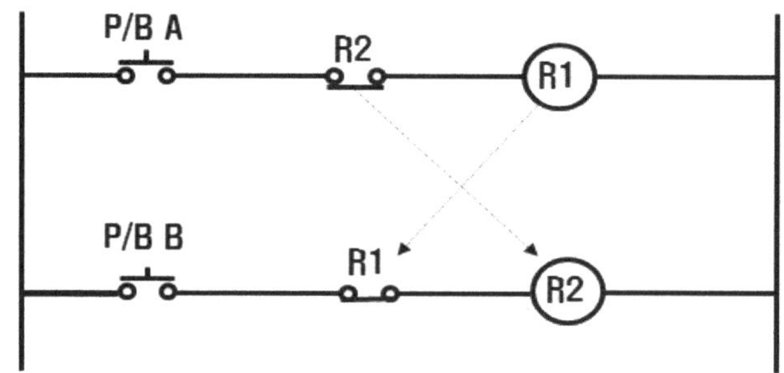

프로그램 실습 예제

1. 동작 조건

① 인터록 회로의 원리와 동작 형태를 알아본다.

② PLC I/O MAP은 아래와 같이 구성한다.

구 분	코멘트 표시	I/O할당	비 고
입 력	PB A	X1F	시작 스위치 A
	PB B	X1E	시작 스위치 B
	정지 스위치	X1D	정지 스위치
출 력	내부 릴레이 1	M10	자기유지
	내부 릴레이 2	M11	자기유지

2. 프로그램 실습

① GX-Works2를 실행시키고 프로젝트 및 프로그램 창을 연다.

② 평상시 열린 접점, 평상시 닫힌 접점과 출력 코일을 이용하여 프로그램을 작성한다.

③ 프로그램 작성

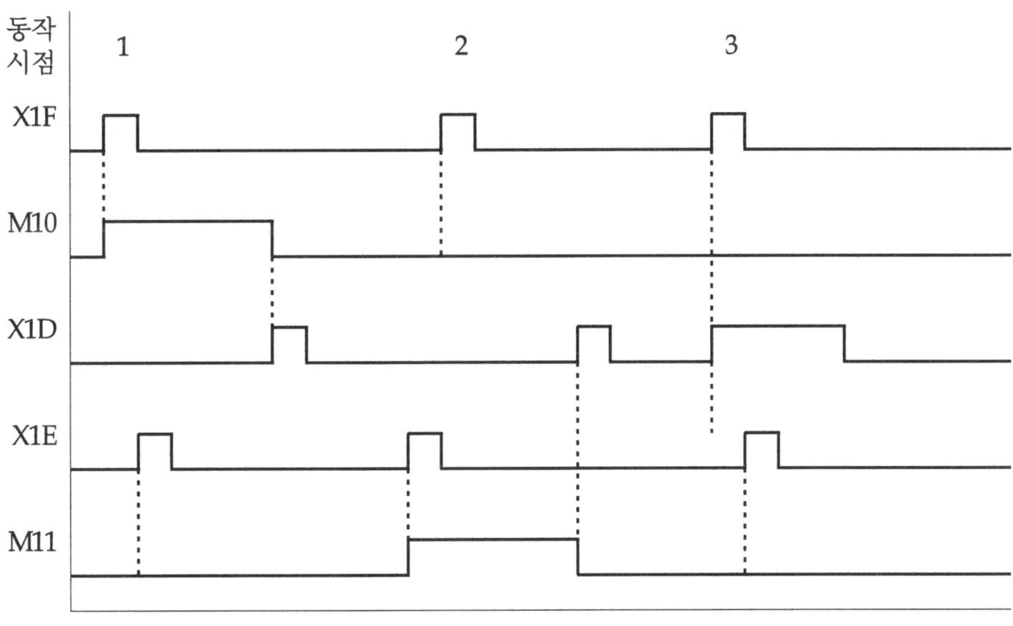

스텝

0   : X1F 푸시버튼에 의해 M10은 자기유지가 된다.

5   : X1E 푸시버튼에 의해 M11은 자기유지가 된다.

위 두 스텝에서는 M11(b 접점)과 M10(b 접점)으로 서로가 인터록되어 있다. 즉 두 스텝에서 먼저 입력된 푸시버튼에 의하여 M1x 코일이 여자되어 우선 동작이 이루어지면, 다른 푸시버튼을 눌러도 동작이 되지 않는다.

타이밍 차트

X1F와 X1E 접점 중 동작 시점 1에서 X1F가 먼저 입력이 되었다면, 출력 코일 M10은 자기유지가 된다. 바로 이어서 X1E가 입력되어도 M11은 자기유지가 될 수 없다. 동작 시점 2에서 X1E가 먼저 입력이 되었다면, 출력 코일 M11은 자기유지가 된다. 바로 이어서 X1F가 입력되어도 M10은 자기유지가 될 수 없다. X1D는 자기유지가 되어 있는 M10과 M11을 해제하는 스위치이다. 동작 시점 3에서 X1D를 계속 누르고 있는 상태에서 X1F 혹은 X1E가 입력되어도 M10 혹은 M11은 자기유지가 되지 않는 것을 알 수 있다.

위와 같이 인터록 회로를 이용하는 방법도 있지만, 아래 프로그램처럼 SET/RST 명령어를 이용하여 사용하는 것도 가능하다.

```
0    X1F                                          [SET    M10 ]
     ┤├─────────────────────────────────
                                                  [RST    M11 ]

3    X1E                                          [RST    M10 ]
     ┤├─────────────────────────────────
                                                  [SET    M11 ]

6    X1D                                          [RST    M10 ]
     ┤├─────────────────────────────────
                                                  [RST    M11 ]
```

스텝

0   : X1F 푸시버튼에 의해 M10은 자기유지가 되지만, M11은 자기유지가 해제된다.

3   : X1E 푸시버튼에 의해 M10은 자기유지가 해제되지만, M11은 자기유지가 된다.

6   : X1D 푸시버튼은 자기유지 되어있는 M10과 M11을 해제하는 스위치이다.

공급 실린더(편솔) 전진/후진 실습

자연 낙하 공급 모듈의 메카니즘 이해

공급 실린더는 자연 낙하 매거진에서 소재가 낙하하는 방식으로 공급이 된다. 자연 낙하 매거진 하단에는 광화이버 센서가 설치되어 있어 소재 유무를 감지할 수 있는 구조이다. 공급 실린더는 복동 실린더 구조로서 편솔(Single solenoid) 밸브로 전진 및 후진을 수행한다.

자연 낙하 공급 모듈의 구조와 구성

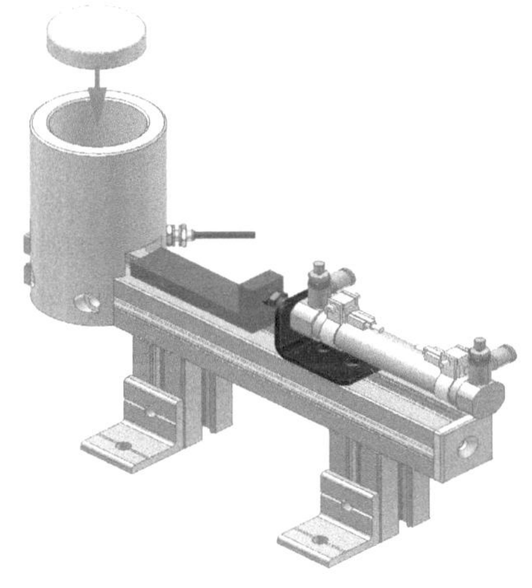

-. 공급 매거진 소재

* 소재 크기 : Ø40 * 10
* 재질 : 알루미늄, 플라스틱

공급 매거진 소재의 재질과 크기를 알 수 있다면 소재 감지 센서를 이용하여 소재의 종류를 알아낼 수 있고, 소재 감지 센서의 설치 위치(컨베이어 벨트와의 거리)를 파악할 수 있다. 유도형 및 용량형 센서(원형 기준)의 경우 일반적으로 직경 70% 이내의 거리를 검출할 수 있다. 즉 소재 감지 센서 끝단이 Ø12라면 검출 거리는 약 8mm 이내인 것이다.

-. 공급 실린더

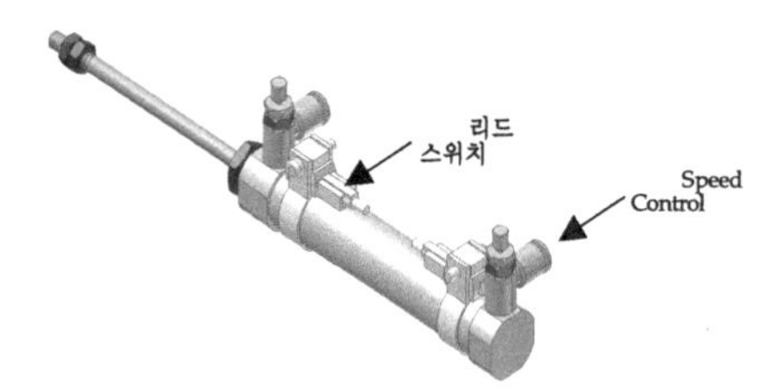

모델 : CDJ2B16-60Z
용도 : 소재(공작물) 공급
동작 및 폭 : 직경 Ø16
동작 범위 : 60[㎜]
부가 장치 : 리드 스위치, Speed Control

공급 실린더는 Speed Control을 Pitting하고 공기량을 조절하여 실린더의 속도를 제어할 수 있게 되어 있다. 또한, 리드 스위치가 전진과 후진 단에 밴드 구조로 고정되어 공급 실린더의 동작 상태를 알 수 있다.

-. 편솔 (싱글 솔레노이드)

모델 : SY3120
전환 방식 : 2위치 싱글
정격전압 : 24[V]
배선 방식 : 플러그 형
보호 회로 : 램프·서지전압 보호회로 부착
관접속 구경 : M5 X 0.8

-. 광화이버 센서

모델 : FD-620
용도 : 소재(공작물) 유무 검출용
동작 유형 : 직접 반사형
감출 거리 : 120[㎜] (백색 무광택지 기준)
사용 온도 : -40 ~ 70°

광화이버 센서는 자연 낙하 매거진 하부에서 소재의 여부를 검출하기 위하여 설치되어 있다. 광화이버 센서의 구조는 반사형으로서 소재에 직접 빛을 비추고(송광) 소재에서 반사한 빛이 다시 광화이버 센서로 수광되는 구조로 되어 있어 짧은 거리에 있는 소재만을 검출할 수 있다. 광화이버 센서 단독으로는 사용할 수가 없으며, 아래의 광화이버 앰프를 이용한 전광 및 광전 변환이 필요하다.

-. 광화이버 앰프

모델 : E3X-NA11
용도 : 소재(공작물) 유무 검출용
제어 출력 : NPN 타입
광원(발광파장) : 적색 발광 다이오드(680nm)
정격전압 : DC12 ~ 24[V] ±10%
사용 주위 조도 : 백열등: 10,000[lx] 이하

광화이버 앰프는 광화이버 센서에 빛을 송광 및 수광하기 위한 것으로 전광 및 광전 변환용으로 활용된다.

-. 리드 스위치

모델 : SMC D-A93
적용 부하 : 릴레이, PLC
부하 전압 : DC 24[V]
최대 부하 전류 : 5 ~ 40[mA]
감지 표시 기능 : 적색 발광 다이오드 점등
리드선 외경[mm] : Ø2.7
리드선 심수 : 2심(갈색, 청색)

리드 스위치는 각각의 실린더 전진과 후진 단에 밴드 구조로 고정되어 실린더의 전진과 후진의 위치를 알 수 있다. 리드 스위치의 동작 구조는 2개의 자성 리드 조각이 스프링의 탄성에 의해 열린 상태로 되어 있다가 실린더 내부 피스톤에 부착된 자석이 접근하면 2개의 리드 조각을 통하여 자기회로가 되어 2개의 리드를 끌어당겨 접점이 닫힘으로 인하여 스위칭이 된다.

-. Speed Control

모델 : AS1201F-M5
관 접속 구경 : M5 x 0.8
사용 유체 : 공기
보증 내 압력 : 1.5[MPa]
사용 주위 온도 : -5 ~ 60°
옵션 : 잠근 너트 환형, 니켈 도금

각각의 실린더 전진과 후진 단에 설치되어 있으며 공기량을 조절하여 실린더의 속도를 제어할 수 있다. 속도 조절을 할 때 Speed Control을 모두 잠근 상태에서 서서히 열면서 실린더의 전진과 후진 속도를 맞추는 것을 권장한다.

프로그램 실습 예제

1. 동작 조건

① 편솔(Single Solenoid)로 구성된 실린더를 전/후진하는 원리를 이해한다.

② PLC I/O MAP은 아래와 같이 구성한다.

구 분	코멘트 표시	I/O할당	비 고
입 력	시작 스위치	X1F	START
출 력	공급전진솔	Y21	편솔

2. 프로그램 실습

① GX-Works2을 실행시키고 프로젝트 및 프로그램 창을 연다.

② 평상시 열린 접점과 출력 코일을 이용하여 프로그램을 작성한다.

③ 프로그램 작성

공급 실린더는 편솔에 연결되어 있어 실습 과제 01번과 같이 푸시버튼(X1F)과 출력 코일(Y21)을 1:1 대응시켜 아래 프로그램을 작성하고, GX-Works2 소프트웨어를 이용하여 PLC 쓰기를 수행한다.

스텝

0 : 푸시버튼(X1F)을 누르고 있으면 출력 코일(Y21)이 여자되어 편솔에 연결된 공급 실린더는 전진하고, 떼면 바로 후진을 수행한다. 즉 논리식 $Y21 = X1F$ 관계에서 X1F의 동작 여부에 따라 같이 동작을 한다.

공급 실린더(편솔) 전진(X1F)/후진(X0) 실습

이번 예제는 푸시버튼 1개와 리드 스위치(공급 실린더 전진 위치) 1개를 이용하여 공급 실린더의 전진과 후진을 수행하는 프로그램이다. 또한, 프로그램의 구성을 단계적으로 나누어 만들기 위해서 [프로젝트] - [프로그램 부품] - [프로그램]에서 마우스 오른쪽을 클릭하여 [데이터 새로 만들기]를 선택하여 각각의 프로그램(①, ②)을 구성한다.

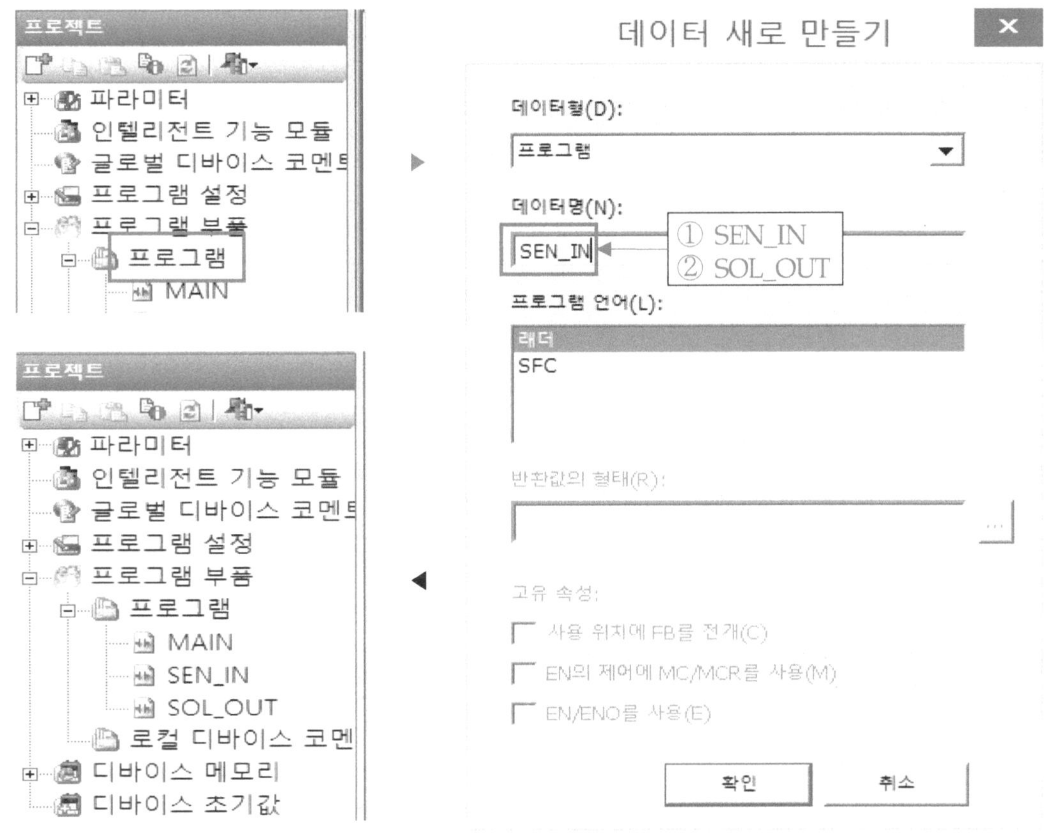

다음은 [프로젝트] - [파라미터] - [PLC 파라미터]를 디블클릭하여 Q 파라미터 설정 대화상자에서 [프로그램 설정] 탭을 선택하여 각각의 프로그램을 선택하여 다음 그림과 같이 삽입을 한다. 프로그램의 실행 순서가 중요하지 않다면 프로그램을 선택하지 않고 삽입 버튼을 누르면 한꺼번에 삽입된다. 각 프로그램명의 실행 타입은 자동적으로 [스캔(PLC RUN 상태일 때 계속 루틴 반복)]으로 설정된다.

프로그램 실습 예제

1. 동작 조건

① 편솔(Single Solenoid)로 구성된 실린더가 전진 완료되면 리드 스위치 검출에 의해 자동으로 후진하는 동작의 원리를 이해한다.

② PLC I/O MAP은 아래와 같이 구성한다.

구 분	코멘트 표시	I/O 할당	비 고
입 력	시작 스위치	X1F	START
	공급 전진센서	X00	리드 스위치
출 력	공급 전진솔	Y21	편솔

2. 프로그램 실습

① GX-Works2을 실행시키고 프로젝트 및 프로그램 창을 연다.

② 평상시 열린 접점, 평상시 닫힌 접점과 출력 코일을 이용하여 프로그램을 작성한다.

③ 프로그램 작성

i) 데이터명 : SEN_IN

스텝

0   : 푸시버튼(X1F)을 누르면 출력 코일 M10을 On 한다.

2   : 전진 단 리드 스위치(X0)가 On 되면 출력 코일 M20은 On 된다.

ii) 데이터명 : MAIN

스텝

0   : SEN_IN 프로그램에서 On 된 M10에 의해서 M11은 자기유지가 된다.

1   : 공급 실린더가 전진을 완료하면 SEN_IN 프로그램에서 On 된 M20에 의해서 자기유
지는 해제가 된다.

iii) 데이터명 : SOL_OUT

스텝

0   : MAIN 프로그램에서 자기유지가 되어 있는 M11에 의해서 출력 코일 Y21(공급 실린
더가 연결된 편솔 신호)은 On 된다.

PLS[↑] 프로그램 실습

이번 예제에서는 실습 과제 10번을 활용하여 푸시버튼을 누를 때 즉시 공급 실린더를 전진하는 프로그램을 학습하기로 한다. 이와 관련하여 펄스 상승(PuLse riSing edge)에 대하여 알아보도록 한다.

타이밍 차트 이해

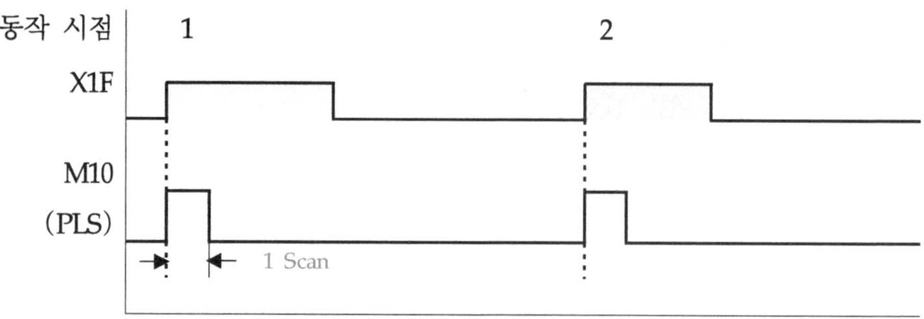

동작 시점 1에서 푸시버튼 X1F는 눌렀을 때 바로 M10이 On 된다. 동작 시점 2에서도 같은 결과를 보인다. 다음 두 개의 프로그램을 연습하기로 한다.

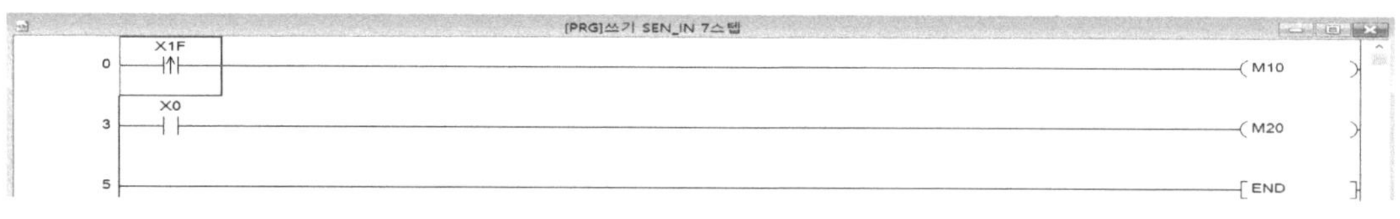

스텝

0   : 푸시버튼(X1F)을 눌렀을 때 출력 코일 M10은 On 된다.

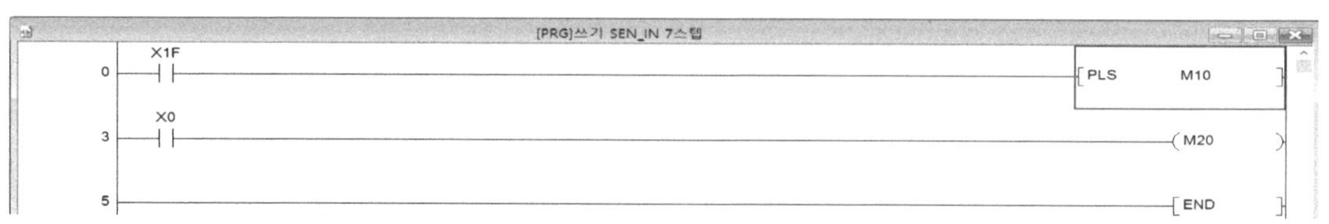

스텝

0, 1, 2   : 푸시버튼(X1F)을 누르고 있더라도 M10은 펄스 상승(PLS) 명령으로 처리
　　　　　　　가 되어 타이밍 차트와 같이 1 Scan만 On 된다.

PLF(↓) 프로그램 실습

이번 예제에서는 실습 과제 10번을 활용하여 푸시버튼을 눌렀다가 떼면 공급 실린더를 전진하는 프로그램을 학습하기로 한다. 이와 관련하여 펄스 하강(PuLse Falling edge)에 대하여 알아보도록 한다.

타이밍 차트 이해

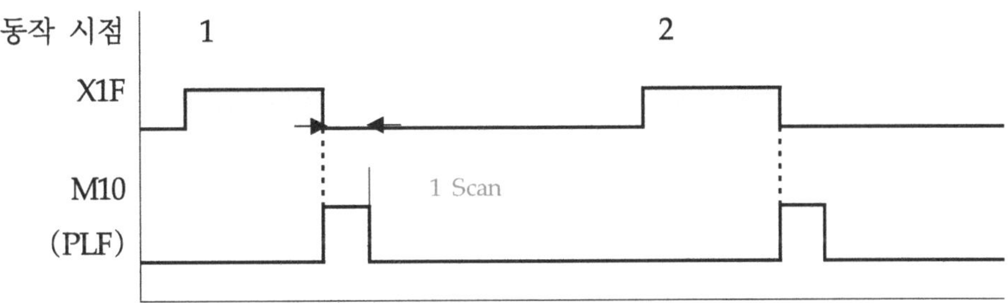

동작 시점 1에서 푸시버튼 X1F는 눌렀다가 떼면 M10이 On 된다. 동작 시점 2에서도 같은 결과를 보인다. 다음 두 개의 프로그램을 연습하기로 한다.

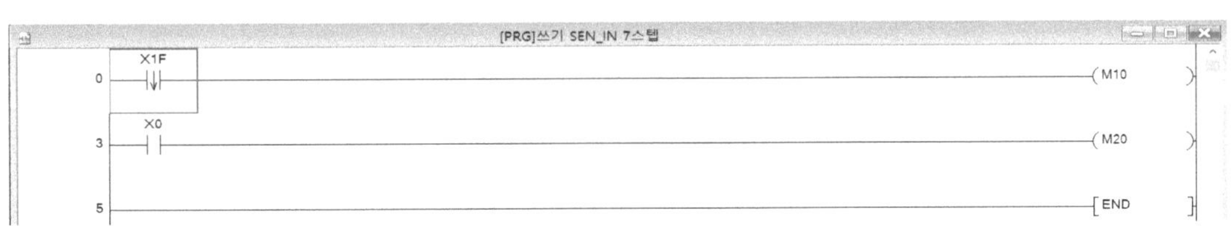

스텝

0   : 푸시버튼(X1F)을 눌렀다가 떼면 출력 코일 M10은 On 된다.

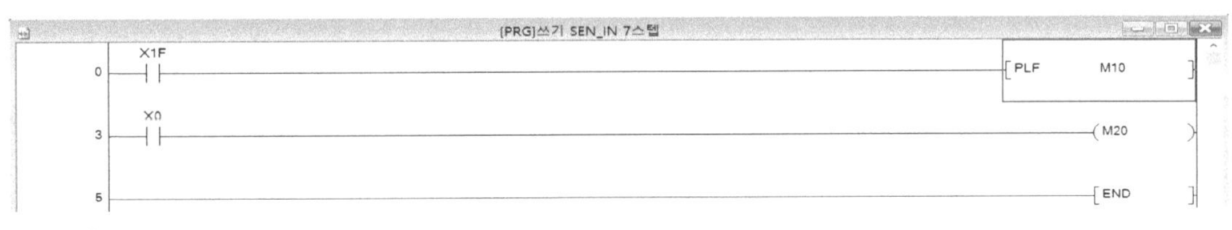

스텝

0, 1, 2   : 푸시버튼(X1F)을 누르고 있다가 뗄 때 M10은 펄스 하강(PLF) 명령으로
            처리가 되어 타이밍 차트와 같이 1 Scan만 On 된다.

이번 예제에서는 실습과제 12번을 활용하여 자연 낙하 매거진에 소재가 있을 때만 푸시버튼을 눌렀다가 뗄 때 공급 실린더를 전진하는 프로그램을 학습하기로 한다.

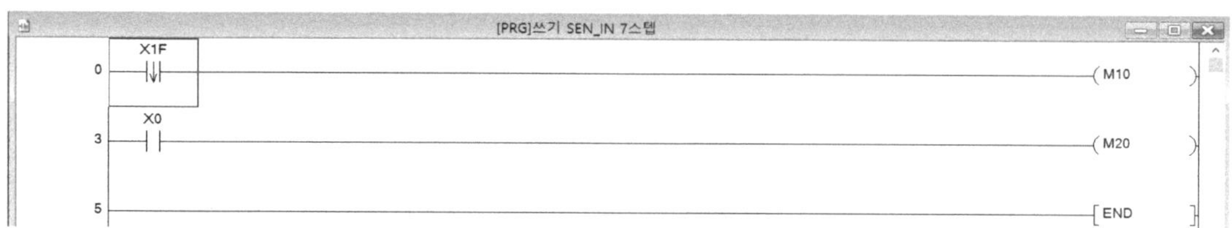

광화이버 센서로부터 소재 여부를 판정하기 위해서 X0F 접점에 연결하고, 위 프로그램을 수정한다.

수정 방법은 0번 스텝의 X1F에 커서를 두고 마우스 오른쪽 버튼을 클릭하여 팝업 메뉴의 [편집]-[열 삽입]을 선택한다. 또는 단축키 Ctrl + Insert 키를 눌러도 된다.

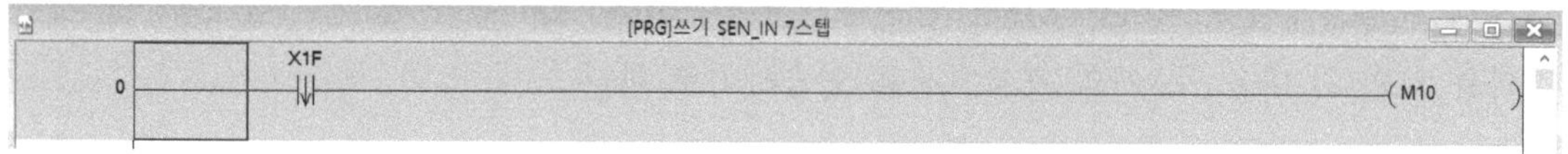

다음으로 단축키 [F5]를 눌러 X0F를 입력하고 [확인]을 클릭한다.

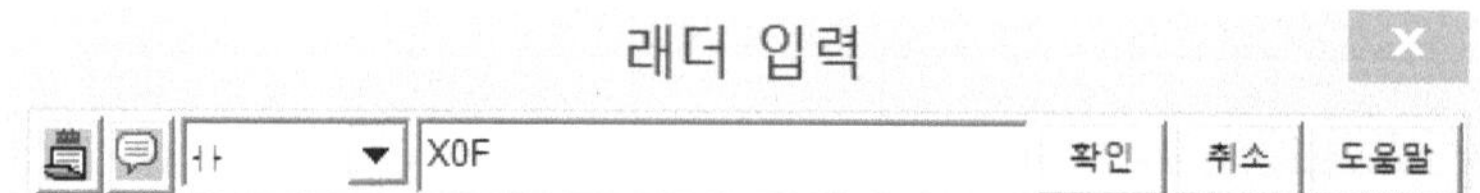

마지막으로 컴파일을 위해서 단축키 [F4]으로 변환하면 된다.

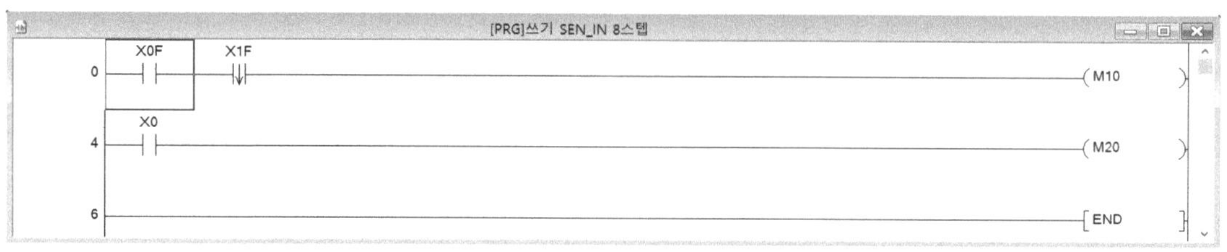

스텝

0   : 소재가 있을 경우에는 X0F 접점이 On 되고, X0F가 On인 상태에서 푸시버튼을 눌렀다가 떼면 출력 코일 M10은 On 된다.

버튼 한 개로 순차 기동 프로그램 실습

1. 동작 조건

① PLC의 입출력 제어 방식은 일괄 처리(Refresh) 방식과 직접 처리(Direct) 방식이 있다.

- 일괄 처리 : 프로그램을 수행하기 전에 입력 모듈의 상태를 읽어 데이터 메모리의 입력 버퍼에 일괄 저장한 후 프로그램을 수행, 결과를 임시 버퍼에 저장했다가 프로그램의 END 명령까지 실행한 뒤에 출력 결과를 출력 모듈에 일괄 출력하는 방식이다.

- 직접 처리 : 입출력 정보를 메모리에 기록하지 않고 연산 도중에 프로그램에 따라 입출력의 정보를 읽고 쓰는 방식이다.

② 1 Scan이란 입력 유닛으로부터 접점 상태를 읽어 들여 X 영역에 저장한 후 이를 바탕으로 0번 Step부터 END까지 순차적으로 명령을 실행하고 자기 진단 및 타이머, 카운터 등의 처리를 한 다음 프로그램 실행 때문에 변화된 결괏값을 출력 유닛에 쓰는 데 걸리는 시간을 말한다.

③ 언제나 설정된 순서대로만 동작하는 순차 기동 회로의 원리를 이해한다.

④ PLC I/O MAP은 아래와 같이 구성한다.

구 분	코멘트 표시	I/O 할당	비 고
입 력	시작 스위치	X1F	START
	정지 스위치	X1E	STOP
출 력	PL1	Y2D	PILOT LAMP1
	PL2	Y2E	PILOT LAMP2

2. 프로그램 실습 1

① GX-Works2을 실행시키고 프로젝트 및 프로그램 창을 연다.

② 평상시 열린 접점, 평상시 닫힌 접점, 상승 펄스(양변환 검출 접점)와 출력 코일을 이용하여 프로그램을 작성한다.

③ 프로그램 작성

스텝

6　　 : 최초 1회 푸시버튼(X1F)을 눌렀을 때 출력 코일 Y2D는 자기유지가 된다. 이때 펄스
　　　 상승 신호일 때만 푸시버튼 X1F는 동작하므로 4번 스텝의 출력 코일 Y2E는 실행되
　　　 지 않는다.

0　　 : 2회째 푸시버튼(X1F)을 눌렀을 때 1번 스텝의 Y2D는 자기유지가 되어 있는 상태이
　　　 므로 출력 코일 Y2E는 자기유지가 될 수 있다.

이처럼 순차 기동하는 프로그램을 이해할 수 있다.

2, 7　: 푸시버튼(X1E)는 자기유지된 Y2E, Y2D를 모두 해제할 때 사용된다.

④ PLS와 PLF 명령은 산술, 응용, 전송 명령의 기동 조건 등에 사용될 수 있다.

3. 프로그램 실습 2

PLC I/O MAP은 아래와 같이 구성한다.

구 분	코멘트 표시	I/O 할당	비 고
입 력	시작 스위치	X0	START
	정지 스위치	X1	STOP
출 력	PL1	Y20	PILOT LAMP1
	PL2	Y21	PILOT LAMP2
	PL3	Y22	PILOT LAMP3
	PL4	Y23	PILOT LAMP4

① GX-Works2을 실행시키고 프로젝트 및 프로그램 창을 연다.

② 평상시 열린 접점, 평상시 닫힌 접점, 상승 펄스(양변환 검출 접점)와 출력 코일을 이용하여 프로그램을 작성한다.

③ 프로그램 작성

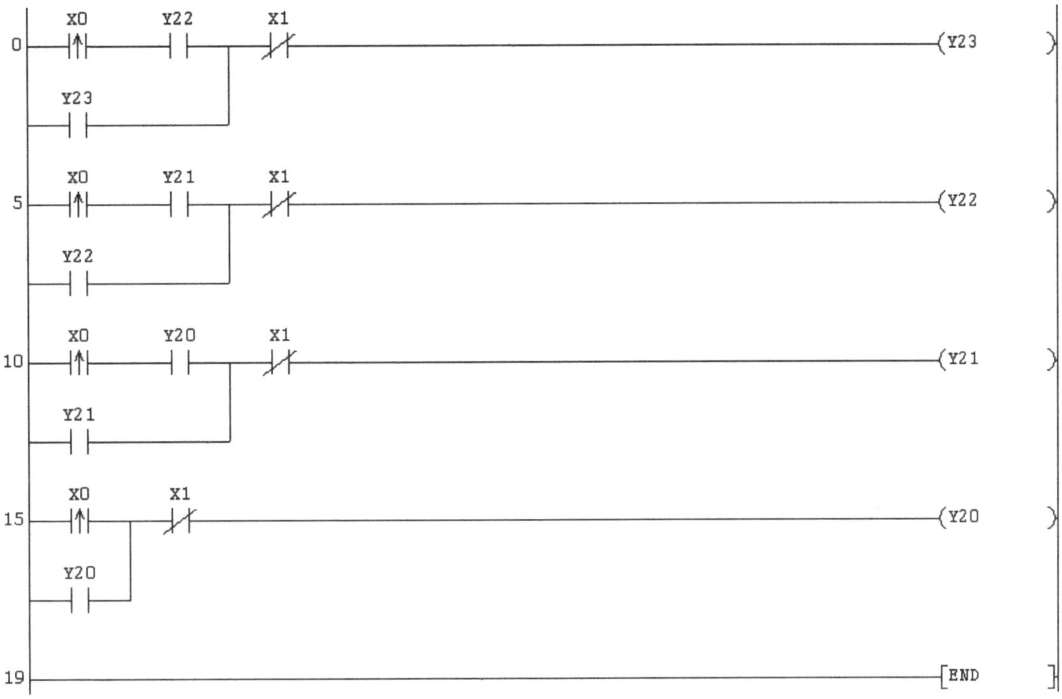

4. 수행 결과 작성

① 외부 입력 스위치 X0을 약 1초 정도 누르다가 떼시오.

　　현재 동작되는 외부 출력은?

② 한 번 더 외부 입력 스위치 X0을 약 1초 정도 누르다가 떼시오.

　　현재 동작되는 외부 출력은?

③ 한 번 더 외부 입력 스위치 X0을 약 1초 정도 누르다가 떼시오.

　　현재 동작되는 외부 출력은?

④ 한 번 더 외부 입력 스위치 X0을 약 1초 정도 누르다가 떼시오.

　　현재 동작되는 외부 출력은?

가공 실린더(편솔) 프로그램 실습

가공 실린더는 소재를 드릴링하는 모션을 취하는 방식으로 메커니즘이 구성되어 있다. 공급 실린더에서 공급된 소재를 드릴링하기 위해 DC 모터를 채택하고 있으며, 가공 실린더는 복동 실린더 구조로서 편솔 (Single solenoid) 밸브로 전진 및 후진을 수행한다. 드릴링할 때 타이머를 이용해서 전진 및 후진 시점을 결정하는 프로그램 연습이 필요한데, 여기서는 두 개의 푸시 버튼을 이용하여 전진과 후진을 연습하기로 하고, 이후에 타이머를 이용해 전진 및 후진하는 프로그램을 학습하기로 한다.

가공 모듈의 구조와 구성

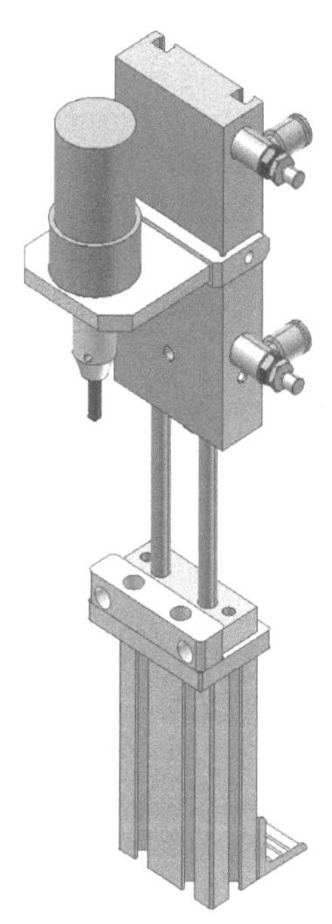

-. 가공 실린더

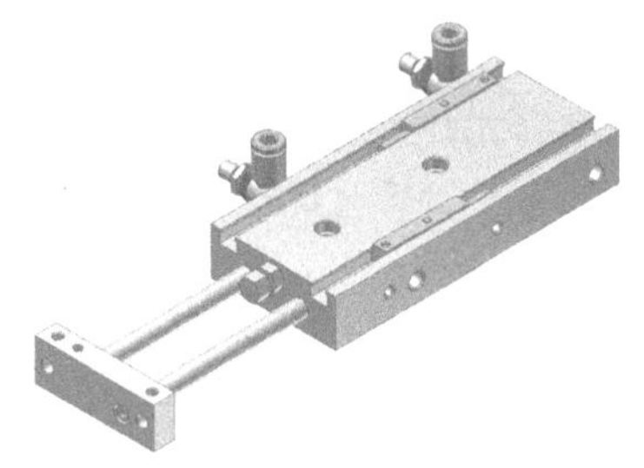

모델 : CXSL10-50-Z73
용도 : 공작물 가공
동작 폭 : 직경 Ø10 너비 46[mm]
동작 범위 : 50[mm]
부가 장치 : 리드 스위치, Speed Control

가공 실린더는 Speed Control을 Pitting하고 공기량을 조절하여 실린더의 속도를 제어할 수 있게 되어 있다. 또한, 리드 스위치가 전진과 후진 단에 고정되어 가공 실린더의 전진과 후진 상태를 확인할 수 있다.

-. 가공용 드릴 모터 DC 24V Geared Motor

모델 : RA-25GM
용도 : 소재(Work) 가공
동작 전압 : 12[V], 24[V] ±10%
동작 범위 : 360°

가공용 드릴 모터는 실제 가공을 위한 것이라기보다는 기계적 메커니즘을 이해하기 위한 것이므로 안전을 고려하여 동작 전압이 DC 12V ~ 24V인 Geared 모터를 채택하였다. 두 전극 중 한 전극은 DC 24V(+)를 연결하고 나머지 한 전극은 PLC 출력 단자(Y3F)에 연결하여 연습하기로 한다.

-. 리드 스위치

모델 : SMC D-Z73
적용 부하 : 릴레이, PLC
부하 전압 : DC 24[V]
최대 부하 전류 : 5 ~ 40[mA]
감지 표시 기능 : 적색 발광다이오드 점등
리드선 외경[mm] : Ø2.7
리드선 심수 : 2심(갈색, 청색)

리드 스위치는 가공 실린더 전진과 후진 단에 고정되어 실린더의 전진과 후진의 위치를 확인할 수 있다.

-. Speed Control

모델 : AS1201F-M5
관 접속 구경 : M5 x 0.8
사용 유체 : 공기
보증 내 압력 : 1.5[MPa]
사용 주위 온도 : -5 ~ 60°
옵션 : 잠근 너트 환형, 니켈 도금

가공 실린더 전진과 후진 단에 설치하여 공기량을 조절하여 실린더의 속도를 제어할 수 있게 되어 있다. 속도 조절을 위해 Speed Control을 모두 잠근 상태에서 서서히 열면서 실린더의 전진과 후진 속도를 맞추는 것을 권장한다.

프로그램 실습 예제

1. 동작 조건

① 자기유지회로의 원리를 이해한다.

② 자기유지회로를 이용해서 편솔(Single Solenoid)로 구성된 실린더를 전/후진하는 원리를 이해한다.

③ PLC I/O MAP은 아래와 같이 구성한다.

구 분	코멘트 표시	I/O 할당	비 고
입 력	하강 스위치	X1F	ForWarD
	상승 스위치	X1E	BackWarD
출 력	가공 하강솔	Y3F	편솔

2. 프로그램 실습

① GX-Works2을 실행시키고 프로젝트 및 프로그램 창을 연다.

② 평상시 열린 접점, 평상시 닫힌 접점과 출력 코일을 이용하여 프로그램을 작성한다.

③ 프로그램 작성

가공 실린더는 편솔에 연결되어 있으므로 실습 과제 06번과 같이 전진 푸시버튼(X1F)으로 자기유지를 수행하고, 후진 푸시버튼(X1E)으로 해제하는 프로그램을 간단하게 작성한다.

스텝

0   : 전진을 위한 푸시버튼(X1F)을 누르면 출력 코일 M10은 여자되어 자기유지가 된다.

4   : 자기유지된 M10에 의해서 출력 코일 Y3F가 On 되어 가공 실린더를 전진시킨다.

1   : 후진을 위한 푸시버튼(X1E)을 누르면 M10은 자기유지가 해제되고, 4번 스텝의 M10 도 Off 되므로 출력 코일 Y3F도 Off 되어 가공 실린더가 후진하게 된다.

퇴출 실린더는 드릴링 이후 컨베이어로 이송되어 오면서 소재 검사(유도형 및 용량형)부에서 금속 혹은 비금속을 판별(자격 검정 시험 기준)하여 불량 소재를 퇴출하는 실린더이다.

퇴출 실린더는 복동 실린더 구조로서 양솔(Double solenoid) 밸브로 전진 및 후진을 수행한다. 퇴출 동작을 실행할 때 타이머를 이용해서 전진 및 후진 시점을 결정하는 프로그램의 연습이 필요하다. 여기서는 두 개의 푸시버튼을 이용하여 전진과 후진을 연습하기로 하고, 이후에 타이머를 이용해 전진 및 후진하는 프로그램을 학습하기로 한다.

불량 소재 퇴출 모듈의 구조와 구성

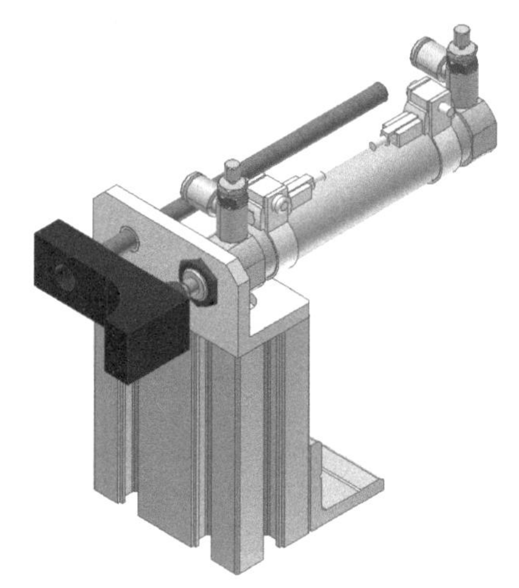

-. 퇴출 실린더

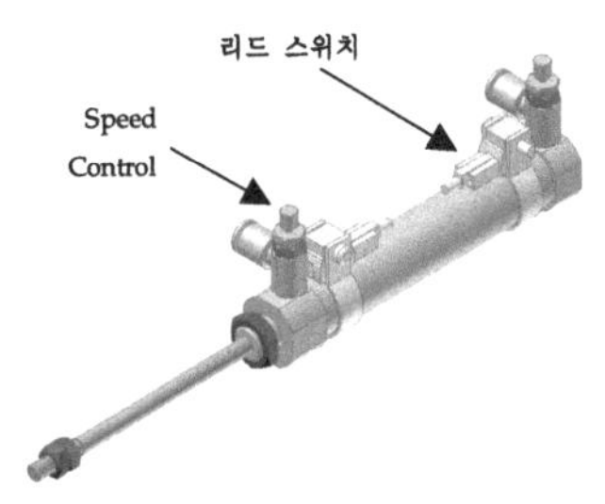

모델 : CDJ2B16-60-A93
용도 : 불량 공작물 배출
동작 폭 : 직경　Ø16
동작 범위 : 60[mm]
부가 장치 : 리드 스위치, Speed Control

퇴출 실린더는 Speed Control을 Pitting하고 공기량을 조절하여 실린더의 속도를 제어할 수 있게 되어 있다. 또한, 리드 스위치가 전진과 후진 단에 밴드 구조로 고정되어 퇴출 실린더의 동작 상태를 알 수 있다.

-. 양솔 (더블 솔레노이드)

모델 : SY3220
전환 방식 : 2위치 더블
정격전압 : 24[V]
배선 방식 : 플러그 형
보호 회로 : 램프·서지전압 보호회로 부착
관 접속 구경 : M5 X 0.8

-. 리드 스위치

모델 : SMC D-A93
적용부하 : 릴레이, PLC
부하 전압 : DC 24[V]
최대 부하 전류 : 5 ~ 40[mA]
감지 표시 기능 : 적색 발광 다이오드 점등
리드선 외경[mm] : Ø2.7
리드선 심수 : 2심(갈색, 청색)

리드 스위치는 퇴출 실린더 전진과 후진 단에 밴드 구조로 고정되어 실린더의 전진과 후진의 위치를 확인할 수 있다.

-. Speed Control

모델 : AS1201F-M5
관 접속 구경 : M5 x 0.8
사용 유체 : 공기
보증 내 압력 : 1.5[MPa]
사용 주위 온도 : -5 ~ 60°
옵션 : 잠근 너트 환형, 니켈 도금

퇴출 실린더 전진과 후진 단에 설치하여 공기량을 조절하여 실린더의 속도를 제어할 수 있게 되어 있다. 속도 조절을 위해 Speed Control을 모두 잠근 상태에서 서서히 열면서 실린더의 전진과 후진 속도를 맞추는 것을 권장한다.

프로그램 실습 예제

1. 동작 조건

① 양솔(Double Solenoid)로 구성된 실린더를 전/후진하는 원리를 이해한다.
② PLC I/O MAP은 아래와 같이 구성한다.

구 분	코멘트 표시	I/O할당	비 고
입 력	전진 스위치	X1F	FWD
	후진 스위치	X1E	BWD
출 력	퇴출 전진솔	Y2F	양솔
	퇴출 후진솔	Y2E	양솔

2. 프로그램 실습

① GX-Works2을 실행시키고 프로젝트 및 프로그램 창을 연다.
② 평상시 열린 접점과 출력 코일을 이용하여 프로그램을 작성한다.
③ 프로그램 작성

　퇴출 실린더는 양솔에 연결되어 있어 실습 과제 15번처럼 자기유지 회로를 구성할 필요는 없다. 다음과 같이 전진 푸시버튼(X1F)으로 전진하고, 후진 푸시버튼(X1E)으로 후진하는 프로그램을 작성한다. 이처럼 내부 릴레이(M)을 사용하지 않고 입출력을 직접 연결하는 프로그램은 실습 과제 14에서 언급한 PLC의 입출력 제어 방식 중 직접 처리 방식이다. 실습 과제 18에서 일괄 처리 방식으로 퇴출 실린더의 전진/후진을 제어하는 프로그램을 소개하도록 하겠다.

스텝

0 　　： 전진을 위한 푸시버튼(X1F)을 누르면 출력 코일 Y2F와 1:1 대응되어 전진하게 된다.

2 　　： 후진을 위한 푸시버튼(X1E)을 누르면 출력 코일 Y2E와 1:1 대응되어 후진하게 된다.

분배 실린더(편솔) 프로그램 실습

분배 실린더는 가공된 소재를 이송하기 위해 컨베이어로 분배해 주는 실린더이다. 분배 실린더는 편솔(Single solenoid) 밸브로 전진 및 후진을 수행한다. 컨베이어 동작 여부에 따라 타이머를 이용해서 전진 및 후진 시점을 결정하는 프로그램의 연습이 필요하다. 여기서는 두 개의 푸시버튼을 이용하여 메모리(M)를 연계한 간접 신호 방식으로 전진과 후진을 연습하기로 하고, 이후에 타이머를 이용해 전진 및 후진하는 프로그램을 학습하기로 한다.

컨베이어 이송을 위한 분배 모듈의 구조와 구성

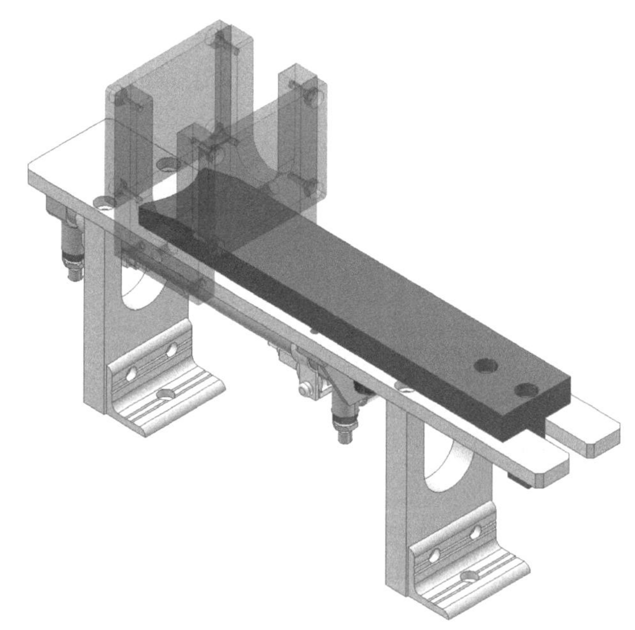

-. 분배 실린더

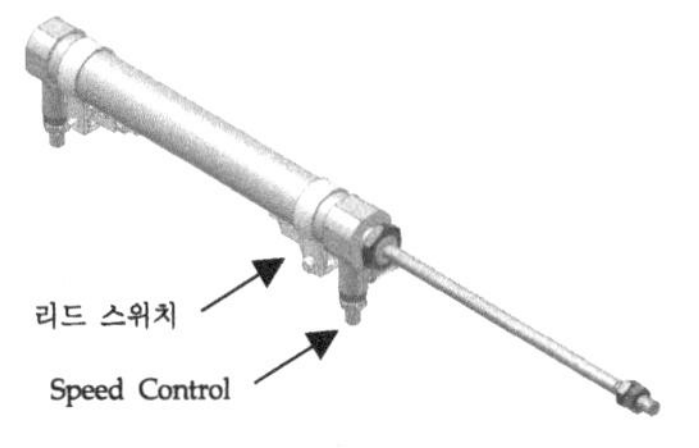

모델 : CDJ2B16-100-A93
용도 : 공작물 분배
동작 폭 : 직경 Ø16
동작 범위 : 100[mm]
부가 장치 : 리드 스위치, Speed Control

    분배 실린더는 Speed Control을 Pitting하고 공기량을 조절하여 실린더의 속도를 제어할 수 있게 되어 있다. 또한, 리드 스위치가 전진과 후진 단에 밴드 구조로 고정되어 분배 실린더의 동작 상태를 알 수 있다.

-. 리드 스위치

모델 : SMC D-A93
적용 부하 : 릴레이, PLC
부하 전압 : DC 24[V]
최대 부하 전류 : 5 ~ 40[mA]
감지 표 시기능 : 적색 발광 다이오드 점등
리드선 외경[mm] : Ø2.7
리드선 심수 : 2심(갈색, 청색)

    리드 스위치는 분배 실린더 전진과 후진 단에 밴드 구조로 고정되어 실린더의 전진과 후진의 위치를 확인할 수 있다.

-. Speed Control

모델 : AS1201F-M5
관 접속 구경 : M5 x 0.8
사용 유체 : 공기
보증 내 압력 : 1.5[MPa]
사용 주위 온도 : -5 ~ 60°
옵션 : 잠근 너트 환형, 니켈 도금

    분배 실린더 전진과 후진 단에 설치하여 공기량을 조절하여 실린더의 속도를 제어할 수 있게 되어 있다. 속도 조절을 위해 Speed Control을 모두 잠근 상태에서 서서히 열면서 실린더의 전진과 후진 속도를 맞추는 것을 권장한다.

프로그램 실습 예제

1. 동작 조건

① 자기유지회로의 원리를 이해한다.

② 자기유지회로를 이용해서 편솔(Single Solenoid)로 구성된 실린더를 전/후진하는 동작을 구현한다.

③ PLC I/O MAP은 아래와 같이 구성한다.

구 분	코멘트 표시	I/O 할당	비 고
입 력	전진 스위치	X1F	FWD
	후진 스위치	X1E	BWD
출 력	분배 전진솔	Y3F	편솔

2. 프로그램 실습

① GX-Works2을 실행시키고 프로젝트 및 프로그램 창을 연다.

② 평상시 열린 접점, 평상시 닫힌 접점과 출력 코일을 이용하여 프로그램을 작성한다.

③ 프로그램 작성

분배 실린더는 편솔에 연결되어 있어 실습 과제 15번과 같이 자기유지 회로를 이용해서 전진 푸시버튼(X1F)으로 전진하고, 후진 푸시버튼(X1E)으로 후진하는 프로그램을 간단하게 작성한다.

스텝

0   : 전진을 위한 푸시버튼(X1F)을 누르면 출력 코일 M10은 여자되어 자기유지가 된다.

6   : 자기유지된 M10에 의해서 출력 코일 Y3F가 On 되어 분배 실린더를 전진시킨다.

4   : 후진을 위한 푸시버튼(X1E)을 누르면 M11은 On 된다.

1   : M11에 의해서 M10은 자기유지가 해제되고, 6번 스텝의 M10도 Off 되므로 출력 코
일 Y3F도 Off 되어 분배 실린더도 후진하게 된다.

위의 프로그램 스텝 0번 행과 스텝 4번 행의 래더는 SET, RST 명령어를 이용해서 다음과 같
이 수정하여 제어할 수 있다.

```
        X1F
0      ─┤ ├──────────────────────────────────────────[SET     M10 ]

        X1E
2      ─┤ ├──────────────────────────────────────────[RST     M10 ]

        M10
4      ─┤ ├──────────────────────────────────────────(Y3F        )

6      ─────────────────────────────────────────────[END        ]
```

또한, 응용 명령 MOV를 이용하여 제어하는 것도 가능하다. 수의 표현과 연산 관계를 먼저
학습하고 실습 예제를 통하여 이해를 돕도록 하겠다.

수의 표현과 연산

- 컴퓨터는 데이터(자료, data)를 저장하고 처리하는 기계이며, 데이터는 컴퓨터가 다루는
  신호들을 말하는 것으로서 정보(information)와는 구별된다.
- 데이터는 컴퓨터가 정보를 만들기 위해 처리하는 가공되지 않은 신호들을 말하는 것으로
  서 컴퓨터를 이용하여 의미 없는 데이터를 유용한 정보로 변환하게 된다.
- 데이터를 정보로 변환하고, 또한 이를 역으로 변환하는 일은 컴퓨터의 근본이므로 어떻게
  이러한 처리를 수행할 수 있는지 살펴보기로 한다.

1) 10진수(DECimal) 표현

0에서 9까지 10개의 수로 표시되는 10진수는 우리기 일상에서 사용하는 수를 표시하는 방법
이다. 예로써 10진수 456은,

10^2	10^1	10^0	$4\times10^2+5\times10^1+6\times10^0$
100	10	1	
4	5	6	400+50+6
400	50	6	456(10)

으로 이해할 수 있다.

2) 8진수(OCTal) 표현

0에서 7까지 8개의 수로 표시되는 8진수는 일반적으로 컴퓨터에서 많이 사용된다. 예로써 8진수 634를 10진수로 표현해 보면,

8^2	8^1	8^0	$6\times8^2+3\times8^1+4\times8^0$
64	8	1	
6	3	4	384+24+4
384	24	4	412(10)

으로 변환된다.

3) 16진수(HEXadecimal) 표현

0에서 9까지 10개의 수와 A에서 F까지의 6개의 문자에 의해 표시되는 16진수는 일반적으로 컴퓨터에서 많이 사용된다. 예로써 16진수 A79는 10진수로 표현해 보면,

16^2	16^1	16^0	$A\times16^2+7\times16^1+9\times16^0$
256	16	1	
A	7	9	2,560+112+9
2,560	112	9	2,681(10)

으로 변환된다.

4) 2진수 표현

0에서 1까지 2개의 수로 표시되는 2진수는 일반적으로 컴퓨터에서 많이 사용된다. 예로써 2진수 10101을 10진수로 표현해 보면,

2^4	2^3	2^2	2^1	2^0	$1 \times 2^4 + 0 \times 2^3 + 1 \times 2^2 + 0 \times 2^1 + 1 \times 2^0$
16	8	4	2	1	
1	0	1	0	1	16+0+4+0+1
16	0	4	0	1	21(10)

으로 변환된다.

5) 각 진수 변환

2진수로 표현된 데이터를 사람이 읽기에는 너무 길다. 그래서 2진수 데이터를 다른 진수로 표현하는 경우가 많은데, 이때 16진수(2진수를 4자리씩 묶어 표현) 표현을 가장 많이 사용한다. 16진수 이외에도 2진수와 승수 관계가 있으면서 우리가 편리하게 읽을 수 있는 10진수와 2진수를 3자리씩 묶어 표현하는 8진수가 있다. 여기서는 각 진수의 변환 관계를 알아보자.

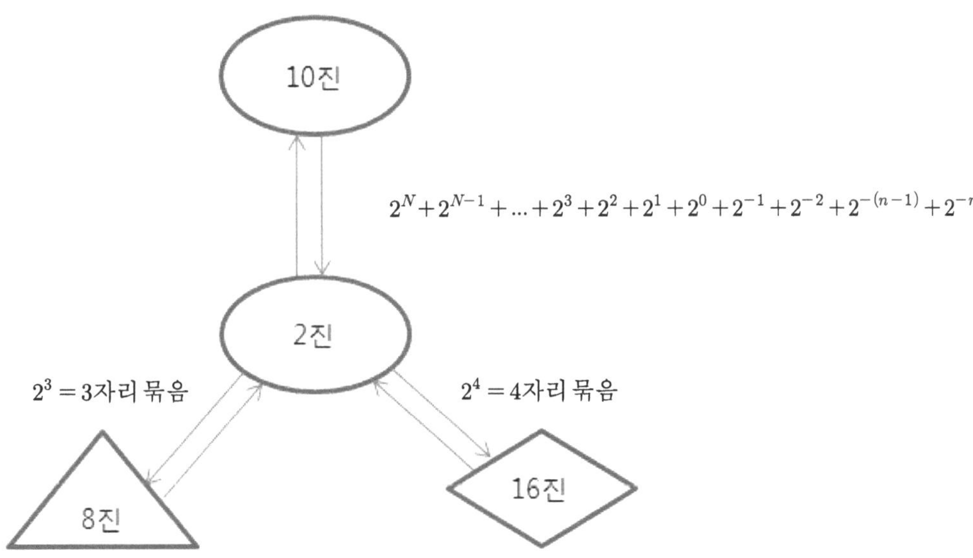

[예제] 다음 10진수를 2진, 8진, 16진수로 각각 변환하시오.

100.625(10)

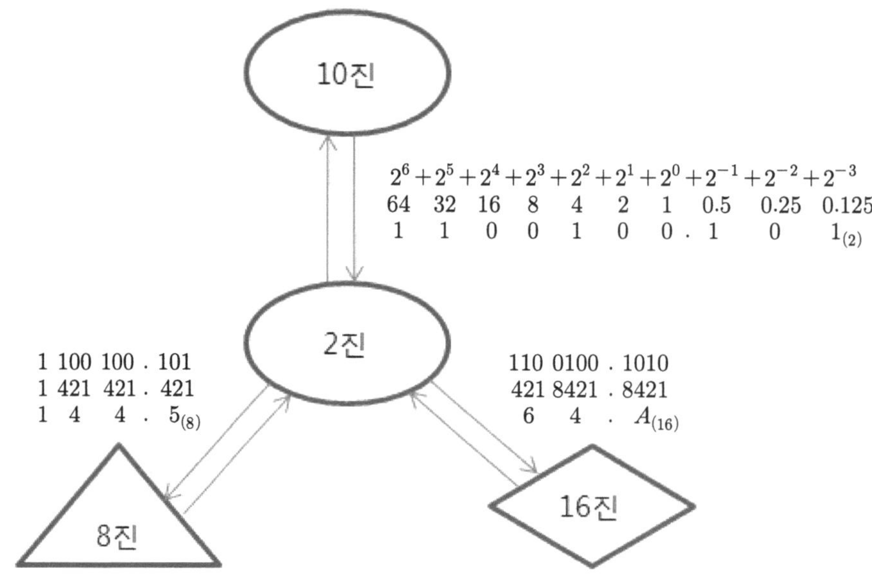

2진: 1100100.101(2)

8진: 144.5(8)

16진: 64.A(16)

명령어 SET, RST를 대체해서 MOV 명령어와 10진 데이터를 이용하여 표현하면 다음과 같다.

스텝

0   : 전진 푸시버튼(X1F)을 누르면 데스티네이션 D10에는 10진수 1을 전송(기억)시킨다.

6   : 워드(16비트) 사이즈인 D10의 각 비트 중 0번 비트 자리가 On 되어 D10.0 접점이
         On 되므로 출력 코일 Y3F도 On 되어 전진하게 된다.

3   : 후진 푸시버튼(X1E)을 누르면 데스티네이션 D10에는 10진수 0을 전송시킨다. 이에
         따라 6번 스텝의 D10.0 접점은 Off 되어 Y3F도 같이 Off 되므로 후진하게 된다.

데이터 레지스터(데스티네이션)으로 표현할 때 논리적 수식은 다음과 같다.

※ [MOV K1 D10] = [SET D10.0]

.F	.E	.D	.C	.B	.A	.9	.8	.7	.6	.5	.4	.3	.2	.1	.0	Bit
0	0	0	0	0	0	0	0	0	0	0	0	0	0	0	1	D10

                             1   10진

※ [MOV K0 D10] = [RST D10.0]

.F	.E	.D	.C	.B	.A	.9	.8	.7	.6	.5	.4	.3	.2	.1	.0	Bit
0	0	0	0	0	0	0	0	0	0	0	0	0	0	0	0	D10

                             0   10진

명령어 SET, RST를 대체해서 MOV 명령어와 16진 데이터로 표현하게 되면 다음과 같다.

스텝

0   : 전진 푸시버튼(X1F)을 누르면 데스티네이션 D10에는 16진수 1을 전송(기억)시킨다.

6   : 워드(16비트) 사이즈인 D10의 각 비트 중 0번 비트 자리가 On 되어 D10.0 접점이 On 되므로 출력 코일 Y3F도 On 되어 전진하게 된다.

3   : 후진 푸시버튼(X1E)을 누르면 데스티네이션 D10에는 16진수 0을 전송시킨다. 이에 따라 6번 스텝의 D10.0 접점은 Off 되어 Y3F도 같이 Off 되므로 후진하게 된다.

데이터 레지스터로 표현할 때 논리적 수식은 다음과 같다.

※ [MOV H1 D10] = [SET D10.0]

.F	.E	.D	.C	.B	.A	.9	.8	.7	.6	.5	.4	.3	.2	.1	.0	Bit
0	0	0	0	0	0	0	0	0	0	0	0	0	0	0	1	D10
0				0				0				1				16진

※ [MOV H0 D10] = [RST D10.0]

.F	.E	.D	.C	.B	.A	.9	.8	.7	.6	.5	.4	.3	.2	.1	.0	Bit
0	0	0	0	0	0	0	0	0	0	0	0	0	0	0	0	D10
0				0				0				0				16진

퇴출 실린더(양솔) 프로그램 실습

프로그램 실습 예제

실습 과제 16에서는 실습 과제 14에서 언급한 PLC의 입출력 제어 방식 중 직접 처리 방식으로 퇴출 실린더(양솔)를 전/후진하는 동작을 학습했다. 이번에는 일괄 처리 방식을 사용해서 동작을 구현한다.

1. 동작 조건

① 일괄 처리 방식의 회로 작성 방법을 이해한다.

② 2개의 푸시버튼을 이용해서 양솔(Double Solenoid)로 구성된 실린더를 전/후진하는 원리를 이해한다.

② PLC I/O MAP은 아래와 같이 구성한다.

구 분	코멘트 표시	I/O할당	비 고
입 력	전진 스위치	X1F	FWD
	후진 스위치	X1E	BWD
출 력	퇴출 전진솔	Y2F	양솔
	퇴출 후진솔	Y2E	양솔

2. 프로그램 실습

① GX-Works2을 실행시키고 프로젝트 및 프로그램 창을 연다.

② 평상시 열린 접점과 출력 코일을 이용하여 프로그램을 작성한다.

③ 프로그램 작성

퇴출 실린더는 양솔에 연결되어 있어 실습 과제 15번처럼 자기유지회로를 구성할 필요는 없다. 다음과 같이 전진 푸시버튼(X1F)으로 전진하고, 후진 푸시버튼(X1E)으로 후진하는 프로그램을 간단하게 작성하면 된다. 이처럼 내부 릴레이(M)을 거쳐서 입력과 출력이 연결되는 프로그램을 일괄 처리 방식이라고 한다.

```
        X1F     M11
 0 ─────┤ ├─────┤/├──────────────────────────────────────────( M10 )

        X1E     M10
 3 ─────┤ ├─────┤/├──────────────────────────────────────────( M11 )

        M10
 6 ─────┤ ├──────────────────────────────────────────────────( Y2F )

        M11
 8 ─────┤ ├──────────────────────────────────────────────────( Y2E )

10 ┌──┐────────────────────────────────────────────────────────[ END ]
```

스텝

0 　　 : 전진을 위한 푸시버튼(X1F)을 누르면 출력 코일 M10을 On 시킨다.

6 　　 : On 된 M10에 의하여 출력 코일 Y2F와 1:1 대응되어 전진하게 된다.

3 　　 : 후진을 위한 푸시버튼(X1E)을 누르면 출력 코일 M11을 On 시킨다.

8 　　 : On 된 M11에 의하여 출력 코일 Y2E와 1:1 대응되어 후진하게 된다.

여기서 양솔을 제어하기 위해서는 인터록 회로를 구성해야 한다는 것을 알 수 있다.

위의 프로그램을 SET, RST 명령어를 이용하여 스텝 0번 행의 출력 코일 M10과 스텝 2번 행의 출력 코일 M11을 수정하면 다음과 같이 활용할 수 있다.

```
        X1F
 0 ─────┤ ├────────────────────────────────────────────[ SET    M10 ]
        │
        └─────────────────────────────────────────────[ RST    M11 ]

        X1E
 3 ─────┤ ├────────────────────────────────────────────[ RST    M10 ]
        │
        └─────────────────────────────────────────────[ SET    M11 ]
```

여기서도 양솔을 제어하기 위해서 인터록 회로를 구성해야 한다.

명령어 SET, RST를 대체해서 MOV 명령어와 16진 데이터로 표현하게 되면 다음과 같다.

스텝

0   : 전진 푸시버튼(X1F)을 누르면 데스티네이션 D10에는 16진수 1을 전송(기억)시킨다.

6   : 워드(16비트) 사이즈인 D10의 각 비트 중 0번 비트 자리가 On 되어 D10.0 접점이
      On 되므로 출력 코일 Y2F도 On 되어 전진하게 된다.

3   : 후진 푸시버튼(X1E)을 누르면 데스티네이션 D10에는 16진수 0을 전송시킨다.

8   : D10의 각 비트 중 1번 비트 자리가 On 되어 D10.1 접점이 On 되므로 출력 코일
      Y2E도 On 되어 후진하게 된다.

따로 인터록 회로가 없어도 제어가 된다는 것을 알 수 있다.

데이터 레지스터로 표현할 때 논리적 수식은 다음과 같다.

※ [MOV H1 D10] = [SET D10.0] + [RST D10.1]

.F	.E	.D	.C	.B	.A	.9	.8	.7	.6	.5	.4	.3	.2	.1	.0	Bit
0	0	0	0	0	0	0	0	0	0	0	0	0	0	0	1	D10
		0				0				0				1		16진

※ [MOV H2 D10] = [RST D10.0] + [SET D10.1]

.F	.E	.D	.C	.B	.A	.9	.8	.7	.6	.5	.4	.3	.2	.1	.0	Bit
0	0	0	0	0	0	0	0	0	0	0	0	0	0	1	0	D10
		0				0				0				2		16진

데이터 레지스터를 이용한 블록 전송으로 구현하면 다음과 같다.

데이터 레지스터로 표현할 때 논리적 수식은 다음과 같다.

※ [MOV H8 D10] = [SET D10.3]

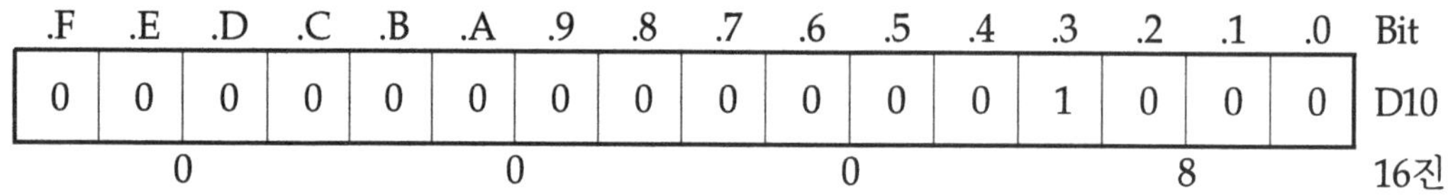

※ [MOV H4 D10] = [SET D10.2]

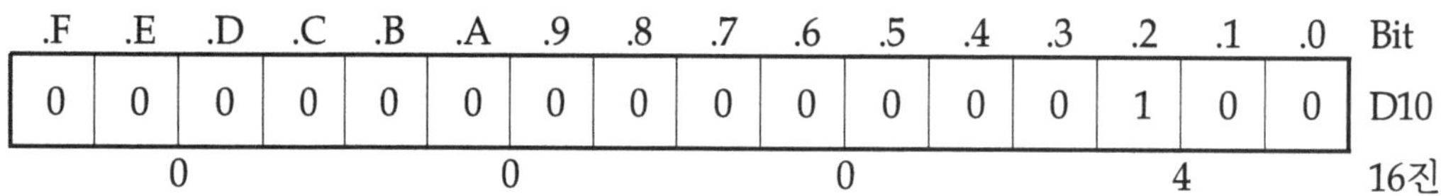

16개의 접점을 4개씩 묶어 4개의 단위로 전송(1 Block = 4 bit = 1 nibble)

16개의 접점을 4개씩 묶어 1개의 단위로 전송하고자 하면 Bit Device 앞에 K1을 붙이면 된다.
[MOV D10 K1Y2C]

특수 릴레이 사용법

1. 관계 지식

A. 특수 내부 출력 SM402(최초 1 스캔 On)

1) CPU가 STOP 상태에서 RUN 상태로 바뀔 때 최초의 1 스캔 타임 동안만 On 상태를 유지한다.

2) 프로그램의 초기 Reset, 초깃값 설정 등을 위해 사용한다.

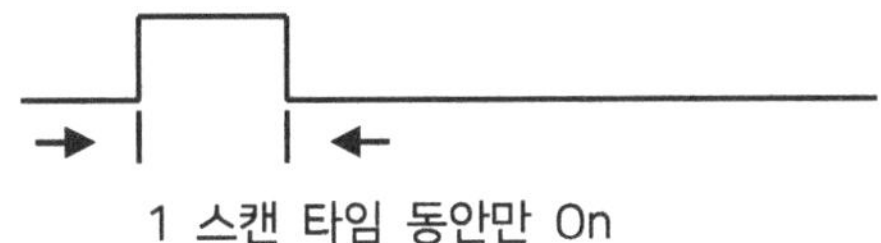

B. 특수 내부 출력 SM409(0.01초 클럭)

1) 프로그램 실행 중 5msec마다 On/Off가 반전된다.

2) 전원 On 또는 Reset 시에는 Off에서 시작한다.

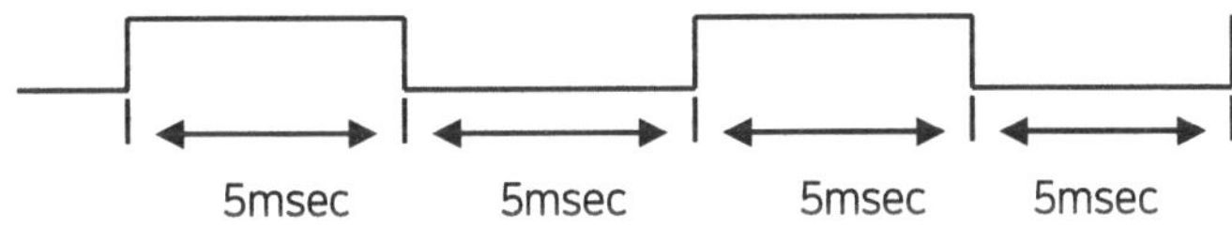

C. 특수 내부 출력 SM410(0.1초 클럭)

1) 프로그램 실행 중 50msec마다 On/Off 상태가 반전된다.

2) 전원 On 또는 Reset 시에는 Off에서 시작한다.

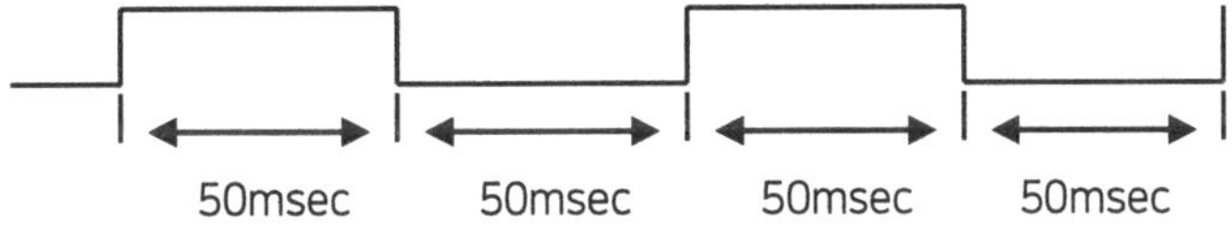

D. 특수 내부 출력 SM411(0.2초 클럭)

1) 프로그램 실행 중 100msec마다 On/Off 상태가 반전된다.

2) 전원 On 또는 Reset 시에는 Off에서 시작한다.

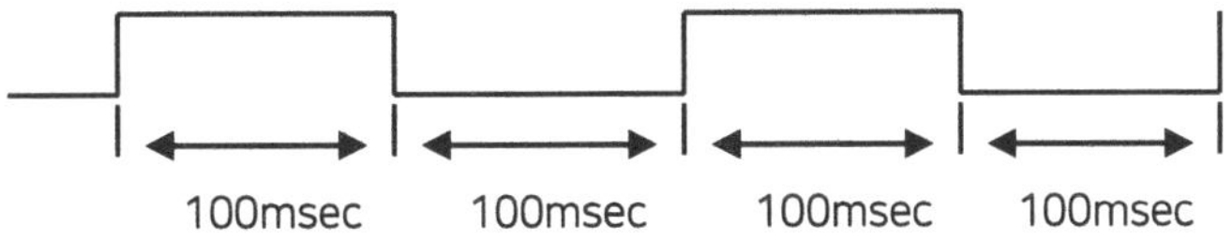

E 특수 내부 출력 SM412(1초 클럭)

1) 프로그램 실행 중 500msec마다 On/Off 상태가 반전된다.

2) 전원 On 또는 Reset 시에는 Off에서 시작한다.

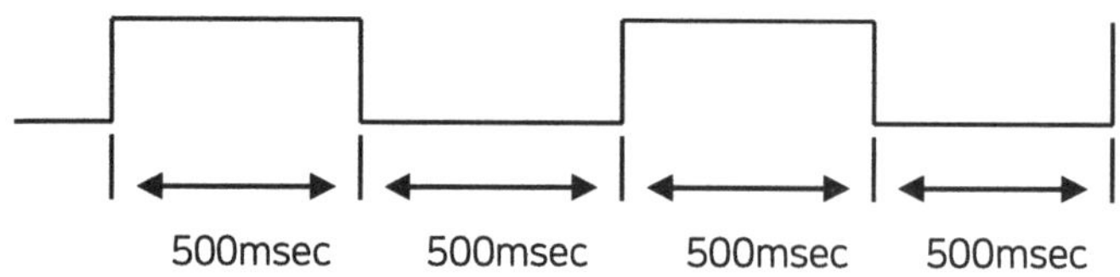

F. 특수 내부 출력 SM420~SM434(사용자 타이밍 클럭)

1) 일정한 스캔 간격으로 On/Off를 반복한다.

2) 전원 On 또는 Reset 시에는 Off에서 시작한다.

3) DUTY 명령으로 On/Off 간격을 설정한다.

4) SM420~SM424은 저속 타이밍 클럭으로 사용한다.

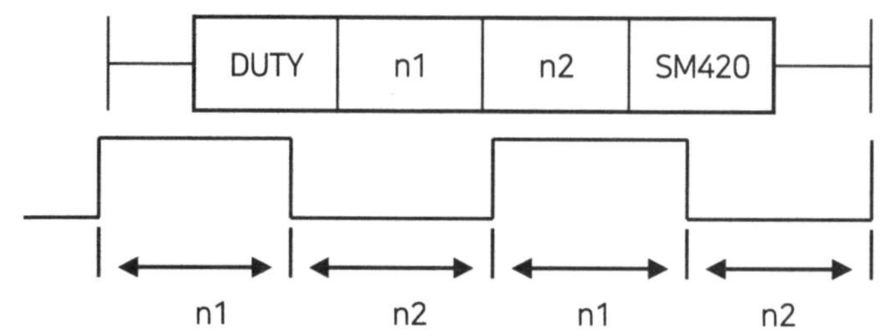

2. 동작 조건

① 특수 릴레이 중 SM412의 동작을 숙지한다.

② PLC I/O MAP은 아래와 같이 구성한다.

구 분	코멘트 표시	I/O 할당	비 고
입 력	시작 스위치	X00	START
	정지 스위치	X01	STOP
특수 릴레이	1초 클럭	SM412	
출 력	PL1	Y20	파일럿 램프1

3. 프로그램 실습

① GX-Works2을 실행시키고 프로젝트 및 프로그램 창을 연다.

② 평상시 열린 접점, 평상시 닫힌 접점과 출력 코일을 이용하여 프로그램을 작성한다.

③ 프로그램 작성

```
     X0    X1                                            (M0
0   ─┤├───┤/├──────────────────────────────────────────(M0 )─┤
     M0
    ─┤├─┘
     M0    SM412
4   ─┤├───┤├────────────────────────────────────────────(M1 )─┤
     M1
7   ─┤├──────────────────────────────────────────────────(Y20)─┤
```

스텝

0 : 입력 스위치 X0를 누르면 M0는 자기유지가 된다.

5 : 특수 릴레이 SM412(1초 클럭)는 On/Off 상태가 반전되고 있다가 4번 스텝이 On
     되므로 출력 코일 M1에 영향을 준다.

7 : M1의 상태에 따라 출력 코일 Y20은 1초 간격으로 점멸하게 된다.

카운터 회로 프로그램(UP Counter) 실습

1. 업 카운터(C)의 관계 지식

A. 카운터 사용 범위 채널 번호는 0~1023까지 1024개가 있다.

B. 카운터는 카운터 입력, 리셋 입력 순으로 입력한다.

C. 카운터의 설정값은 K1~K32767 회까지 설정 가능하다. 만약 MOV와 데이터 레지스터를 이용해서 설정값을 음수나 0으로 설정하면 설정값을 1로 설정한 것과 동일하게 작동한다.

D. 카운터 입력이 들어올 때마다 현재값이 1씩 증가되며 현재값이 설정값과 같아지면 출력이 On 된다(= 카운트 UP). 카운트 UP 이후에는 입력 신호가 있어도 카운트하지 않는다.

E. 한 번 카운트 UP 하면 RST 명령이 실행될 때까지 접점 상태나 현재값이 변하지 않는다.

F. 카운트 UP 하기 전에 RST 명령을 실행하면 현재값이 "0"으로 바뀐다.

G. 설정값의 설정에는 K에 의한 직접 설정 이외에 D(데이터 레지스터)에 의한 간접 설정이 있다.

H. 실습 과제에서 사용한 래더 다이어그램의 타임 차트는 다음과 같다.

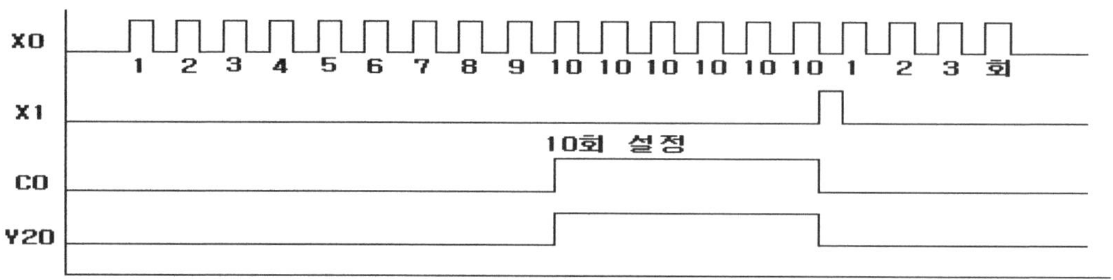

[업 카운터(CTU)에 대한 타임 챠트]

카운터에는 시퀀스 프로그램에서 입력 조건의 만족(기동) 횟수를 카운트하는 디바이스로서 펄스 상승 횟수를 카운트하는 카운터와 인터럽트 요인의 발생 횟수를 카운트하는 인터럽트 카운터의 2종류가 있다.

① 카운트 처리

- OUT C 명령 실행할 때 카운터 코일 On/Off, 현재값의 갱신 및 접점의 On/Off 처리를 실행한다.

- END 처리할 때에 카운터 현재값의 갱신과 접점의 On/Off 처리는 실행하지 않는다.

- 현재값의 갱신은 OUT C 명령의 펄스 상승(Off→On) 시에 실행된다.

- OUT C 명령이 Off, On→On, On→Off 시에는 현재값을 갱신하지 않는다.

◆ 카운터 사용 예

여기서 X0는 일반 a 접점을 사용하여도 무방하다. 이유는 카운터(C) 명령어는 펄스 상승
(Off→On) 시에 실행되기 때문이다.

② 카운터의 리셋

- 카운터의 현재값은 OUT C 명령이 Off 되어도 초기화되지 않는다.
- RST C 명령을 실행한 시점에서 카운터 값은 초기화되고 접점도 Off 된다.

2. 동작 조건

① 카운터의 계수와 초기화 방법을 숙지한다.
② PLC I/O MAP은 아래와 같이 구성한다.

구 분	코멘트 표시	I/O 할당	비 고
입 력	PB1	X1F	푸시버튼 스위치
	초기화 스위치	X1E	RESET
카운터	10회 카운트	C0	
출 력	PL1	Y3F	파일럿 램프1

3. 프로그램 실습

① GX-Works2을 실행시키고 프로젝트 및 프로그램 창을 연다.
② 평상시 열린 접점, RST 응용 명령(단축키 F8)과 출력 코일을 이용하여 프로그램을 작성한다.
③ 프로그램 작성

　　카운터 코일은 아래와 같이 C0 [스페이스바] K10을 타이핑하면 삽입된다.

```
       X1F                                                    K10
 0     ─┤├──────────────────────────────────────────────────(C0    )

       X1E
 5     ─┤├──────────────────────────────────────────[RST    C0    ]

       C0
10     ─┤├──────────────────────────────────────────────────(Y3F   )

12     ─────────────────────────────────────────────────────[END   ]
```

스텝

0   : 푸시버튼 X1F를 누를 때마다 C0는 1씩 증가한다.

10   : C0가 10회 카운트되었을 때 출력 코일 Y3F는 On 된다.

5   : 푸시버튼 X1E를 누르면 C0은 Reset이 되며 출력 코일 Y3F도 Off 된다.

카운터 회로 프로그램(INCrement Pulse) 실습

1. 증가와 감소의 관계 지식

① 1씩 증가 명령어 : INC(P), 명령어 뒤의 P는 펄스 상승(Off→On) 시에만 동작하도록 하는 것이다.

② 1씩 감소 명령어 : DEC(P)

```
      X15
0  ──┤ ├──────────────────────────────────────────[INCP    D0      ]

      X16
3  ──┤ ├──────────────────────────────────────────[DECP    D0      ]

     SM400
6  ──┤ ├────────────────────────────────[BCD     D0      K4Y30   ]
```

스텝

0 : X15를 한 번 누를 때마다 수가 1씩 증가한다.

3 : X16을 한 번 누를 때마다 수가 1씩 감소한다.

6 : 데이터 레지스터 D0에 기억된 값을 Y30부터 4 Block(16bit) 전송한다.

2. 동작 조건

① INCP, RST, 비교연산, MOV 응용 명령을 이용해서 카운터의 기능을 구현하는 방법을 숙지한다.

② PLC I/O MAP은 아래와 같이 구성한다.

구 분	코멘트 표시	I/O 할당	비 고
입 력	PB1	X1F	푸시버튼 스위치
	초기화 스위치	X1E	RESET
데이터 레지스터	10회 카운트	D10	D10은 임의의 주소. 변경해도 무방함.
출 력	PL1	Y3F	파일럿 램프1

3. 프로그램 실습 (실습 과제 20번과 같은 결과 프로그램 연습)

① GX-Works2을 실행시키고 프로젝트 및 프로그램 창을 연다.

② 평상시 열린 접점, 응용 명령과 출력 코일을 이용하여 프로그램을 작성한다.

③ 프로그램 작성

```
        X1F
0       | |                                                    ─[INCP    D10  ]

        X1E
4       | |                                                    ─[RST     D10  ]

7    [>=    D10      K10  ]──────────────────────────[MOV    K10     D10  ]

                                                                    ─(Y3F  )

13  ──────────────────────────────────────────────────────────────[END   ]
```

스텝

0   : 푸시버튼 X1F를 누를 때마다 데이터 레지스터 D10은 1씩 증가한다.

7   : D10과 10(10진)을 비교하여 10 이상이면 D10은 10을 유지하고, 출력 코일 Y3F는 On 시킨다.

4   : 푸시버튼 X1E를 누르면 데이터 레지스터 D10을 Reset 시킨다(=0으로 만든다).

사칙연산 명령 실습

1. 사칙연산 명령의 관계 지식

① 사칙연산 명령에는 +(P), -(P), *(P), /(P)가 있다.

② 사용법 및 기능 설명

◎ 덧셈 예

스텝

0 　: X4를 누를 때마다 D0 번지의 값을 1씩 증가시킨다.

※ [명령어 소스1 소스2 데스티네이션] 형식을 가진 응용 명령에서 [+P K1 D0 D0]처럼 데스티네이션과 소스가 동일할 때는 C언어와 마찬가지로 소스를 생략해서 [+P K1 D0]의 형태로 사용할 수 있다.

4 　: D0에 기억된 값이 BCD로 변환되어 Y30 기준부터 4 Block(16bit) 전송한다.

※ 데이터 변환 명령 BCD는 BIN(2진) 값을 BCD(수의 각 자리를 8421 코드)로 변환하는 것이다.

8 　: X5를 누르면 동일 데이터 전송 명령 FMOV에 의해서 K1(1번지)만큼 D0에 10진 0(K0)을 전송한다.

◎ 뺄셈 예

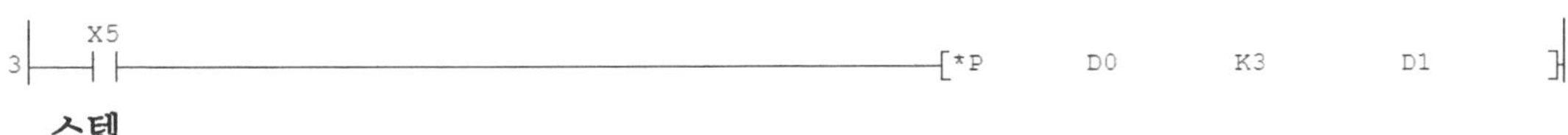

스텝

3 　: X5를 누를 때마다 D0 번지의 값을 5씩 감소시킨다.

◎ 곱셈 예제

```
    X5
3 --| |--------------------------------[*P    D0    K3    D1 ]
```

스텝

3 　: X5를 누를 때마다 D0 번지의 값과 K3을 곱하여 D1에 전송된다. 만약에 오버플로가 발생하면 D2에 기억된다.

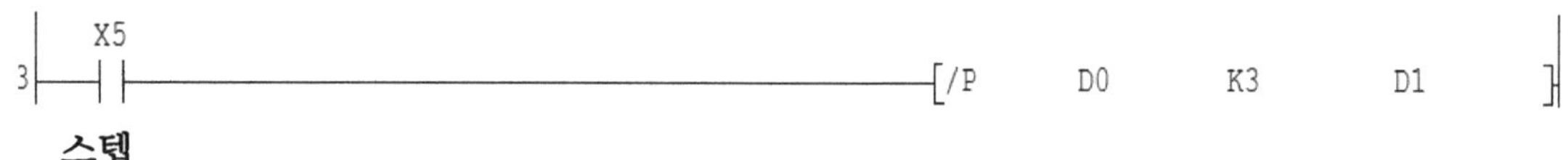

스텝

3　　 : X5를 누를 때마다 D0 번지의 값을 K3으로 나누어 몫을 D1에, 나머지를 D2에 전송
한다.

2. 동작 조건

① +P, RST, 비교 연산, MOV 응용 명령을 이용해서 카운터의 기능을 구현하는 방법을 숙지
한다.

② PLC I/O MAP은 아래와 같이 구성한다.

구 분	코멘트 표시	I/O 할당	비 고
입 력	PB1	X1F	푸시버튼 스위치
	초기화 스위치	X1E	RESET
데이터 레지스터	10회 카운트	D10	D10은 임의의 주소. 변경해도 무방함.
출 력	PL1	Y3F	파일럿 램프1

3. 프로그램 실습 (실습 과제 20번과 같은 결과 프로그램 연습)

① GX-Works2을 실행시키고 프로젝트 및 프로그램 창을 연다.

② 평상시 열린 접점, 응용 명령과 출력 코일을 이용하여 프로그램을 작성한다.

③ 프로그램 작성

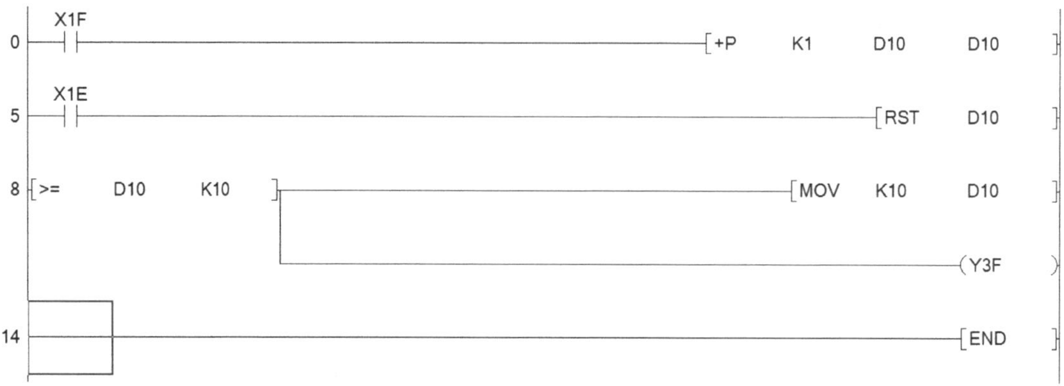

0   : 푸시버튼 X1F를 누를 때마다 데이터 레지스터 D10은 1씩 증가한다.

위에서 설명한 것과 같이 소스를 생략하여 표현하면 다음과 같다.

8   : D10과 10(10진)을 비교하여 10 이상이면 D10은 10을 유지하고, 출력 코일 Y3F는
         On 시킨다.

5   : 푸시버튼 X1E를 누르면 데이터 레지스터 D10을 Reset 시킨다(= 0으로 만든다).

교번 동작 회로(Toggle Program) 실습

프로그램 이해

교번 동작(Alternate) 회로는 푸시버튼 한 개를 이용하여 On과 Off를 전환하는, Toggle 스위치와 같은 동작을 수행할 수 있도록 프로그램으로 구현할 수 있다. 아래 프로그램을 작성하고, GX-Works2 소프트웨어를 이용하여 PLC 쓰기를 수행한다.

```
     X1F
0 ───┤ ├─────────────────────────────────────────────[PLS    M100 ]

     M100    Y3F
3 ───┤ ├────┤/├──┐────────────────────────────────────────(Y3F    )
     M100    Y3F │
   ──┤/├────┤ ├──┘

9 ──┌──────┐─────────────────────────────────────────────[END    ]
```

스텝

0   : X1F(푸시버튼)을 누르면 M100은 상승 펄스(PLS)로 On 된다.

3   : 상승 펄스로 동작되는 M100(a접점)과 Y3F(b접점)[AND 연결]에 의해 Y3F(코일)가 On 된다.

```
     X1F
0 ───┤ ├─────────────────────────────────────────────[PLS    M100 ]

     M100    Y3F
3 ───┤ ├────┤/├──┐────────────────────────────────────────(Y3F    )▶
     M100    Y3F │
   ──┤/├────┤ ├──┘                                                   ▶

9 ──┌──────┐─────────────────────────────────────────────[END    ]
```

6   : M100은 다음 Scan에서 Off 되어 M100(b접점)과 Y3F(a접점)[AND 연결]으로 Y3F는 계속 On을 유지하게 된다. 이때 0 스텝의 X1F를 다시 한번 누르면 6 스텝의 b접점인 M100은 순간 Off 되어 On 상태를 유지하고 있던 Y3F 코일은 Off 된다.

이와 관련한 타이밍 차트는 다음과 같다.

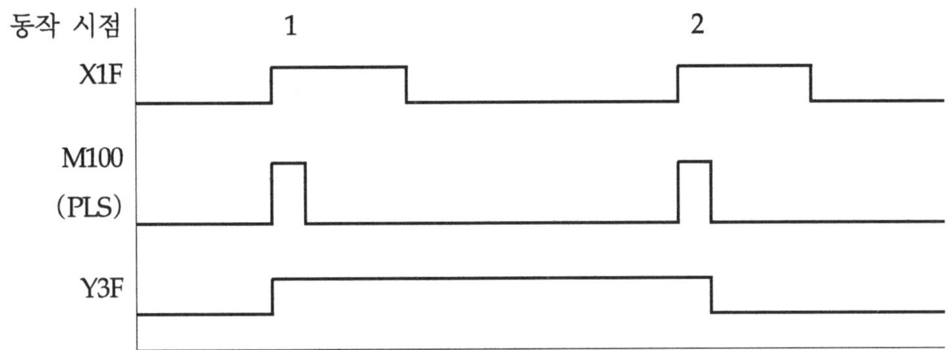

Y3F의 관계 수식

$$X1F = \uparrow M100$$

$$Y3F = M100 \times \overline{Y3F} + \overline{M100} \times Y3F$$

다음과 같이 응용 명령 FF를 사용해도 동일한 동작을 수행한다.

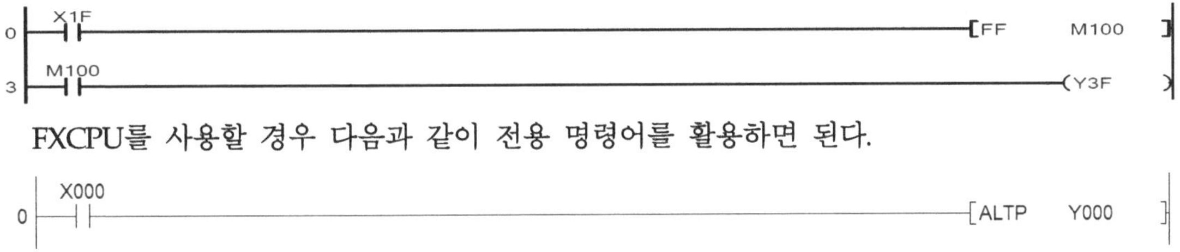

FXCPU를 사용할 경우 다음과 같이 전용 명령어를 활용하면 된다.

```
    X000
0   ┤├                                              [ALTP   Y000 ]
```

프로그램 실습 예제

1. 동작 조건

① 입력 스위치 한 개(기동, 정지)를 이용하여 모터 기동 회로를 구성한다.

　(출력은 DC 모터, 운전 램프 그리고 정지 램프로 구성)

② 입력 스위치를 1회 On 하면 모터가 기동하며, 이때 운전 램프가 점등한다.

③ 운전 중에 입력 스위치를 다시 1회 On 하면 모터가 정지되며 정지 램프가 점등하고, 운전 램프는 소등된다.

④ PLC I/O MAP의 구성은 아래와 같이 구성한다.

구 분	코멘트 표시	I/O 할당	비 고
입 력	입력 스위치	X16	START/STOP
출 력	모터	Y3D	DC 모터
	운전 램프	Y3E	램프 L-1
	정지 램프	Y3F	램프 L-2

2. 프로그램 실습

① START / STOP 2개의 버튼을 이용한 모터의 On/Off 제어 프로그램 대신 아래의 토글 프로그램을 이용하면 하나의 버튼으로 모터의 동작 및 정지를 할 수 있다.

② 상승 엣지 검출 접점(상승 펄스) ┤↑├ 을 이용하여 버튼의 입력을 1스캔 동안 1 pulse 검출하여 교번 동작하는 토글 프로그램을 작성한다.

＊ A형

위 프로그램은 하드웨어적으로 토글 스위치에 직접 X16 접점을 연결하여 토글 스위치의 교번 동작에 따라 모터 동작 및 정지를 할 수 있다.

＊ B형

위 프로그램은 푸시버튼에 연결된 X16을 이용하여 이번 실습 과제에서 학습한 대로 교번 동작이 될 수 있도록 작성했다.

타이머 회로 프로그램(On Delay Timer) 실습

관련 지식

A. Q03UDV CPU에는 T0 ~ T2047까지 총 2,048개의 타이머가 있다.

B. 타이머의 설정값은 K1~K32767이며, 만약 MOV와 데이터 레지스터를 이용해서 설정값을 음수나 0으로 설정하면 시한이 무한대가 되어 작동하지 않는다.

C. 타이머에는 코일이 Off 했을 때 현재값이 0이 되는 타이머와 코일이 Off 되어도 현재값을 유지하는 적산 타이머가 있고, 타이머(T)는 다음 3가지 계측 단위로 나누어지며, 타이머 번호 순서에 따라 자동으로 단위가 정해진다.

타이머 종류	계측 단위	설명	기본 개수
고속 타이머	10ms	빠른 제어용	T0 ~ T199 → 200개
저속 타이머	100ms	일반 제어용	T200 ~ T1999 → 1,800개
적산 타이머 (누산형)	100ms	누적 시간 계산용	T2000 ~ T2047 → 48개

D. 저속/고속 타이머의 지정은 명령어로 설정하며 계측 단위는 파라미터로 설정(디폴트 100ms/10ms)은 다음과 같다.

타이머 번호 범위	계측 단위	개수	비고
T0 ~ T199	10ms	200개	고속 타이머
T200 ~ T1999	100ms	1,800개	저속 타이머
T2000 ~ T2047	100ms	48개	적산 타이머 (누산 기능 포함)

E. 타이머는 가산식으로서 타이머의 코일이 On 되면 계측을 시작하고, 현재값이 설정값 이상이 되었을 때 접점이 On 된다.

F. 저속 타이머와 고속 타이머는 같은 디바이스이므로 타이머의 지정(명령어)으로 해당 디바이스가 저속 타이머 또는 고속 타이머가 된다.

  예) 저속 타이머 :　　　　　　 OUT T0 K10　　　　　 [T0 K10]
    고속 타이머 :　　　　　　 OUTH T0 K10　　　　 [H T0 K10]
    저속 적산 타이머 :　　　　 OUT ST0 K10　　　　 [ST0 K10]
    고속 적산 타이머 :　　　　 OUTH ST0 K10　　　 [H ST0 K10]

① 저속 타이머

- 저속 타이머는 코일이 On일 때에만 유효한 타이머로 코일이 On 되면 계측을 시작하고 현재값이 설정값 이상이 되면 접점이 On 된다.
- 타이머 코일이 Off 되면 현재값이 0이 되고 접점도 Off 된다.
- 계측 단위는 디폴트 값이 100ms이고, 설정은 [PLC 파라미터]의 [PLC 시스템 설정]에서 1ms ~ 1000ms까지 1ms 단위로 변경할 수 있다.

② 아래 프로그램 실습에서 타이머와 적산 타이머의 타임 차트는 다음과 같다.

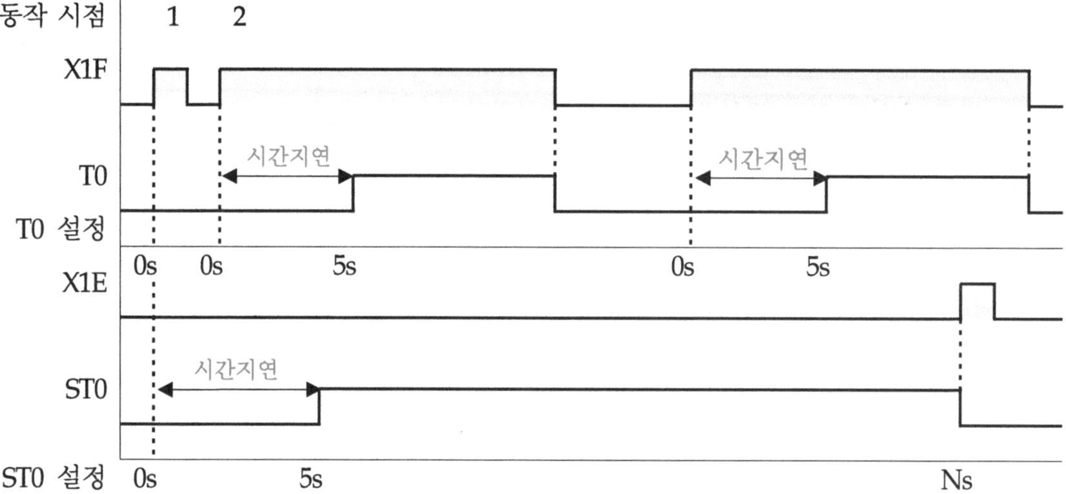

③ 저속 타이머 사용 예

④ 고속 타이머

- 고속 타이머는 코일이 On일 때에만 유효한 타이머로 기호 "H"를 붙이며, 코일이 On 되면 계측을 시작하고 현재값이 설정값 이상이 되면 접점이 On 된다.
- 타이머 코일이 Off 되면 현재값이 0이 되고 접점도 Off 된다.
- 계측 단위는 디폴트 값이 10ms이고, 설정은 [PLC 파라미터]의 [PLC 시스템 설정]에서 0.1 ~ 100ms까지 0.01ms 단위로 변경할 수 있다.

⑤ 고속 타이머 사용 예

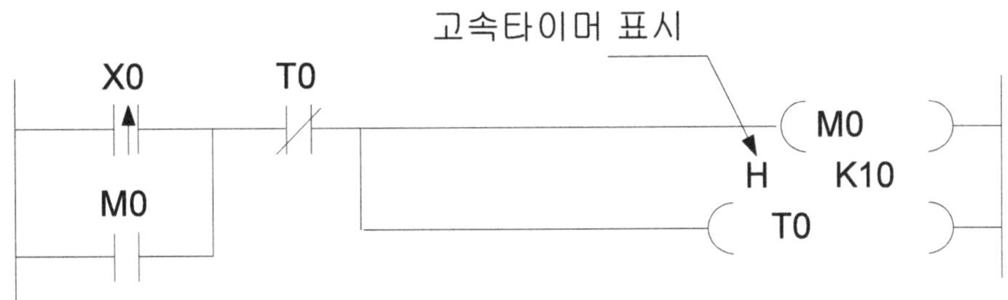

⑥ 적산 타이머

- 적산 타이머는 코일이 On 되는 시간만을 계측하는데 타이머의 코일이 Off 되어도 현재값, 접점의 On/Off 상태를 유지한다.
- 다시 코일이 On 되면 유지하고 있던 현재값부터 계측을 재개한다.
- 적산 타이머는 저속 적산 타이머와 고속 적산 타이머 2종류가 있다.
- 현재값의 삭제와 접점의 Off는 RST STn(n : 타이머 번호) 명령으로 실행한다.

⑦ 적산 타이머 사용 예

2. 동작 조건

① 저속 타이머, 고속 타이머, 적산 타이머의 개념 및 각 타이머 설정값의 차이점을 확인한다.
② PLC I/O MAP은 아래와 같이 구성한다.

구 분	코멘트 표시	I/O 할당	비 고
입 력	PB1	X1F	푸시버튼 스위치
출 력	PL1	Y3F	파일럿 램프1

3. 프로그램 실습

① GX-Works2을 실행시키고 프로젝트 및 프로그램 창을 연다.

② 평상시 열린 접점과 출력 코일을 이용하여 프로그램을 작성한다.

③ 저속 타이머 프로그램 실습

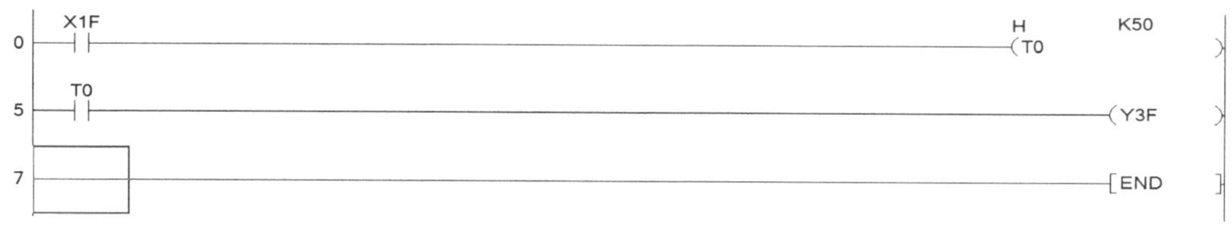

스텝

0 : X1F를 누르고 있으면 타이머 코일이 On 되어 시간을 계측하기 시작하고, 현재값이 설정값(5초, 5000ms=50×100ms) 이상이 되면 타이머 접점이 On 된다. 만약 현재값에 도달하기 전에 X1F에서 손을 떼면 타이머 코일이 Off 되어 시간 계측값은 0으로 되돌아간다.

5 : 현재값이 설정값 이상이 되면 타이머 접점이 On 되어 출력 코일 Y3F가 On 된다.

④ 고속 타이머 프로그램 실습

스텝

0 : X1F를 누르고 있으면 타이머 코일이 On 되어 시간을 계측하기 시작하고, 현재값이 설정값(0.5초, 500ms=50×10ms) 이상이 되면 타이머 접점이 On 된다. 만약에 현재값에 도달하기 전에 X1F에서 손을 떼면 타이머 코일이 Off 되어 시간 계측값은 0으로 되돌아간다.

5 : 현재값이 설정값 이상이 되면 타이머 접점이 On 되어 출력 코일 Y3F가 On 된다.

⑤ 적산 타이머 프로그램 실습

위의 실습 과제에서 〈T0 K50〉 대신 다음과 같이 입력해 보도록 한다.

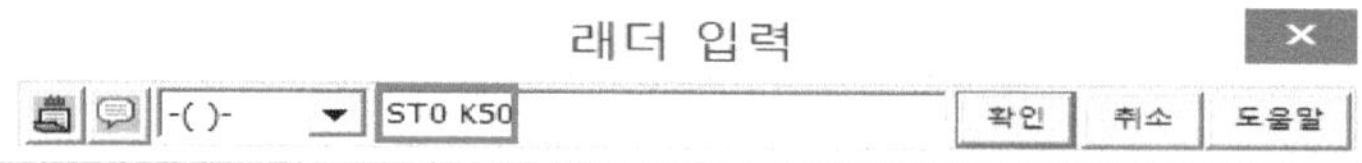

[확인]을 누르거나 [Enter] 키를 누르면 다음과 같은 화면이 나타난다.

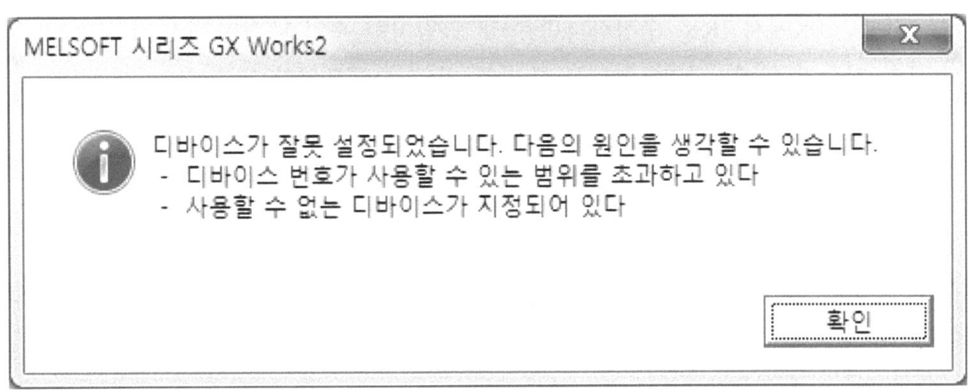

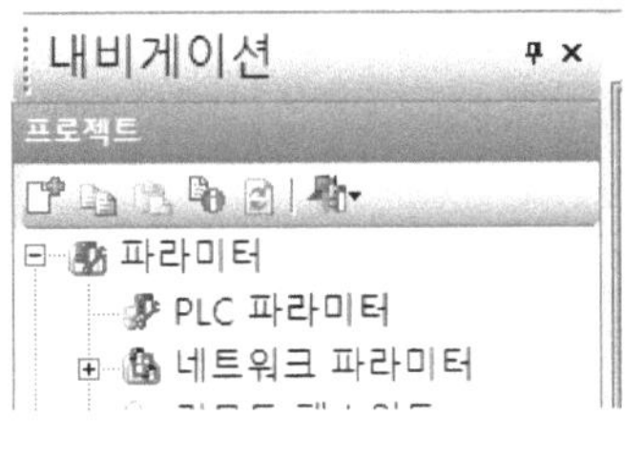

이유는 PLC 파라미터에서 적산 타이머 디바이스 점수가 디폴트 값인 0으로 정의되어 있기 때문이다. 이를 해결하기 위해서는 화면 왼쪽 내비게이션에서 [프로젝트] - [파라미터] - [PLC 파라미터]를 더블클릭하여 파라미터 설정창을 띄운다. 이후 [디바이스 설정] 탭을 클릭하여 다음과 같이 타이머와 적산 타이머의 디바이스 점수를 각각 설정한 후에 [설정 종료]를 클릭한다.

	기호	진	디바이스 점수
입력 릴레이	X	16	8K
출력 릴레이	Y	16	8K
내부 릴레이	M	10	9K
래치 릴레이	L	10	8K
링크 릴레이	B	16	8K
어넌시에이터	F	10	2K
링크 특수	SB	16	2K
에지 릴레이	V	10	2K
스텝 릴레이	S	10	8K
타이머	T	10	2K
적산 타이머	ST	10	0K
카운터	C	10	1K
데이터 레지스터	D	10	13K
링크 레지스터	W	16	8K
링크 특수	SW	16	2K
인덱스	Z	10	20

	기호	진	디바이스 점수
입력 릴레이	X	16	8K
출력 릴레이	Y	16	8K
내부 릴레이	M	10	9K
래치 릴레이	L	10	8K
링크 릴레이	B	16	8K
어넌시에이터	F	10	2K
링크 특수	SB	16	2K
에지 릴레이	V	10	2K
스텝 릴레이	S	10	8K
타이머	T	10	1K
적산 타이머	ST	10	1K
카운터	C	10	1K
데이터 레지스터	D	10	13K
링크 레지스터	W	16	8K
링크 특수	SW	16	2K
인덱스	Z	10	20

만약 디폴트 값으로 설정되어 있는 파라미터 설정의 디바이스 점수 중에서 적산 타이머의 디바이스 점수만 0K에서 1K로 수정한다면 아래 그림처럼 확인 메시지가 나타난다. 이유는 모든 디바이스 점수의 합계가 30K 워드를 초과해 버렸기 때문이다.

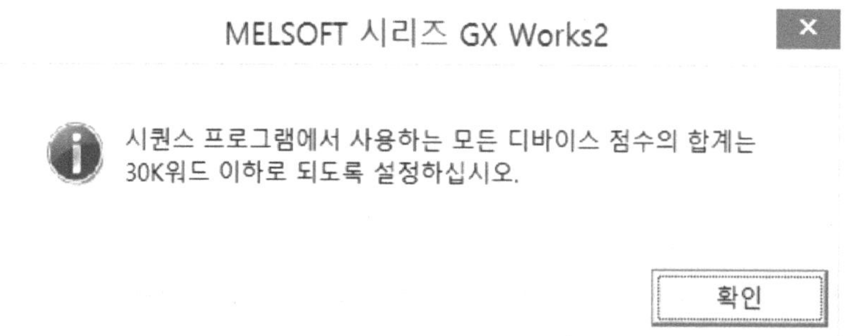

그러므로 타이머 2K에서 1K로 먼저 수정하여 30K 워드보다 적게 만든 후에 적산 타이머의 디바이스 점수를 0K에서 1K로 수정하면 확인 메시지 없이 수정이 가능하다.

각 디바이스 점수는 PLC 파라미터 설정의 [디바이스 설정] 탭에서도 확인을 할 수 있는데 해당 디바이스를 사용하기 전에 관련 디바이스 점수를 미리 확인하는 습관이 필요하다. 물론 항상 사용하는 디바이스는 기억해 두는 것도 나쁘지 않지만, 프로그램을 작성하는 좋은 습관 중의 하나는 이미 알고 있는 것도 확인하고 또 확인하는 것이다.

디바이스 설정 전체 창은 다음과 같으며 디바이스 합계를 확인할 수 있다.

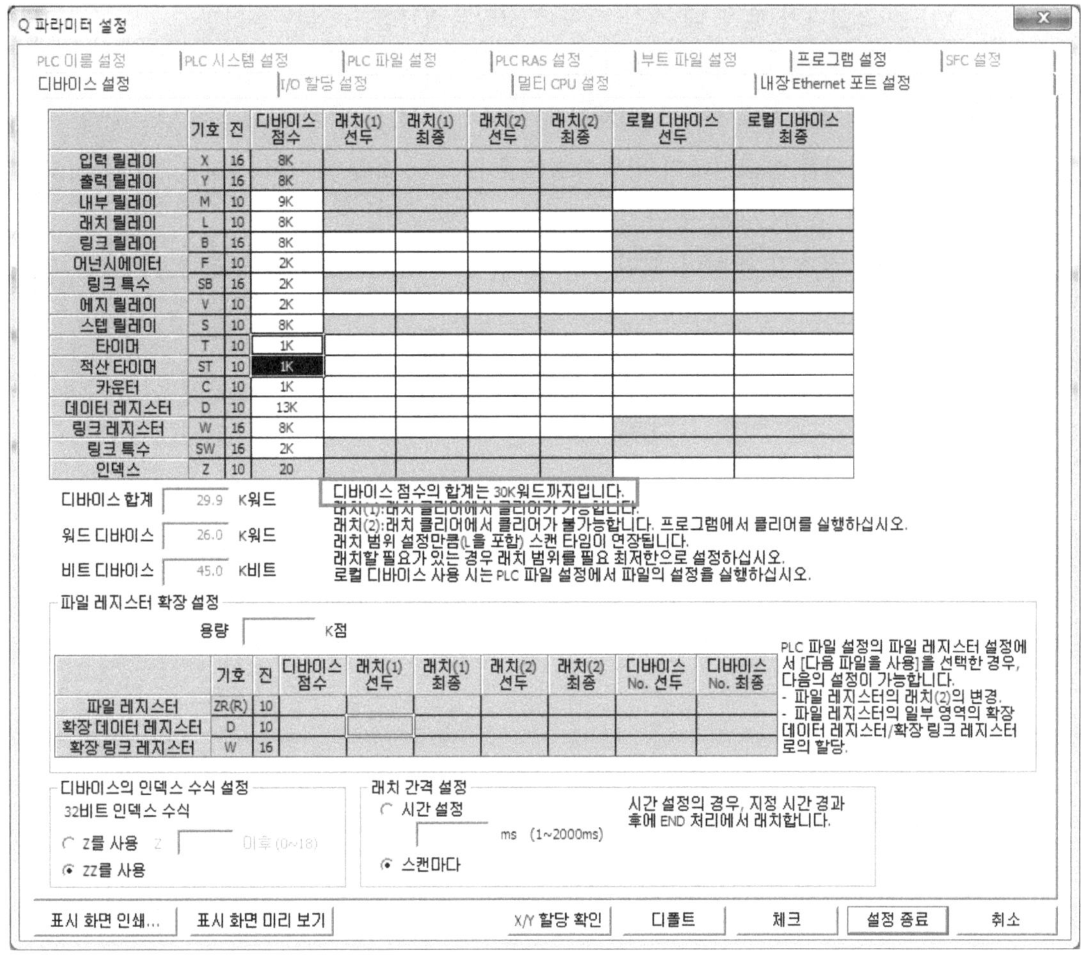

	기호	진	디바이스 점수	래치(1) 선두	래치(1) 최종	래치(2) 선두	래치(2) 최종	로컬 디바이스 선두	로컬 디바이스 최종
입력 릴레이	X	16	8K						
출력 릴레이	Y	16	8K						
내부 릴레이	M	10	9K						
래치 릴레이	L	10	8K						
링크 릴레이	B	16	8K						
어넌시에이터	F	10	2K						
링크 특수	SB	16	2K						
에지 릴레이	V	10	2K						
스텝 릴레이	S	10	8K						
타이머	T	10	1K						
적산 타이머	ST	10	1K						
카운터	C	10	1K						
데이터 레지스터	D	10	13K						
링크 레지스터	W	16	8K						
링크 특수	SW	16	2K						
인덱스	Z	10	20						

	기호	진	디바이스 점수	래치(1) 선두	래치(1) 최종	래치(2) 선두	래치(2) 최종	디바이스 No. 선두	디바이스 No. 최종
파일 레지스터	ZR(R)	10							
확장 데이터 레지스터	D	10							
확장 링크 레지스터	W	16							

이제 적산 타이머 디바이스 점수가 확보되었으므로 다음 프로그램을 작성하여 확인해 보자.

```
                                                                          K50
0   │ X1F                                                                ─( ST0 )
    │

5   │ X1E                                                         ─[ RST    ST0 ]
    │

10  │ ST0                                                                ─( Y3F )
    │

12  │                                                                    ─[ END ]
```

스텝

0   : X1F를 눌렀다가 뗐을 때 적산 타이머 코일은 X1F를 누르는 동안만 On 되어 시간을
         계측하게 되고, X1F에서 손을 떼더라도 현재값을 유지되는 것을 확인한다. 두세 번
         누르고 떼기를 반복하다가 현재값에 도달하면 적산 타이머 접점이 On 되다.

5   : 적산 타이머를 클리어하기 위해서 X1E를 누르면 적산 타이머 코일은 초기화되고 적
         산 타이머 접점은 Off 된다.

10   : 현재값이 설정값 이상이 되면 타이머 접점이 On 되어 출력 코일 Y3F가 On 된다.

공식을 이용한 자동화 기기 제어(공급 실린더) 실습

이번 실습 과제에서는 다음과 같은 공식을 이용하여 자동화 기기를 제어하는 프로그램을 작성하도록 하자. 각종 실린더와 모터의 구동은 릴레이 접점 방식 등을 이용하므로 각 실린더의 동작을 위한 프로그램을 매번 일일이 작성하는 번거로움을 피하기 위해서 공식을 접목하여 제어기 프로그램을 완성하기로 한다. 아래의 기본 공식은 시작(M_1)과 중간($M_{n(2..L-1)}$), 그리고 마지막(M_L) 행정을 담당하는 3개의 식으로 구성되어 있다. 우리는 이와 같은 3개의 식을 하나의 공식으로 만들어 사용하고자 한다. 뒤에 나올 실전 과제 1에서 인덱스(Z)를 이용하여 더욱더 간편하고 짧게 프로그램을 작성하기 위해서이다.

1. 기본 공식

[시 작] 행정 :
$$M_1 = (Start \times CDT_1 + M_1) \times \overline{M_2}$$

[중 간] 행정 :
$$M_{n(2 \cdots L-1)} = (M_{n-1} \times CDT_n + M_n) \times \overline{M_{n+1}}$$

[마지막] 행정 :
$$M_L = (M_{n-1} \times CDT_L + M_L) \times \overline{M_1}$$

기본 공식에서는 반복적으로 메모리(M)를 사용하고 있는 것을 볼 수 있다. 여기서 $Start$ 버튼을 메모리 M_0으로 대체한다. 자동화 기기는 순환 동작(Loop)으로 구성되므로 [마지막] 행정의 다음 행정이 [시작] 행정 M_1이다. 그러므로 [마지막] 행정의 $\overline{M_1}$(M_1의 b접점)를 $\overline{M_{n+1}}$(M_{n+1} : 마지막 다음 행정)로 대체할 수 있다. 즉 다음과 같이 식을 수정해서 하나의 활용 공식을 도출한 다음, 프로그램에서 그 활용 공식을 적용하면 행정마다 따로 프로그램을 작성할 필요가 없어지게 된다. [※ CDT_n : 각 행정에서 실린더 등의 센서 조건(ConDiTion)]

$$M_0 = Start$$
$$M_1 = M_{n+1}$$

2. 활용 공식

$$M_n = (M_{n-1} \times CDT_n + M_n) \times \overline{M_{n+1}}$$

다음 프로그램은 공급 실린더가 편솔로 동작할 경우 푸시버튼 1개와 실린더의 전진 및 후진 단에 부착된 리드 스위치를 이용하여 제어하는 예제이다.

3. 동작 조건

① 학습한 공식을 활용해서 푸시버튼 스위치를 눌렀을 때 공급 실린더를 전진시키고, 공급 실린더의 전진이 완료되면 자동으로 후진하는 동작을 구현한다.

② PLC I/O MAP은 아래와 같이 구성한다.

구 분	코멘트 표시	I/O 할당	비 고
입 력	PB1	X1F	푸시버튼 스위치
	공급 전진 센서	X0	리드 스위치
	공급 후진 센서	X1	리드 스위치
출 력	공급 전진솔	Y22	편솔

4. 프로그램 실습

① 푸시버튼(X1F)을 눌렀을 때 공급 실린더의 전진을 시동할 수 있는 $M_0 = Start$ 영역이다.

② 2개의 리드 스위치를 조건(CDT_n) 영역으로 설정하여 M19와 M29로 각각 설정하였다.

③ 활용 공식에 따라서 공급 실린더의 전진 신호 영역을 위한 메모리 M10을 구성한 것이다.

④ 활용 공식에 따라서 공급 실린더의 후진 신호 영역을 위한 메모리 M20을 구성한 것이다.

⑤ 활용 공식에 따라서 공급 실린더의 후진 완료 신호 영역을 위한 메모리 M30을 구성한 것이다.

⑥ 공급 실린더가 편솔로 동작하므로 전진 신호인 메모리 M10 접점이 On 되어 자기유지되면 출력 코일 Y22도 On 되어 실린더를 전진시키고, M10이 Off 되면 후진시키는 영역을 구성한 것이다.

⑦ 마지막으로 스캔 한계 범위 영역을 나타내는 [END] 문장이다.

앞서 실습한 것보다 더 복잡해 보이지만, 각 영역이 구분된 모습을 확인할 수 있다. 이후의 프로그램 예제 또한 위의 활용 공식을 바탕으로 작성하기로 한다. 그 이유는 실린더의 제어 방식(편솔, 양솔)을 구분하지 않고 프로그램할 수 있는 장점이 있기 때문이다. 또한, 프로그램의 길이(스텝 수)가 짧아지는 것을 경험해 보기로 하자. 물론 한 개의 실린더를 제어할 때는 길어 보인다.

위 실습 과제에서 광화이버 센서(X0F)를 이용하여 자연 낙하 매거진 내에 소재 여부를 판단
하여 공급 실린더를 제어하도록 수정하기 위해서는 다음과 같이 ② 영역에서 소재 여부를 판단
하는 접점(X0F, a 접점)만 추가하면 된다. 나머지 행정은 전혀 변경할 필요가 없다.

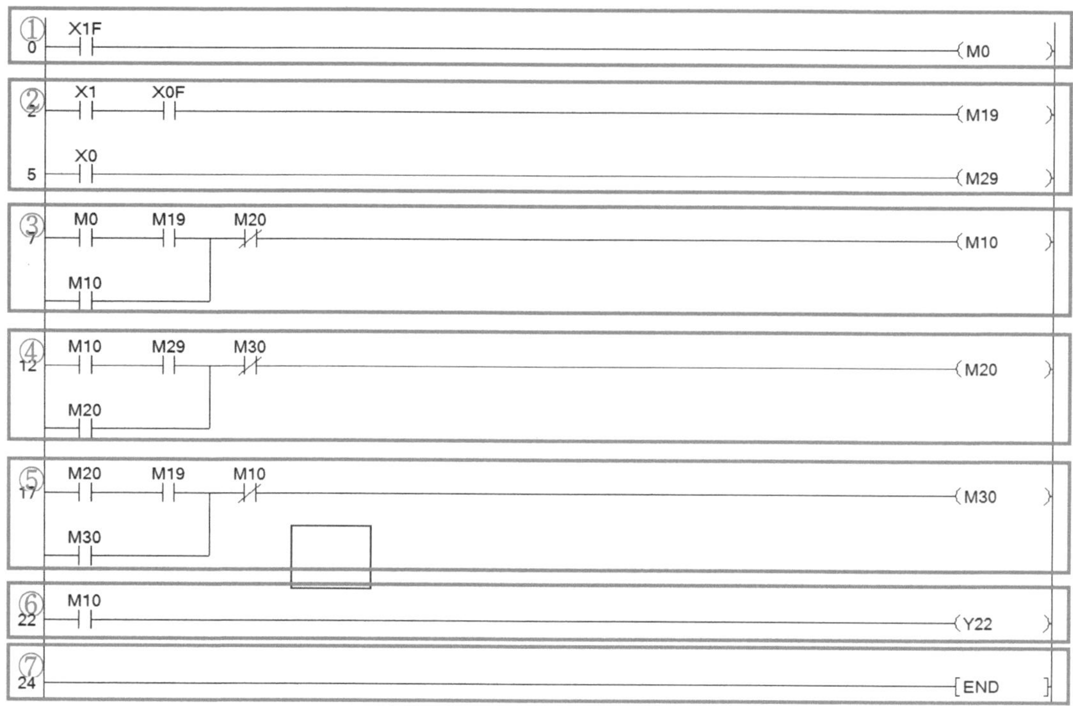

위 프로그램에서 편솔을 이용해서 특정 제어 동작(M110)까지 전진을 유지해야 할 경우가
있을 수 있는데, 이럴 때는 전진 신호인 M10(⑥)으로 출력 코일 Y22를 SET 명령으로 처리하였
다가 후진 신호(특정 제어 동작 시점)인 M110을 이용하여 RST 명령으로 처리하면 된다.

```
       M10
22     ─┤├─────────────────────────────────────────[ SET    Y22 ]

       M110
24     ─┤├─────────────────────────────────────────[ RST    Y22 ]
```

스텝

22   : M10 접점이 On 되면 출력 코일 Y22을 SET 명령어로 처리해 편솔을 전진시킨다.

24   : M110(특정 제어 동작) 시점에서 출력 코일 Y22를 RST 명령어로 처리해 편솔을 후
       진한다.

공급 실린더가 전진하는 시점을 지연(Timer)하는 실습

실습 과제 25에서 학습했던 실린더에 부착된 리드 스위치를 이용한 전진 및 후진 동작을 구현할 때 실습 과제 24번을 이용하여 공급 실린더가 전진하는 시점을 제어하는 방법을 다음 프로그램에서 확인해 보도록 한다. 타이머의 지연 시점을 어디에 두는 것이 옳은지를 확인하기 바란다.

실습 과제 25번에서 수정된 부분은 시작 버튼(X1F)을 공급 실린더의 전진 신호 영역과 합쳤으며(① : M0→X1F), 조건 영역을 각 행정과 합쳤다(① : M19→X1, ② : M29→X0, ③ : M19→X1). 그리고 전진 신호(④)인 M10을 실습 과제 24번에서 학습한 타이머 [T10 K50]으로 구성하여 특정 시간(5초, 설정값) 이후에 타이머 접점이 On 되도록 했다. 타이머 접점(⑤)이 On 되어 출력 코일 Y22가 On 되면 공급 실린더는 전진하게 된다.

공급 실린더가 후진을 할 때 지연하도록 하려면 다음과 같이 수정하면 된다.

위의 실습 과제에서 공급 실린더의 전진 신호 영역을 수정했으며(① : M20′→T20′), 타이머 [T10 K50]이 아니라 전진 신호(④)인 M10을 출력 코일 Y22로 연결해서 전진될 수 있노록 수성하였다. 후진 신호(⑤)에서는 타이머 [T20 K50]을 이용하여 특정 시간(5초, 설정값) 이후에 On 되도록 하고, 타이머 접점(⑤)이 On 되면 전진 신호(①)인 M10을 자기 유지 해제함으로써 공급 실린더가 후진하게 된다.

위의 두 프로그램을 하나의 프로그램으로 만들 수 있을 것이다. 즉 실린더의 전진 및 후진 시점 모두 지연 시간을 두는 프로그램을 작성해 보자.

아래 프로그램의 동작은 다음과 같이 설명할 수 있다.

전진 시점과 후진 시점 모두 지연을 사용하는 프로그램을 만들어야 한다. 일반적으로 공압 실린더는 전진과 후진만을 사용(n/2 way valves 경우)한다. 그렇다면 전진 신호에 제어 조건이 있어야 하고, 후진 신호에도 제어 조건이 있어야 한다. ①번 영역은 후진 신호 영역과 후진 완료 신호 영역이므로 그대로 사용하면 된다.

전진 신호 M10을 끊어 주는 메모리는 M40으로 지정하였는데, M40은 ②번 영역 중 33번 스텝 래더에서 전진 지연 조건(M11)과 전진 신호 M10, 또는 후진 지연 조건(M21)과 후진 신호 M20에 의해 On/Off 된다. 여기서 M11과 M21은 전진과 후진 지연 조건 값으로서 임의의 스위치 등을 이용하여 설정한 것이다.

전진 지연일 경우를 살펴보면, ②번 영역의 15번 스텝 래더에서 M11과 M10 모두 만족할 때 ③번 영역의 T10 설정값(5초) 동안 지연된다. T10 타이머 접점이 On 되면, ②번 영역 28번 스텝의 T10 접점이 On 되어 출력 코일 Y22가 On 되므로 실린더는 지연 전진을 한다.

후진 지연일 경우를 살펴보면, ②번 영역의 21번 스텝 래더에서 M21과 M20 모두 만족할 때 ④번 영역의 T20 설정값(5초) 동안 지연이 된다. T20 타이머 접점이 On 되면, ②번 영역 37번 스텝의 T20 접점이 On 되고, 이어서 출력 코일 M40이 On 되어 0번 스텝 래더의 M10은 자기 유지 해제가 되므로 실린더는 지연 후진을 한다.

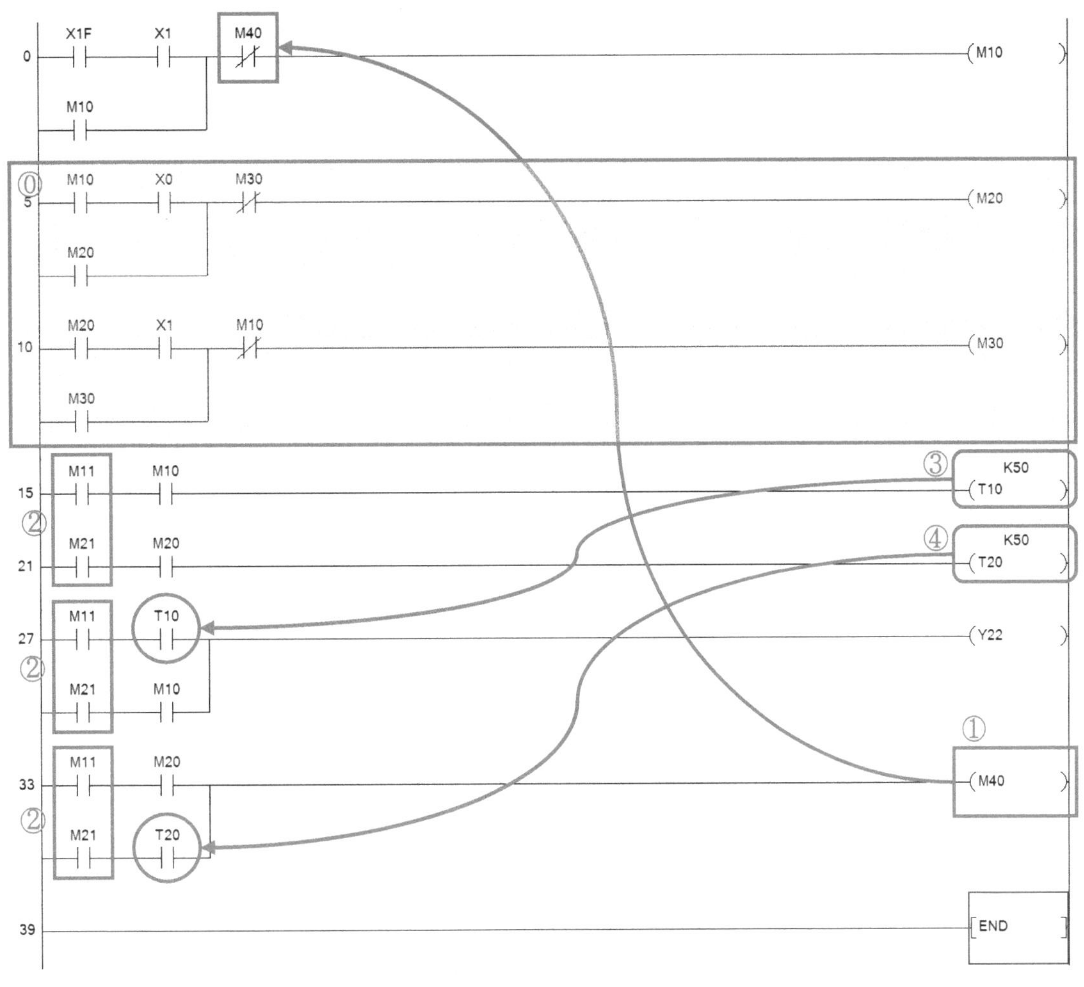

X1F
X1
M40
M10
M10
M10
X0
M30
M20
M20
M20
X1
M10
M30
M30
M11
M10
K50
T10
M21
M20
K50
T20
M11
T10
Y22
M21
M10
M11
M20
M40
M21
T20
END

공식을 이용한 양솔 제어 실습

실습 과제 26번을 이용하여 양솔 제어 실린더를 전진 및 후진하고자 한다. 공식을 이용할 때는 실습 과제 26번의 각 행정을 그대로 사용(①)하고, 실린더의 전진 신호와 후진 신호를 담당하는 M10과 M20을 출력 코일과 1:1 대응시켜 신호를 전달(②, ③)하기만 하면 된다.

```
①    X1F      X0D      M20
0   ─┤├──────┤├──────┤/├─────────────────────────────────(M10  )
         M10
        ─┤├─

     M10      X0C      M30
5   ─┤├──────┤├──────┤/├─────────────────────────────────(M20  )
         M20
        ─┤├─

     M20      X0D      M10
10  ─┤├──────┤├──────┤/├─────────────────────────────────(M30  )
         M30
        ─┤├─

②    M10
15  ─┤├────────────────────────────────────────────────(Y2A  )

③    M20
17  ─┤├────────────────────────────────────────────────(Y2B  )

19  ──────────────────────────────────────────────────[END  ]
```

지금까지 실습 과제에서 학습해 본 것처럼 실린더 제어 동작의 각 행정은 편솔과 양솔의 구별이 없이 동일하게 사용되는 것을 확인할 수 있었다. 그렇다면 양솔을 이용한 실린더에서 전진 지연과 후진 지연은 어떻게 구현할까?

위의 프로그램을 아래와 같이 수정하여 확인해 보도록 한다.

```
     M10                                               K50
15  ─┤├────────────────────────────────────────────────(T10  )

     T10
20  ─┤├────────────────────────────────────────────────(Y2A  )

     M20
22  ─┤├────────────────────────────────────────────────(Y2B  )

24  ──────────────────────────────────────────────────[END  ]
```

전진 지연은 전진 신호인 M10을 이용하여 타이머 접점을 두면 되고(바로 위 프로그램 수정 내용), 후진 지연은 후진 신호인 M20을 이용하여 타이머 접점을 두면 된다. (바로 아래 프로그램 수정 내용)

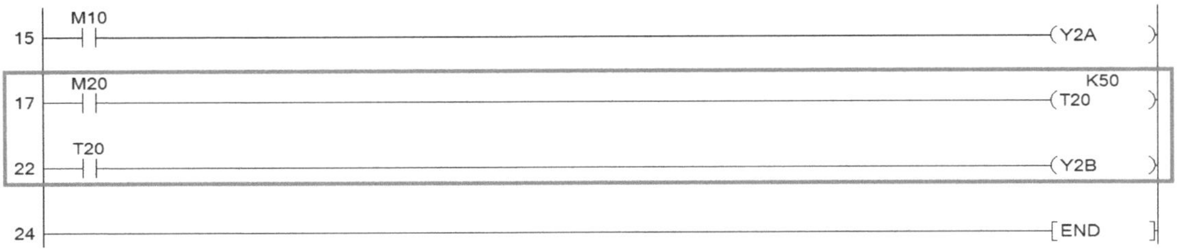

```
      M10
15   ─┤├──────────────────────────────────────────────────────(Y2A )

      M20                                                        K50
17   ─┤├──────────────────────────────────────────────────────(T20 )

      T20
22   ─┤├──────────────────────────────────────────────────────(Y2B )

24   ─────────────────────────────────────────────────────────[END ]
```

양솔 제어가 편솔 제어보다 쉽다는 것을 알 수 있다. 그렇다면 편솔을 이용한 실린더 제어도 양솔을 이용한 것처럼 할 수는 없을까?

실습 과제 27번을 이용하여 공압 실린더(편솔 이용)를 제어하는 프로그램을 작성해 보자.

```
①    X1F      X1       M20
0   ─┤├──────┤├───┬───┤/├─────────────────────────────────────(M10 )
      M10         │
     ─┤├──────────┘

②    M10      X0       M30
5   ─┤├──────┤├───┬───┤/├─────────────────────────────────────(M20 )
      M20         │
     ─┤├──────────┘

      M20      X1       M10
10  ─┤├──────┤├───┬───┤/├─────────────────────────────────────(M30 )
      M30         │
     ─┤├──────────┘

②    M10
15  ─┤├──────────────────────────────────────────────[ SET    Y22 ]

③    M20
17  ─┤├──────────────────────────────────────────────[ RST    Y22 ]

19  ────────────────────────────────────────────────────────[END ]
```

각 행정을 그대로 사용(①)하고 실린더의 전진 신호와 후진 신호를 담당하는 M10과 M20을 이용하여 출력 코일 Y22를 SET(②), RST(③) 하면 끝이다.

지금까지 편솔 및 양솔을 이용한 실린더 제어 동작을 동일한 구조로 만들어 보았다. 이제 실전 과제를 학습하면서 실력 향상에 도전해 보도록 한다.

편솔과 양솔 제어가 동일한 구조이므로 이제 인덱스 레지스터(Z)를 이용하여 제어해 보기로 하자. 시작을 알리는 푸시버튼(X1F)을 제외하고는 각각의 접점에 인덱스 레지스터 번호(Z0)를 붙여서 사용한다.

1. 관련 지식

인덱스 레지스터란? 시퀀스 프로그램에서 사용하는 디바이스의 간접 설정(인덱스 수식)에 사용하는 디바이스이다. 인덱스 수식은 인덱스 레지스터 1점을 사용한다.

인덱스 레지스터의 점수는 QCPU의 경우 Z0 ~ 19(20점)를 사용할 수 있고, FXCPU의 경우 Z0 ~ 7(8점)을 사용할 수 있다.

사용 예

① [MOV K5 Z0] : Z0 = 5

② [MOV K10 D0Z0] : D5 = D0 + (Z0 = 5) = K10

X0이 On 되면 데이터 레지스터 D0가 아니라 D5에 K10 값이 입력된다.

인덱스 레지스터를 사용하는 데 있어 주의해야 할 것은 인덱스 레지스터 Zn은 어떤 디바이스와 결합하여 사용하느냐에 따라 1점당 bit 수가 결정된다. 여기서는 데이터 레지스터 D0(16bit)와 결합하여 사용되었으므로 Z0의 1점은 16bit로 지정된다. (※ 32비트 DMOV 명령어와 결합하여 사용한다면 Zn과 Zn+1이 처리 대상이다.)

③ 인덱스 레지스터의 비트 구성

위의 사용 예는 1점당 16비트로 구성되어 16비트 단위로 읽거나 쓸 수 있다. 이 경우 단독 비트로는 사용할 수 없다.

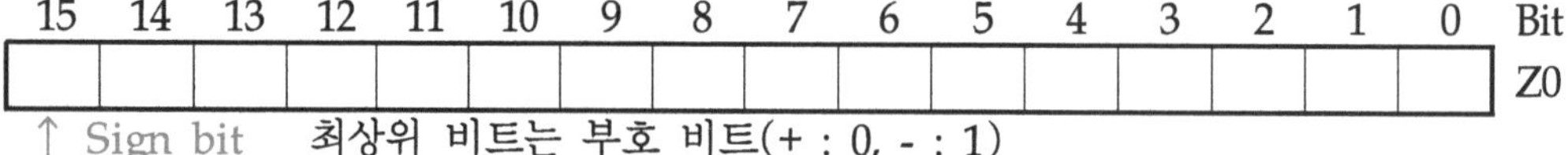

15	14	13	12	11	10	9	8	7	6	5	4	3	2	1	0	Bit
																Z0

↑ Sign bit　　최상위 비트는 부호 비트(+ : 0, - : 1)

인덱스 레지스터는 부호를 갖고 있으므로 수의 표현 범위는 0000H ~ FFFFH(H, 16진)이 되지만, 최상위 비트가 부호 비트가 되므로 실제로 지정 가능한 수의 범위는 –32768 ~ 32767이 된다.

위와 같이 인덱스 레지스터를 ZZn으로 표현하는 것은 DMOV(32bit) 명령어를 사용하여 32 비트 인덱스 수식을 지정할 때 사용한다.

① [MOV K5 Z0] : Z0 = 5

② [DMOV K65536 D0ZZ0] : D5 = D0 + (Z0 = 5) = K0, D6 = K1

| ← | D6 | → | ← | D5 | → | Bit |

| 31 | 30 | 29 | 28 | 27 | 26 | 25 | 24 | 23 | 22 | 21 | 20 | 19 | 18 | 17 | 16 | 15 | 14 | 13 | 12 | 11 | 10 | 9 | 8 | 7 | 6 | 5 | 4 | 3 | 2 | 1 | 0 |

| 0 | 0 | 0 | 0 | 0 | 0 | 0 | 0 | 0 | 0 | 0 | 0 | 0 | 0 | 0 | 0 | 1 | 1 | 1 | 1 | 1 | 1 | 1 | 1 | 1 | 1 | 1 | 1 | 1 | 1 | 1 | 1 | Zn |

상위 16비트   하위 16비트

↑ Sign bit   최상위 비트는 부호 비트

※ 부호와 절댓값, 부호와 1의 보수, 부호와 2의 보수의 관계 (8 bit 예시)

7	6	5	4	3	2	1	0	Bit
0	0	0	0	0	0	0	1	

↑ Sign bit   +1   부호와 절댓값

7	6	5	4	3	2	1	0	Bit
0	0	0	0	0	0	0	1	

↑ Sign bit   +1   부호와 1의 보수

7	6	5	4	3	2	1	0	Bit
0	0	0	0	0	0	0	1	

↑ Sign bit   +1   부호와 2의 보수

7	6	5	4	3	2	1	0	Bit
1	0	0	0	0	0	0	1	

↑ Sign bit   -1   부호와 절댓값

7	6	5	4	3	2	1	0	Bit
1	1	1	1	1	1	1	0	

↑ Sign bit   -126   부호와 1의 보수

7	6	5	4	3	2	1	0	Bit
1	1	1	1	1	1	1	1	

↑ Sign bit   -127   부호와 2의 보수

2. 동작 조건

① 인덱스 레지스터와 학습한 공식을 활용해서 선택 스위치에 의해 작동될 실린더의 종류를 선택한 다음 푸시버튼 스위치를 눌렀을 때 공급 또는 퇴출 실린더를 전진시키고, 공급 또는 는 퇴출 실린더의 전진이 완료되면 자동으로 후진하는 동작을 구현한다.

② PLC I/O MAP은 아래와 같이 구성한다.

구 분	코멘트 표시	I/O 할당	비 고
입 력	선택 스위치	X1E	푸시버튼 스위치
	시작 스위치	X1F	푸시버튼 스위치
	공급 전진 센서	X0	리드 스위치
	공급 후진 센서	X1	리드 스위치
	퇴출 전진 센서	X2	리드 스위치
	퇴출 후진 센서	X3	리드 스위치
출 력	공급 전진솔	Y20	양솔
	공급 후진솔	Y21	양솔
	퇴출 전진솔	Y22	양솔
	퇴출 후진솔	Y23	양솔

3. 프로그램 실습

① GX-Works2을 실행시키고 프로젝트 및 프로그램 창을 연다.

② 평상시 열린 접점, 평상시 닫힌 접점, INCP, MOV, 비교 연산 응용 명령과 출력 코일을 이용하여 프로그램을 작성한다.

③ 프로그램 작성

```
   X1E
0  ─┤├──────────────────────────────────────────────[ INCP   D0 ]

4  [ =    D0    K1 ]──────────────────────────────────[ MOV   K0   Z0 ]

9  [ =    D0    K2 ]──────────────────────────────────[ MOV   K2   Z0 ]

14 [ <>   D0    K1 ]─[ <>   D0    K2 ]────────────────[ MOV   K1   D0 ]

   X1F    X1Z0  M20Z0
22 ─┤├────┤├────┤/├───────────────────────────────────────────( M10Z0 )
   M10Z0
   ─┤├──┘

   M10Z0  X0Z0  M30Z0
31 ─┤├────┤├────┤/├───────────────────────────────────────────( M20Z0 )
   M20Z0
   ─┤├──┘

   M20Z0  X1Z0  M10Z0
41 ─┤├────┤├────┤/├───────────────────────────────────────────( M30Z0 )
   M30Z0
   ─┤├──┘

   M10Z0
51 ─┤├────────────────────────────────────────────────────────( Y20Z0 )

   M20Z0
55 ─┤├────────────────────────────────────────────────────────( Y21Z0 )

59 ─────────────────────────────────────────────────────────────[ END ]
```

스텝

0   : 선택 스위치(X1E)를 이용하여 D0가 K1이면 공급, K2이면 퇴출 실린더를 선택하게 된다.

4, 9   : 선택된 D0에 의해서 인덱스 레지스터 값을 결정한다.

14   : PLC 쓰기를 하면 D0의 초깃값이 K0이므로 D0의 값을 자동으로 K1을 설정한다.

인덱스 레지스터 Z0의 값에 따라 디바이스 Mn, Xn, Yn의 접점이 각각 변경된다. 공급과 퇴출 실린더 제어를 예로 살펴보면, Z0 = K0이면 공급 실린더를 제어하고, Z0 = K2이면 퇴출 실린더를 제어할 수 있다. 이처럼 인덱스 레지스터의 값을 조정하여 각각의 실린더를 제어할 수 있다.

편솔을 사용하는 실린더의 경우에는 가상의 출력 코일(사용하지 않는 접점)을 갖고 있다고 생각을 하면 양솔과 같이 사용할 수 있다.

이를 이용하여 시작 스위치(X1F)를 누르면 공급 실린더가 먼저 전진 후 후진하고, 이어서 퇴출 실린더가 전진 후 후진을 수행하는 프로그램을 구성한다. 다음과 같이 수정하여 결과를 확인해 본다.

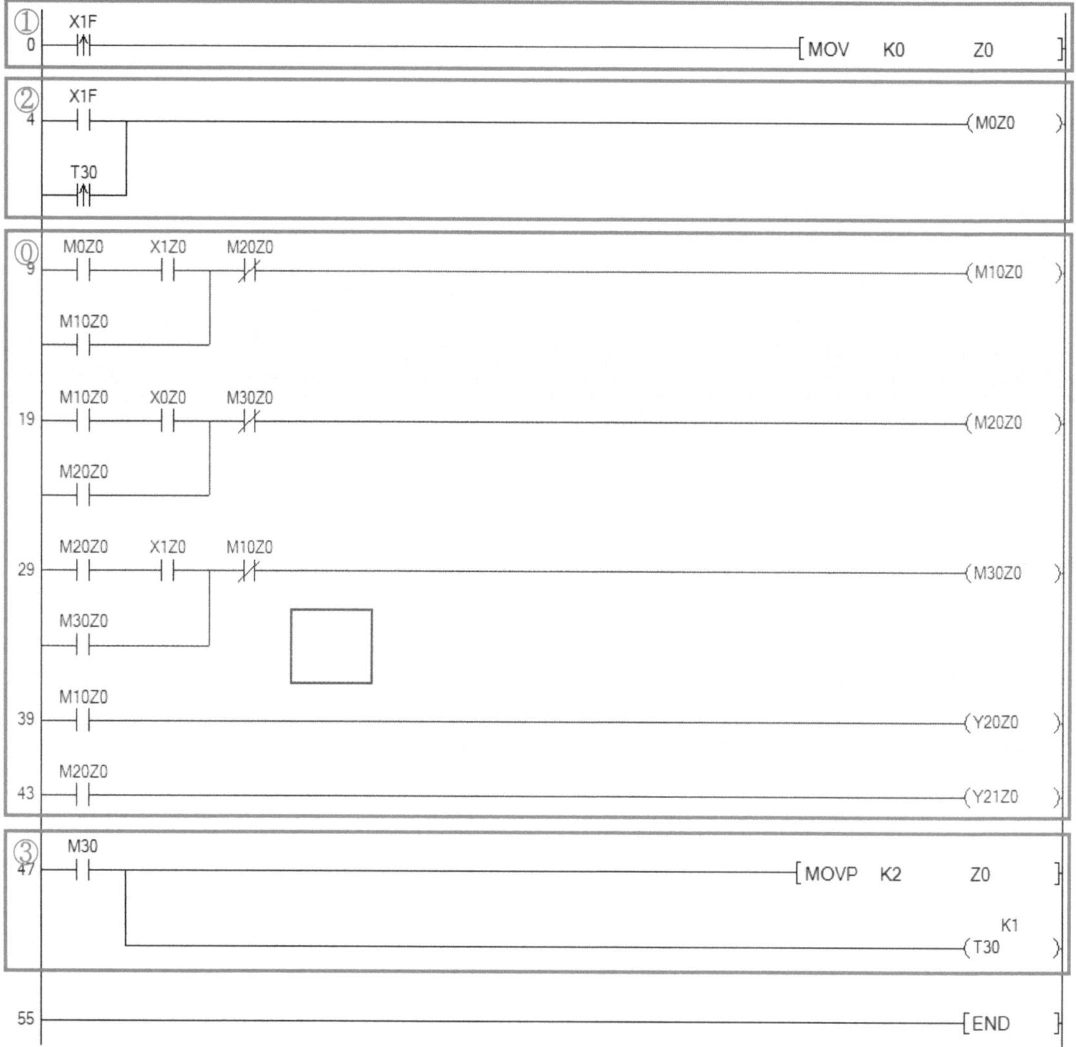

⓪ 영역은 그대로 사용하고, 앞서 설명한 것과 같이 공급 실린더는 Z0 = K0(①)이고, 퇴출 실린더는 Z0 = K2(③)로 하여 시작 스위치(① 영역 0번 스텝)를 누르면 기준 인덱스 레지스터 Z0 = K0으로 하고 ②번 영역에서 시작을 알리는 신호를 보낸다. 이 신호로 ⓪번 영역의 행정 순서대로 동작 수행을 할 것이다. 공급 실린더 후진 완료 신호인 M30(③번 영역 47번 스텝)이 확인되면 인덱스 레지스터는 이어서 퇴출 실린더를 제어하기 위해서 Z0 = K2로 자동으로 수정 되고, 100ms 지연 후에 다음 동작을 한다.

굳이 지연 시간을 주는 것은 각 인덱스 레지스터의 확인을 위해서 미소의(아주 짧은) 지연 시간이 필요하기 때문이다.

<table><tr><td>**실전 과제
02**</td><td># 터치패널을 이용한 실전 과제 01 연동 실습</td></tr></table>

Mitsubishi에서 제작한 터치패널 작화 소프트웨어인 GT-Designer3을 이용하여 실전 과제 01 번을 연동하는 실습을 하기로 한다. 소프트웨어의 버전은 GT-Designer3 1.190Y, 터치패널은 GOT2000 시리즈 중 GT27**-S 타입이며, GT-Designer3의 버전에 따라 인터페이스가 다를 수 있다. 버튼 한 개를 만들어 시작 버튼(X1F)과 연결하기 위해서 터치패널과 PLC 간의 접속 기기 선정 및 버튼 생성 방법 등을 기술하기로 한다.

① GT-Designer3을 실행한 다음 Select Project에서 "New"를 클릭하거나 풀다운 메뉴 "Project" → "New"로 생성된 New Project Wizard 창에서 "Next"를 클릭한다.

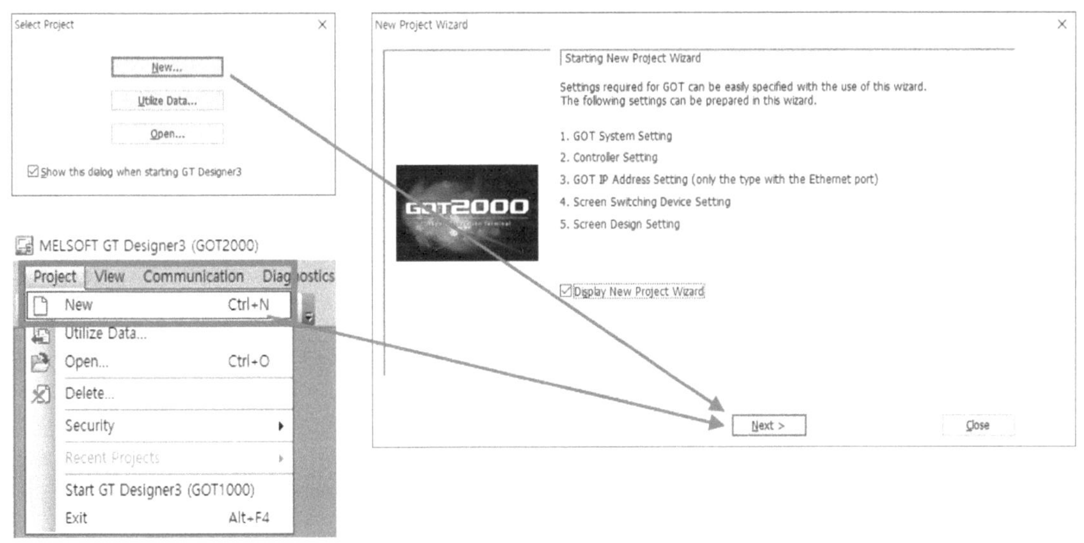

② "Confirmation" 화면에서 GOT Type 및 Color Setting 내용을 확인하고 "Next"를 클릭한다.

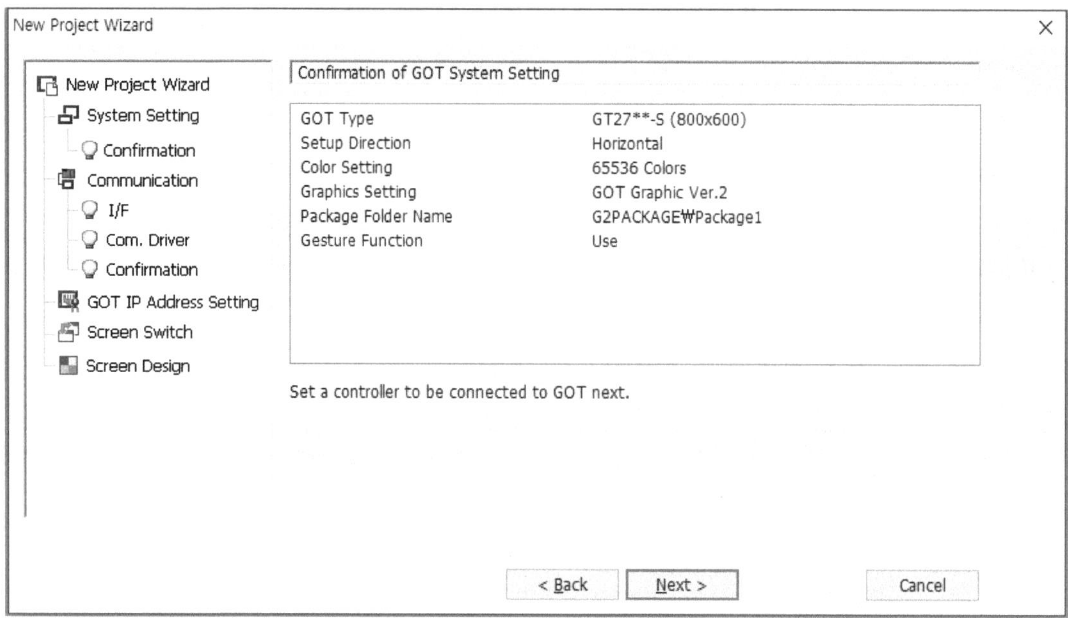

③ "Communication" 화면에서 "Manufacturer"(제조사)와 "Controller Type"(PLC CPU 형명)을 지정하고 "Next"를 클릭한다. Q03UDV의 경우 MELSEC-Q/QS, Q17nD/M/NC/DR, CRnD-700으로 선택한다.

④ "I/F"(Interface)화면에서 PLC와 터치패널의 통신 방식을 지정한다. 본 교재에서는 PLC
와 터치패널이 LAN 포트, 공유기와 Hub를 통해 연결된 시스템을 기준으로 설명한다. 해
당 항목은 "Ethernet:Multi"로 설정한다.

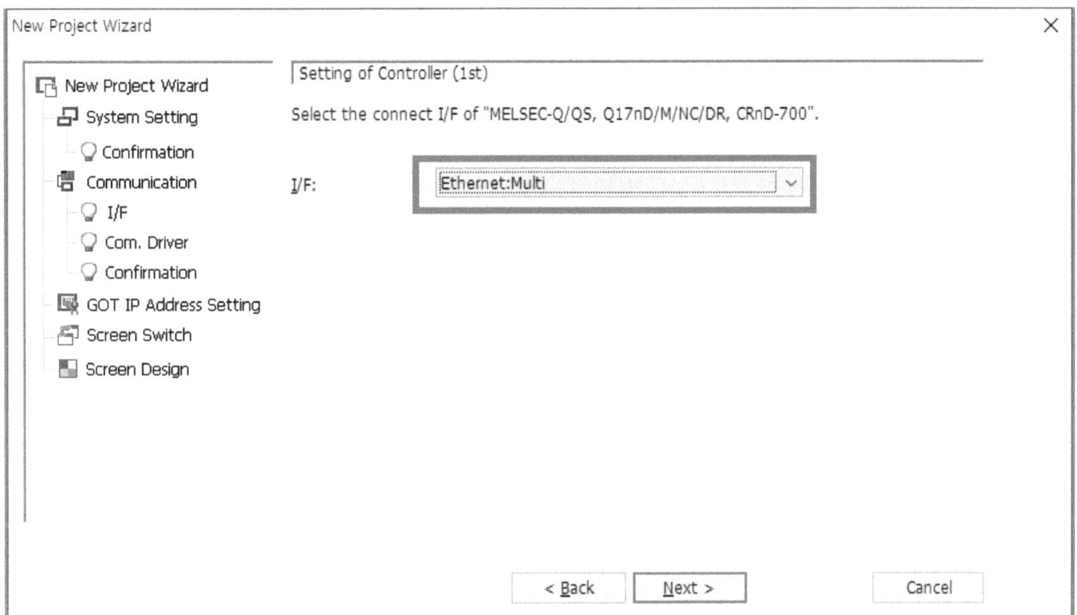

⑤ "Com. Driver" 화면에서 통신 드라이버를 지정하고 "Next"를 클릭한다. Ethernet의 경우
변경할 필요는 없다.

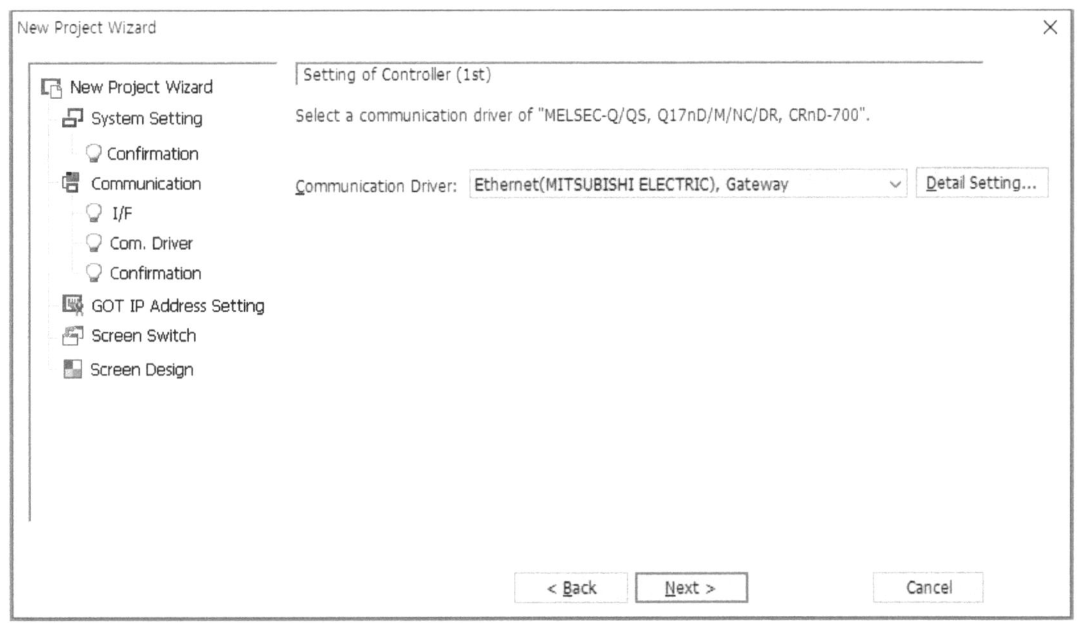

⑥ "Confirmation" 화면에서 통신 관련 설정 내용을 확인하고 "Next"를 클릭한다.

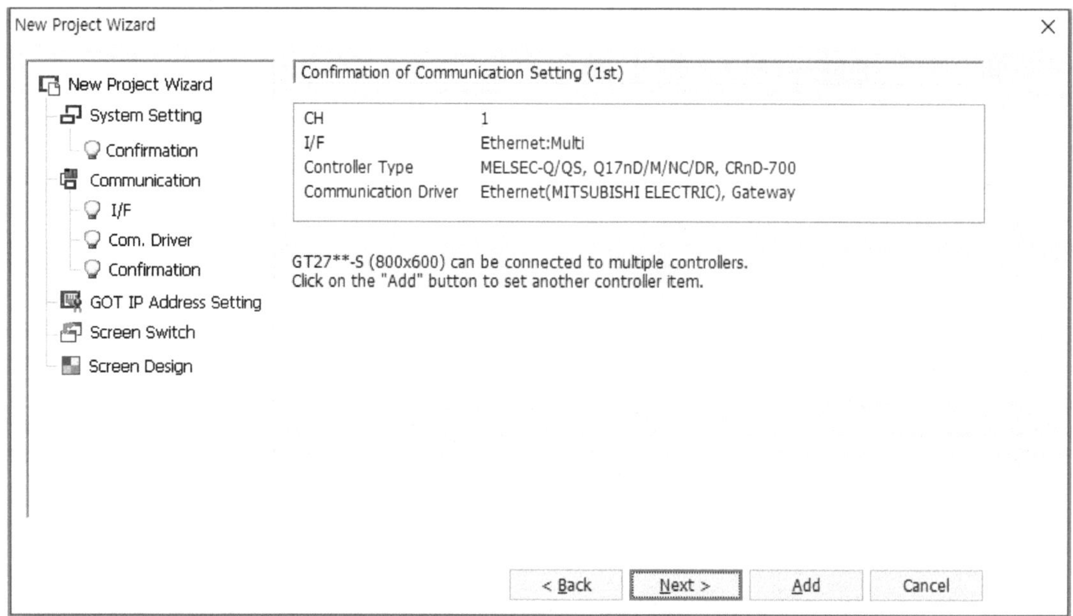

⑦ 설정할 GOT IP 주소를 직접 입력하고 "Next"를 클릭한다.

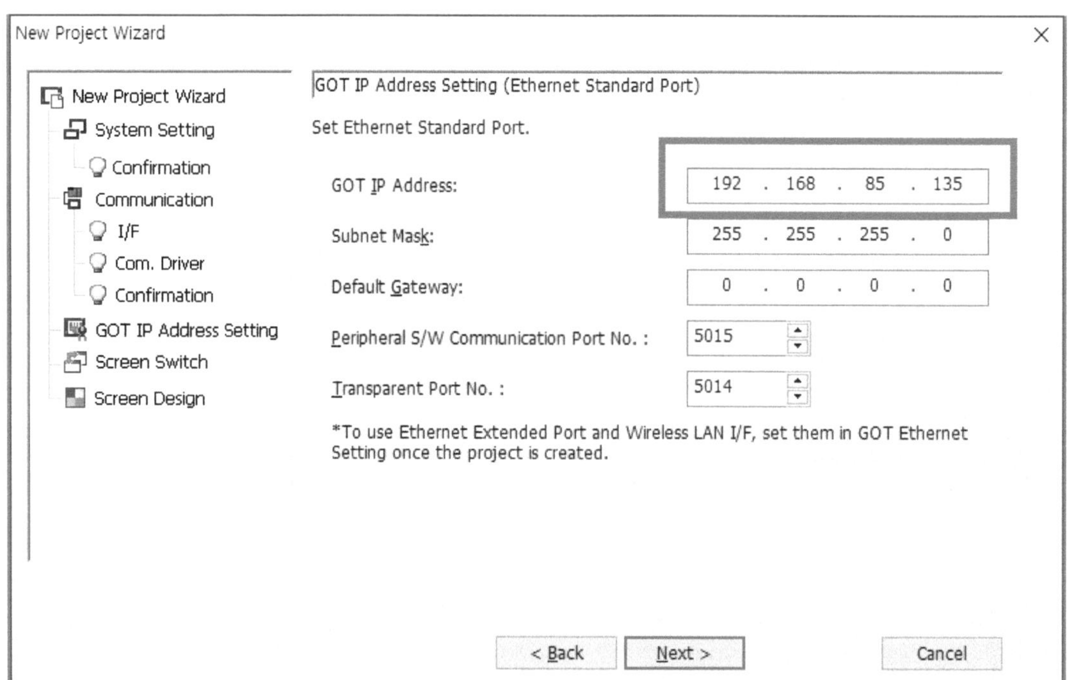

⑧ "Screen Switch"에서는 Base 스크린과 각종 Window들의 디바이스를 설정할 수 있는데, 변경할 필요는 없으므로 "Next"를 클릭한다.

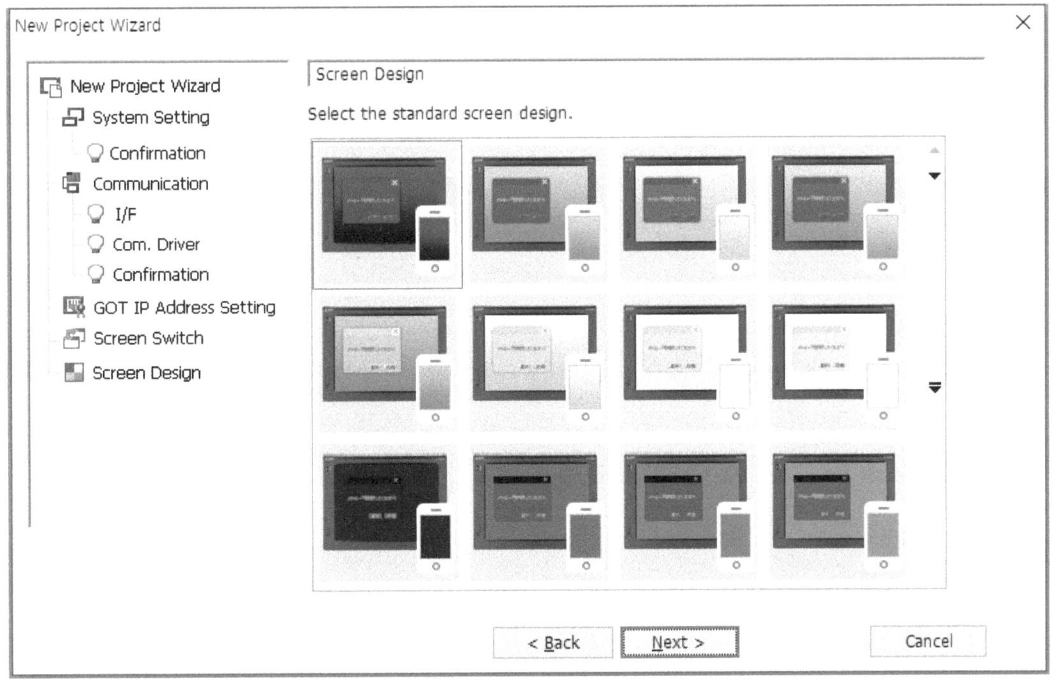

⑨ "Screen Design"에서는 스크린과 텍스트의 색상 등 테마를 설정할 수 있다. "Next"를 클릭한다.

⑩ 아래 창에서 지금까지 설정한 내용들을 확인한 후 "Finish"를 클릭하면 베이스 화면이 표시된다. 터치패널과 접속하기 위해서는 아직 한 단계의 과정이 더 필요하다.

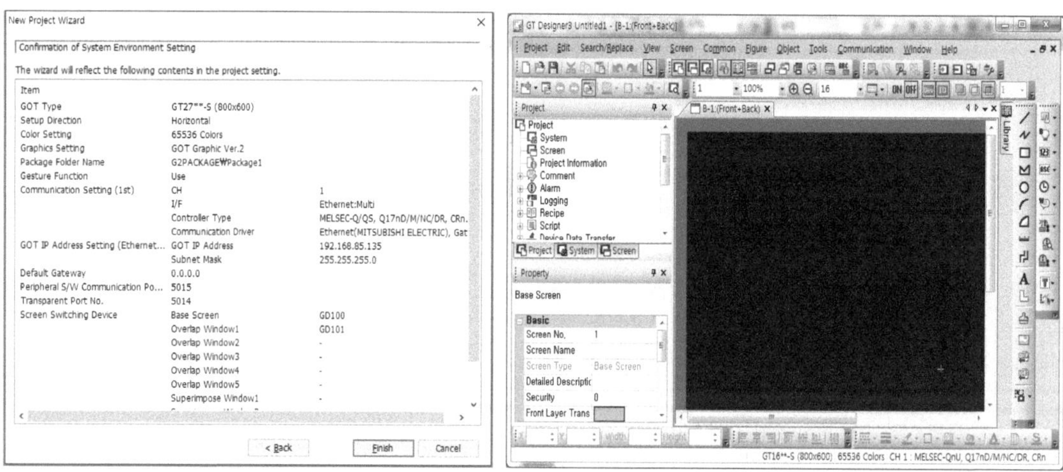

⑪ GT-Designer3 창 왼쪽에 위치한 내비게이션 바의 "System" 트리 - "Controller Setting" → "CH1 : ~"를 더블클릭한 다음 "Ethernet Controller Setting"-"IP Address"에 PLC의 IP 주소를 입력한다.

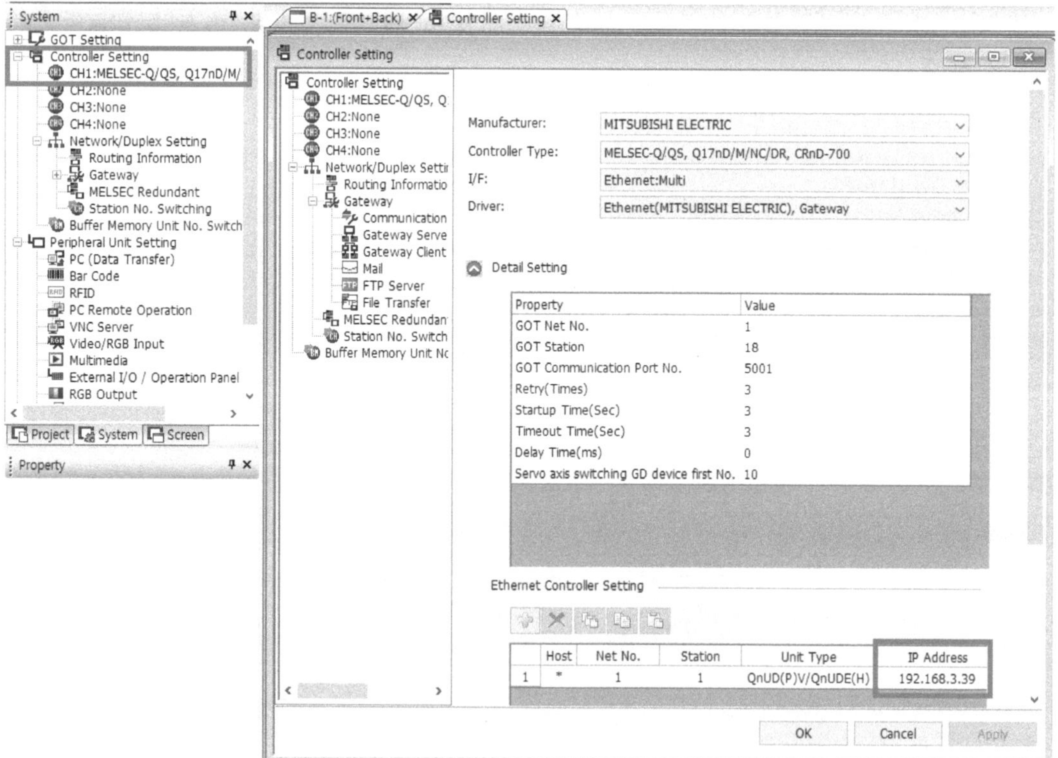

⑫ 작화

녹색으로 표시된 스위치 우측의 ▼ 버튼을 클릭하면 왼쪽에 서브 메뉴가 나타나는데 [Bit Switch]를 클릭하면 아래와 같이 아이콘 모양이 비트 스위치로 변경된다.

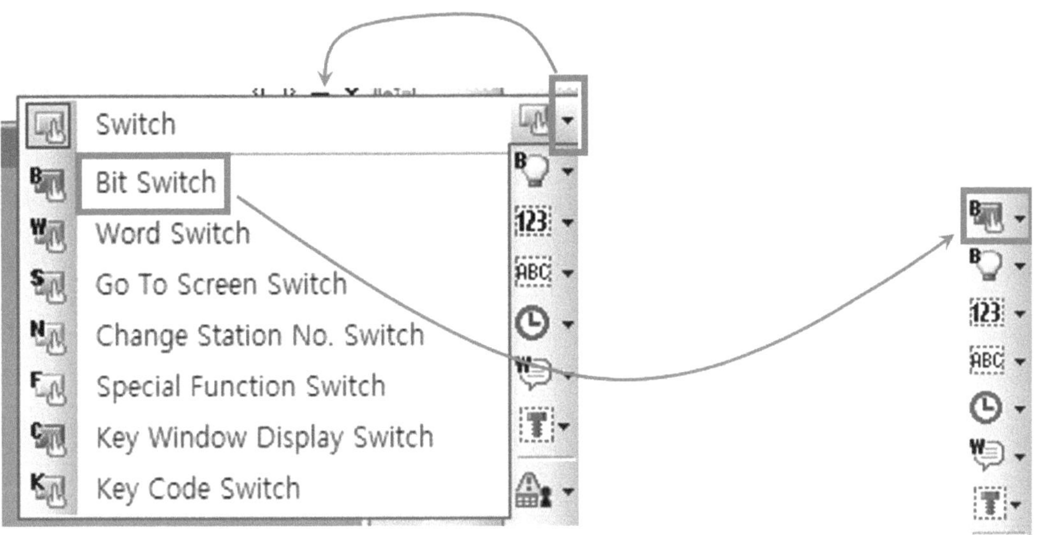

다음과 같이 드래그 & 드롭해서 적당한 크기의 버튼을 만든다.

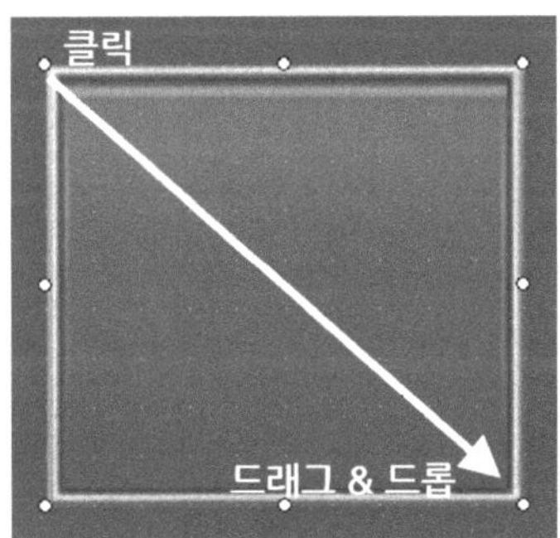

만든 버튼을 더블클릭하여 Bit Switch 대화상자를 연다. [Device] 탭에서 [Device]를 X1F
으로 입력한 다음 [Text] 탭을 클릭한다.

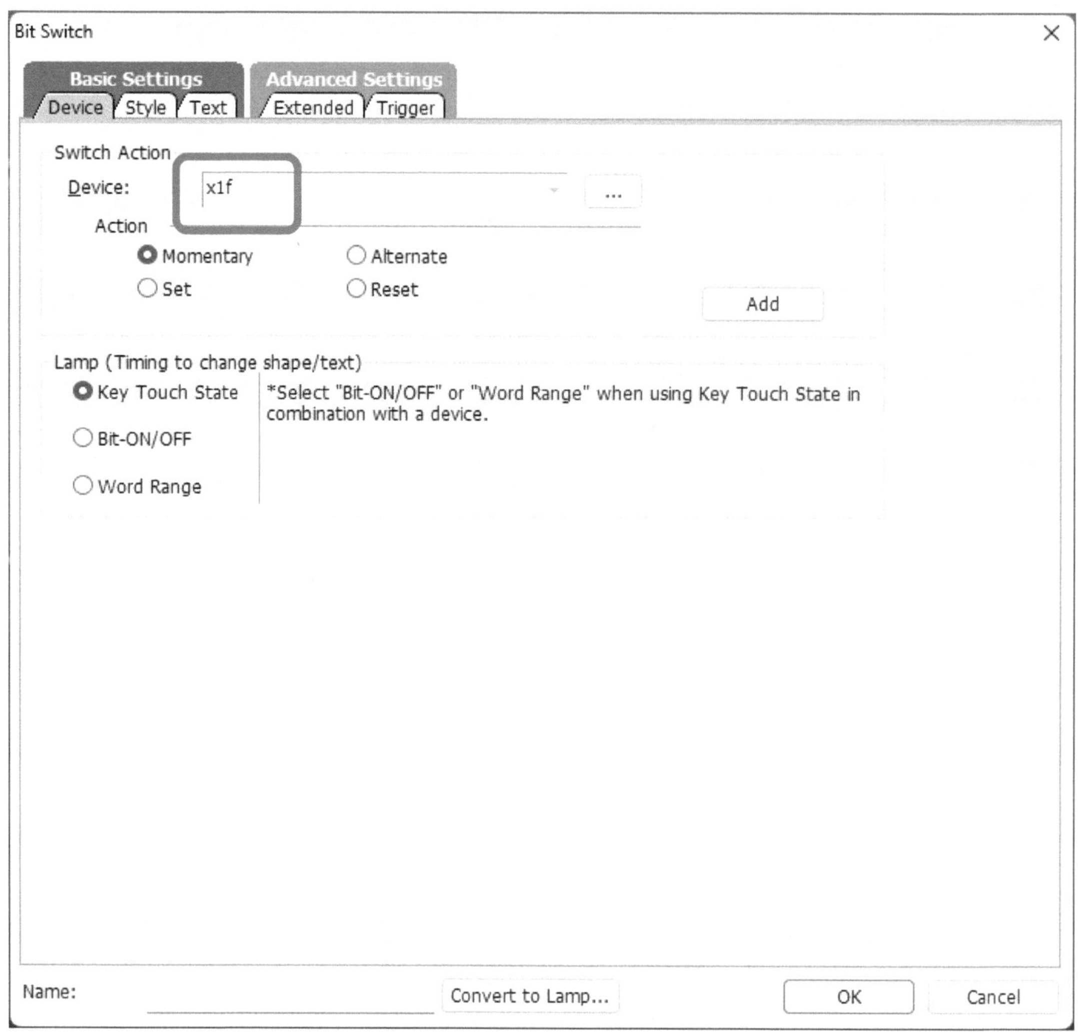

[Text] 탭에서 스위치에 출력될 값을 아래와 같이 X1F(START)로 입력한다.

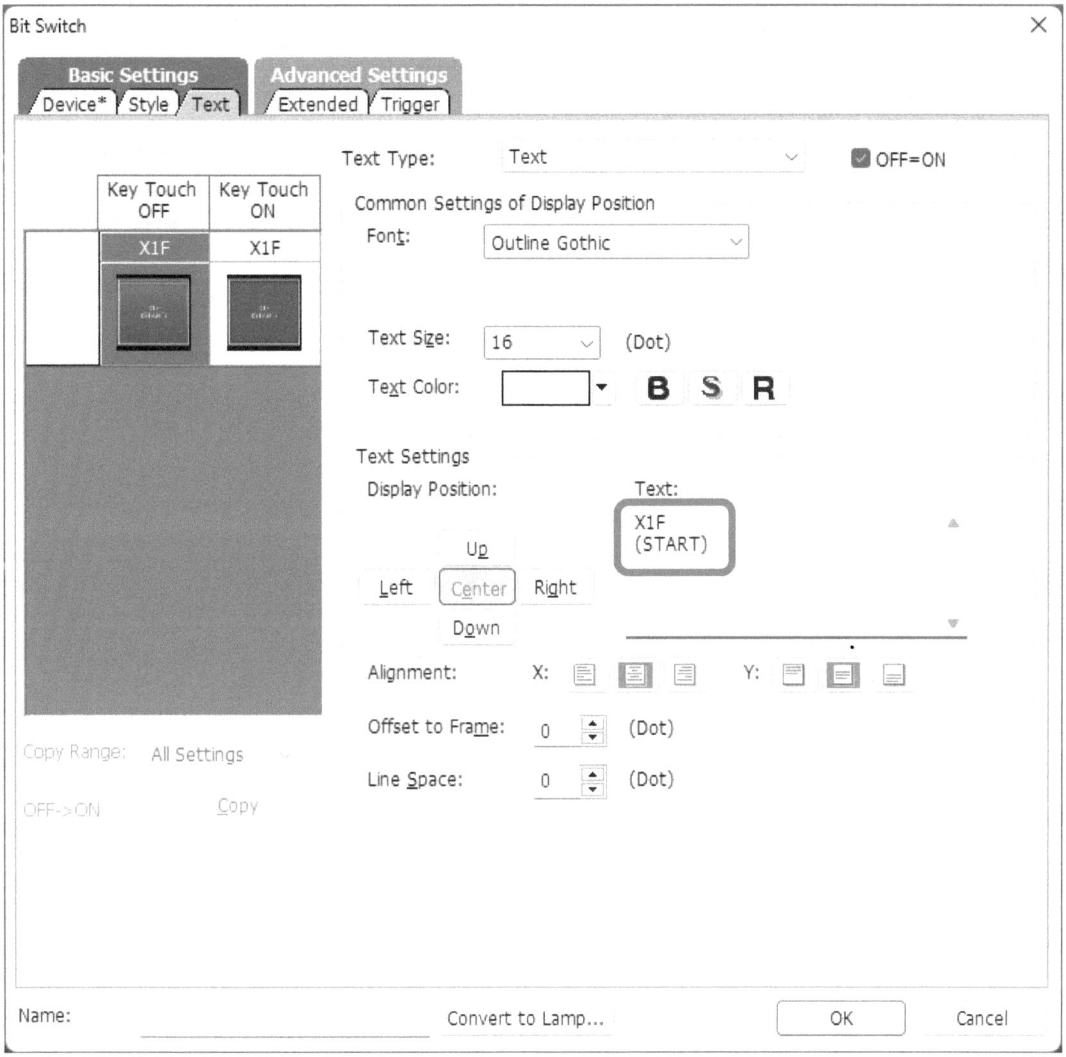

X1F 스위치를 복사 → 붙여넣기 한 다음 아래와 같이 X1E 스위치를 추가한다.

작화가 완료되면 프로젝트를 학습자가 원하는 폴더에 저장한다.

다음 그림과 같이 [Switch to single file format project] 버튼을 누르면 GTX 확장자를 가진 1개의 파일 형식으로 저장되며, [Switch to workspace format project] 버튼을 누르면 워크스페이스 형식으로 저장할 수 있다.

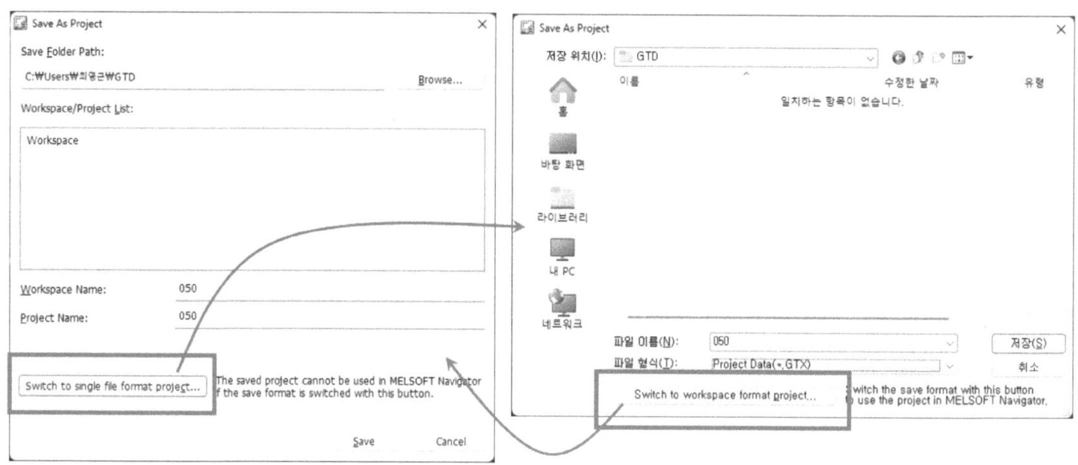

⑬ 전송 및 테스트

[Communication] - [Write to GOT]를 클릭하거나  아이콘을 클릭하면 전송 설정 화면으로 진입한다.

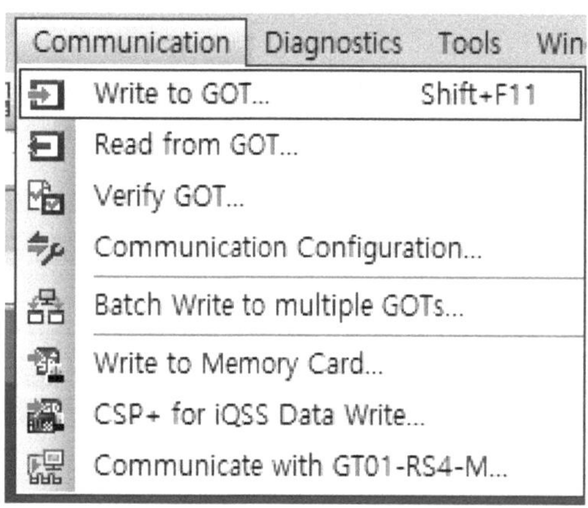

다음과 같은 순서로 설정한다.

ⓐ PC side I/F를 "Ethernet"으로 변경한다. IP 충돌 등의 이유로 Ethernet 연결이 불가능하다면 PC와 터치패널을 USB 케이블에 의해 연결하고 "USB"로 설정한다.

ⓑ [List] 버튼을 클릭해서 GOT Setting List 창을 연다.

ⓒ [Auto Acquisition] 버튼을 클릭해서 현재 연결 가능한 터치패널의 리스트를 확인한다.

ⓓ 자신의 터치패널의 IP 주소를 클릭한다.

ⓔ [OK] 버튼을 클릭한다.

ⓕ [Test] 버튼을 클릭해서 연결 가능 여부를 확인한다.

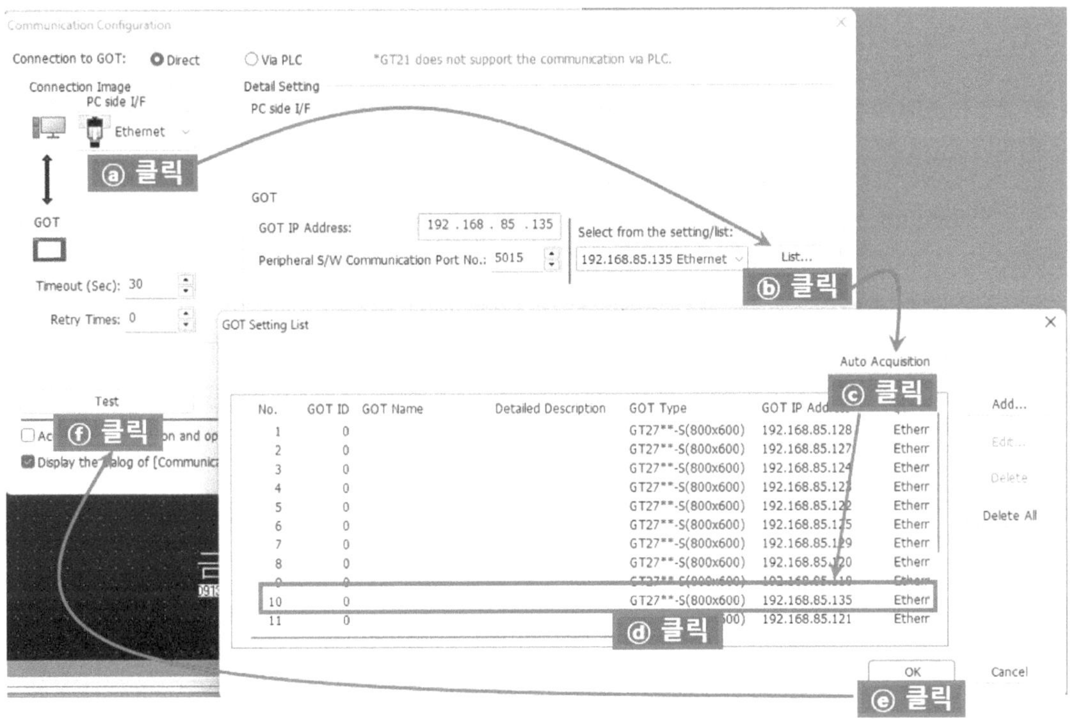

[OK] 버튼을 클릭한다.

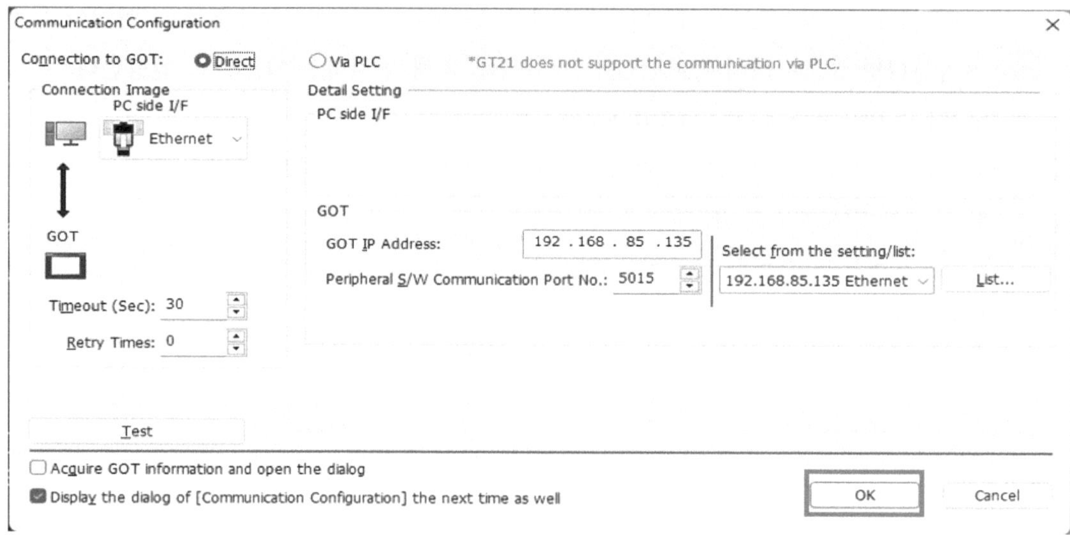

"Communicate with GOT" 창에서 [GOT Write] 버튼을 클릭하면 전송이 실행된다.

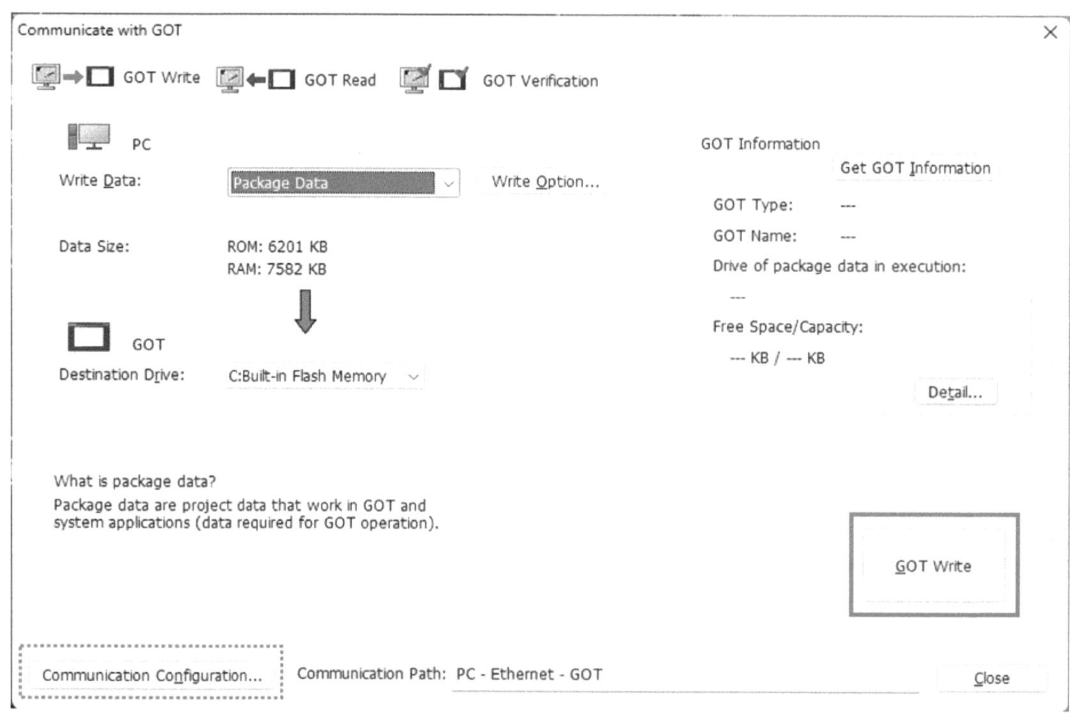

전송이 완료되면 터치패널에서 X1F(START)와 X1E(SELECT) 버튼을 터치하여 테스트할 수 있다.

PLC의 데이터 레지스터를 이용한 "문자열" 표시 실습

실전 과제 01번 프로그램을 다음과 같이 수정하여 PLC로 쓰기를 수행한다.

```
 0   X1E
     ─┤├─────────────────────────────────────────────────────[ INCP    D0    ]

 4  ┌[=   D0      K1  ]────────────────────────────────────[ MOV    K0    Z0   ]
    │
    │                                           ─[ $MOV    "공급 실린더 제어"      D100 ]

20  ┌[=   D0      K2  ]────────────────────────────────────[ MOV    K2    Z0   ]
    │
    │                                           ─[ $MOV    "퇴출 실린더 제어"      D100 ]

36  ┌[=   D0      K3  ]────────────────────────────────────[ MOV    K1    D0   ]

     X1F      X1Z0     M20Z0
41  ─┤├──────┤├──────┤/├──────────────────────────────────────────────( M10Z0 )
     M10Z0
    ─┤├──┘

     M10Z0    X0Z0     M30Z0
50  ─┤├──────┤├──────┤/├──────────────────────────────────────────────( M20Z0 )
     M20Z0
    ─┤├──┘

     M20Z0    X1Z0     M10Z0
60  ─┤├──────┤├──────┤/├──────────────────────────────────────────────( M30Z0 )
     M30Z0
    ─┤├──┘

     M10Z0
70  ─┤├────────────────────────────────────────────────────────────────( Y20Z0 )

     M20Z0
74  ─┤├────────────────────────────────────────────────────────────────( Y21Z0 )

78  ────────────────────────────────────────────────────────────────[ END ]
```

문자열을 전송하기 위해서는 $MOV 명령어를 사용하는데 [$MOV "공급 실린더 제어"
D100] 명령은 D100 = "공급 실린더 제어"의 뜻으로 따옴표 내의 글자 수 16자(Byte)가
D100~D107, 총 8개의 데이터 레지스터(1개 당 2 Byte)에 기억된다.

마우스 클릭 → 드래그 & 드롭을 이용해 아래와 같이 2개의 버튼을 상하로 배치하고, GT-Designer3 창 맨 오른쪽의 [ABC] 아이콘(Text Display/Input)을 클릭한 다음 베이스 화면에 드래그 & 드롭해서 삽입한다.

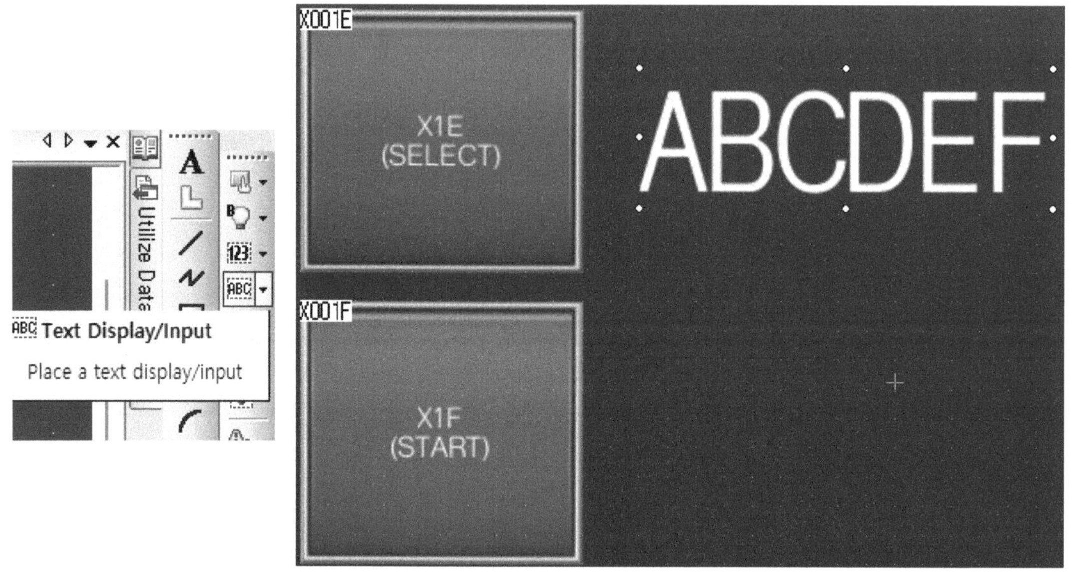

만들어진 Text Display를 더블클릭하여 대화상자를 연다. [Digits]는 영문, 숫자, 특수문자(8비트)를 기준으로 한 문자의 수이며, 한글 문자의 데이터 사이즈는 16비트 = 1워드이다. 디스플레이할 문자열이 "공급 실린더 제어" 또는 "퇴출 실린더 제어"인데, 2가지 문자열 모두 한글 7글자와 공백 2글자이므로 [Digits]는 7×2+2 = 16 이상의 값을 입력하면 된다. [Character Code]는 기본 설정인 System Language Link로 놔두면 한글 텍스트가 일본어로 깨져서 출력되며, "KS"로 변경해야 정상적으로 출력된다.

아래와 같이 "Device" 탭에서 [Device]를 D100으로, [Digits]를 20, [Character Code]를 KS로
입력한다.

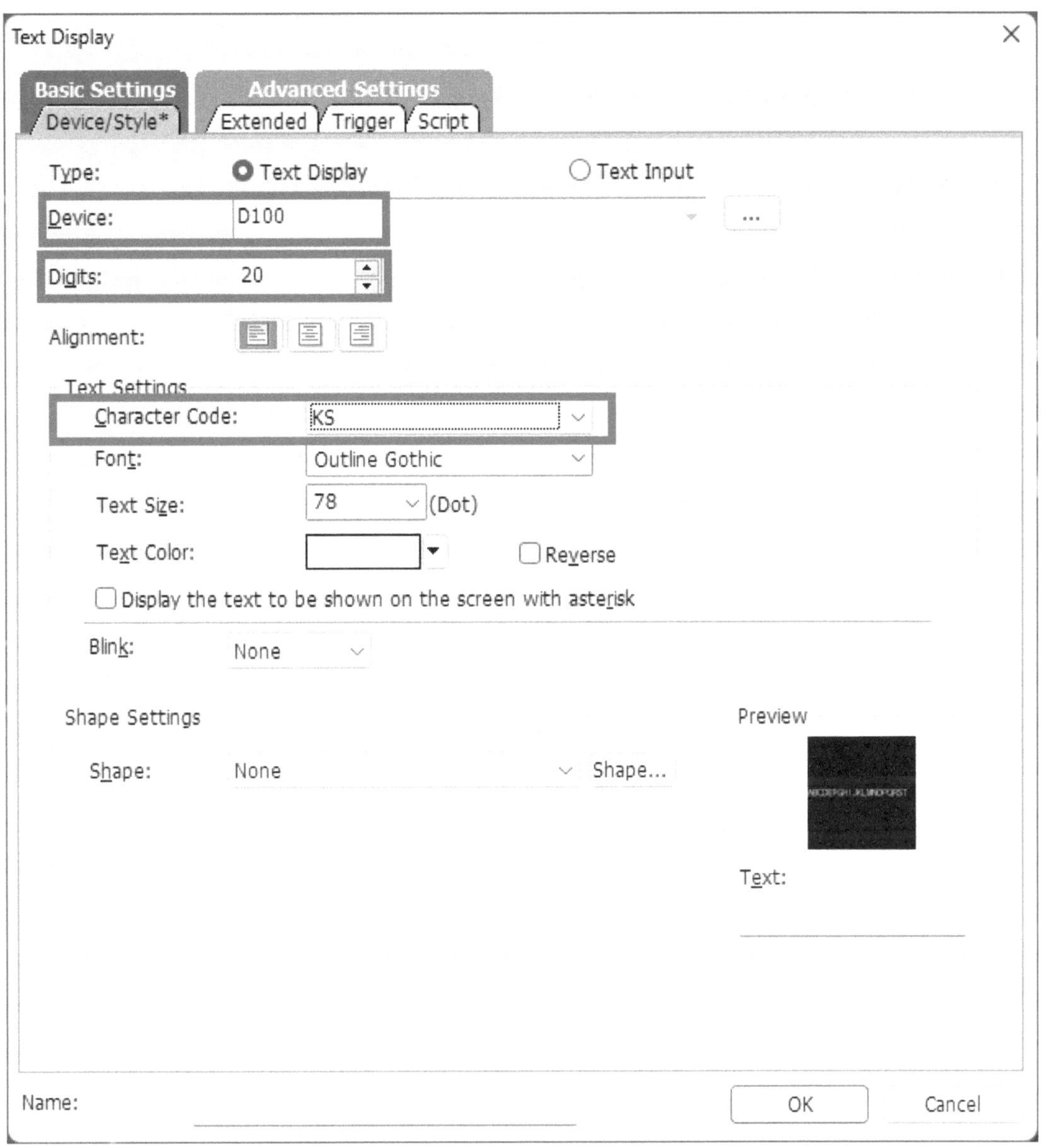

아래와 같이 Text Display의 형태가 변경된다.

　작화가 완료되면 프로젝트를 학습자가 원하는 폴더에 저장한 후 Write to GOT 를 클릭해서 전송 후 결과를 확인한다.

PLC의 데이터 레지스터를 이용한 "메시지" 표시 실습

실전 과제 03번 프로그램을 다음과 같이 수정하여 PLC로 쓰기를 수행한다. (공급, 창고 실린더 제어)

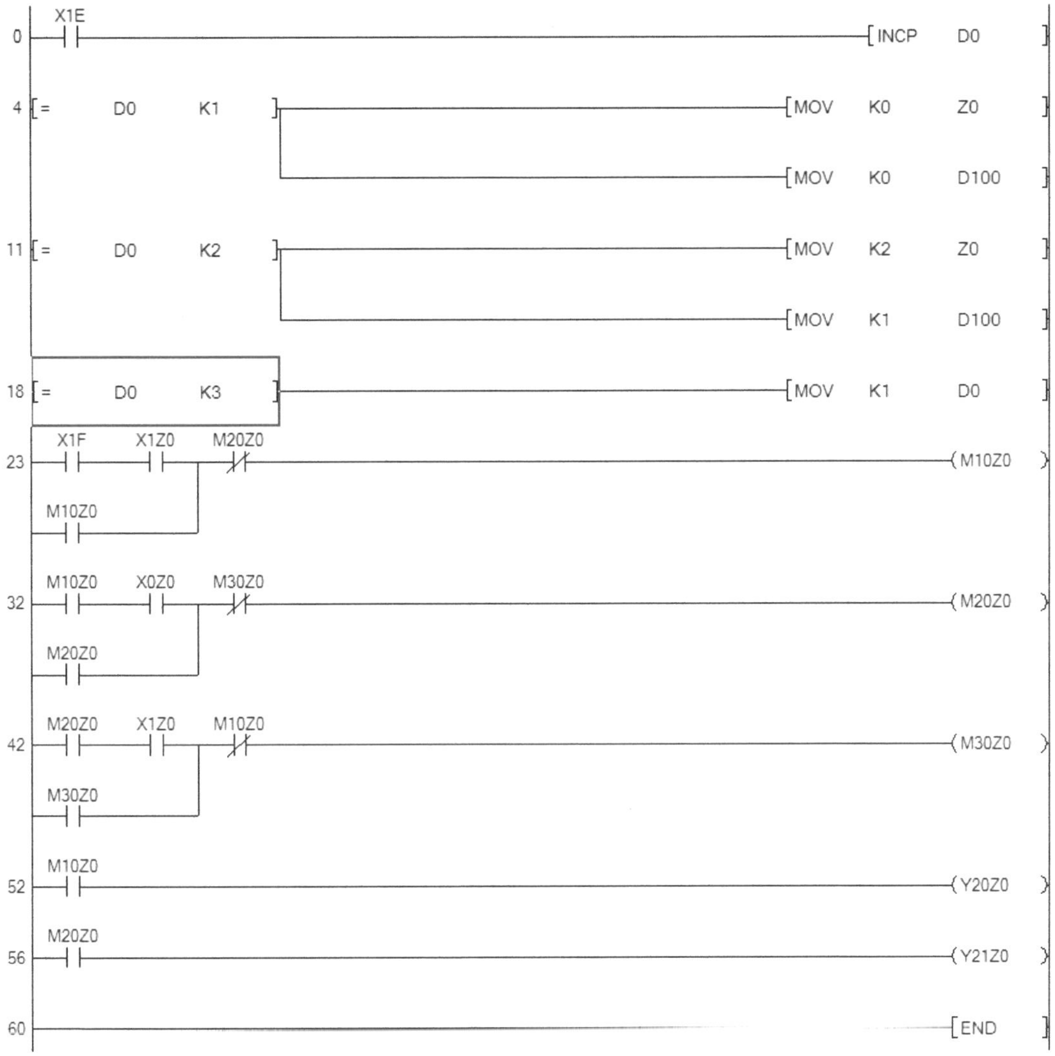

```
  0   ──┤ ├──X1E──────────────────────────────────────────────[INCP  D0      ]

  4   ─[=   D0    K1 ]─┬─────────────────────────────────────[MOV   K0    Z0  ]
                      │
                      └─────────────────────────────────────[MOV   K0    D100 ]

 11   ─[=   D0    K2 ]─┬─────────────────────────────────────[MOV   K2    Z0  ]
                      │
                      └─────────────────────────────────────[MOV   K1    D100 ]

 18   ─[=   D0    K3 ]────────────────────────────────────────[MOV   K1    D0  ]

 23   ──┤ ├──┤ ├──┤/├────────────────────────────────────────────────( M10Z0 )
       X1F   X1Z0  M20Z0
      ──┤ ├──
       M10Z0

 32   ──┤ ├──┤ ├──┤/├────────────────────────────────────────────────( M20Z0 )
       M10Z0  X0Z0  M30Z0
      ──┤ ├──
       M20Z0

 42   ──┤ ├──┤ ├──┤/├────────────────────────────────────────────────( M30Z0 )
       M20Z0  X1Z0  M10Z0
      ──┤ ├──
       M30Z0

 52   ──┤ ├──────────────────────────────────────────────────────────( Y20Z0 )
       M10Z0

 56   ──┤ ├──────────────────────────────────────────────────────────( Y21Z0 )
       M20Z0

 60   ──────────────────────────────────────────────────────────────[END     ]
```

문자열을 전송하는 $MOV 명령어를 사용할 때보다 스텝 수를 줄일 수 있다는 장점이 있다. 그러나 터치패널에서 더욱 많은 설정을 하여야 한다. 즉 PLC와 터치패널 작화 소프트웨어 중 한쪽의 작업량을 늘리거나 줄이는 것은 일장일단이 있다. 만약 PLC 측에서 더 많은 스텝의 프로그램으로 표현을 한다면, 터치패널에서는 더 적은 양의 설정을 통해 동작을 완성할 수 있게 된다.

GT-Designer3 창 맨 오른쪽의 [Comment Display] 버튼을 클릭한 다음 베이스 화면에 드래그 & 드롭해서 삽입한다. 아래와 같이 아무것도 표시되지 않지만, 해당 영역을 더블클릭하면 대화상자로 진입할 수 있다.

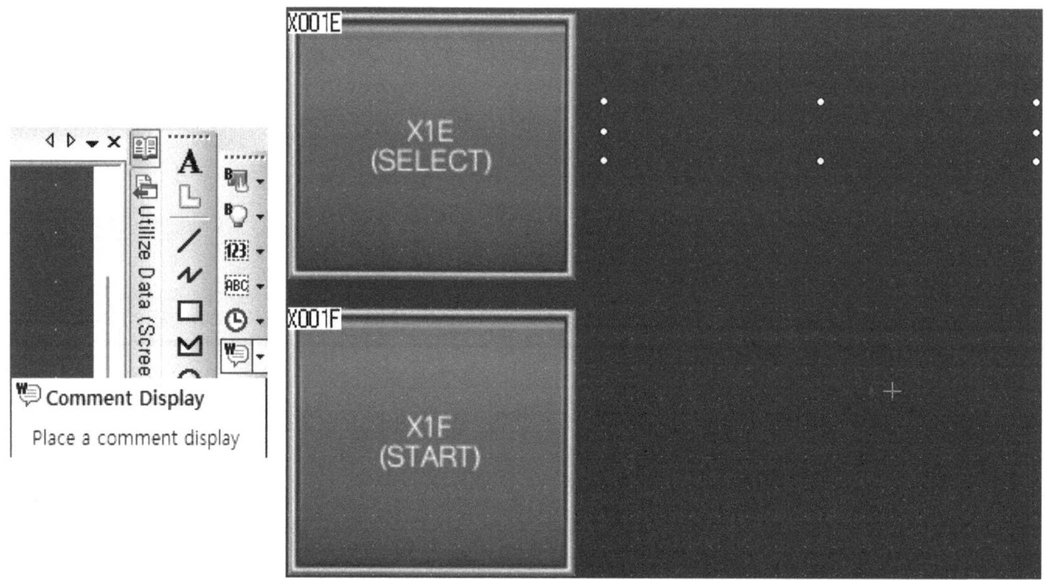

다음 그림과 같이 [Comment Display Type]은 기본 설정인 Word로, [Device]는 D100으로 설정한 다음 [+] 버튼을 클릭해서 스테이트를 추가한다. 평상시(Normal)에는 0번 스테이트에 설정된 코멘트가, D100의 값이 1일 때에는 1번 스테이트에 설정된 코멘트가 출력된다.

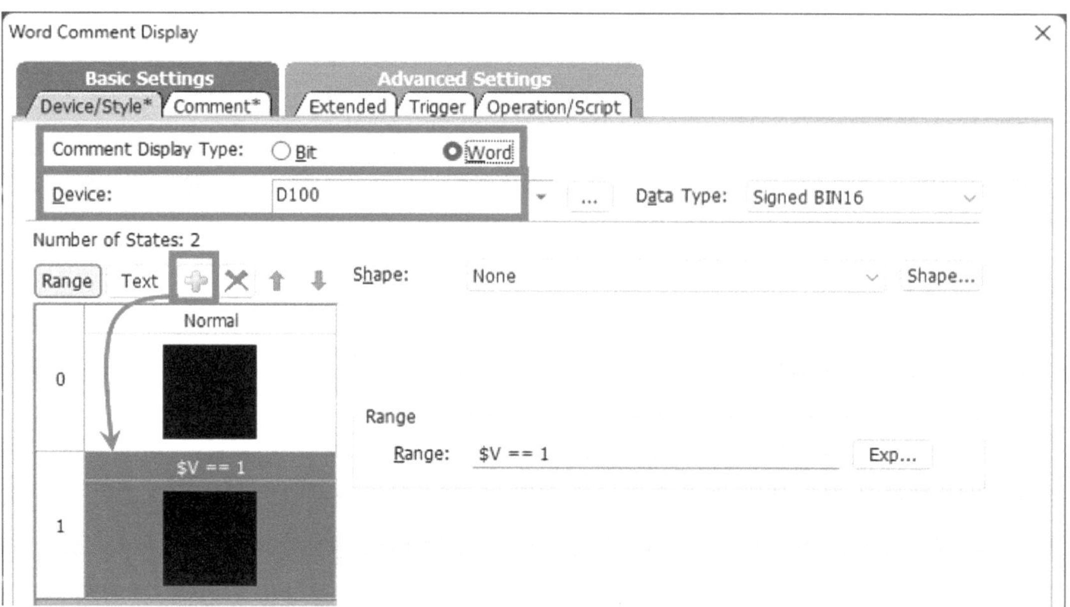

이제 [Comment] 탭을 클릭한다. 0번 스테이트에서 [Edit] 버튼을 눌러서 출력할 Comment
인 "공급 실린더 제어"를 타이핑하고 [OK] 버튼을 클릭한다.

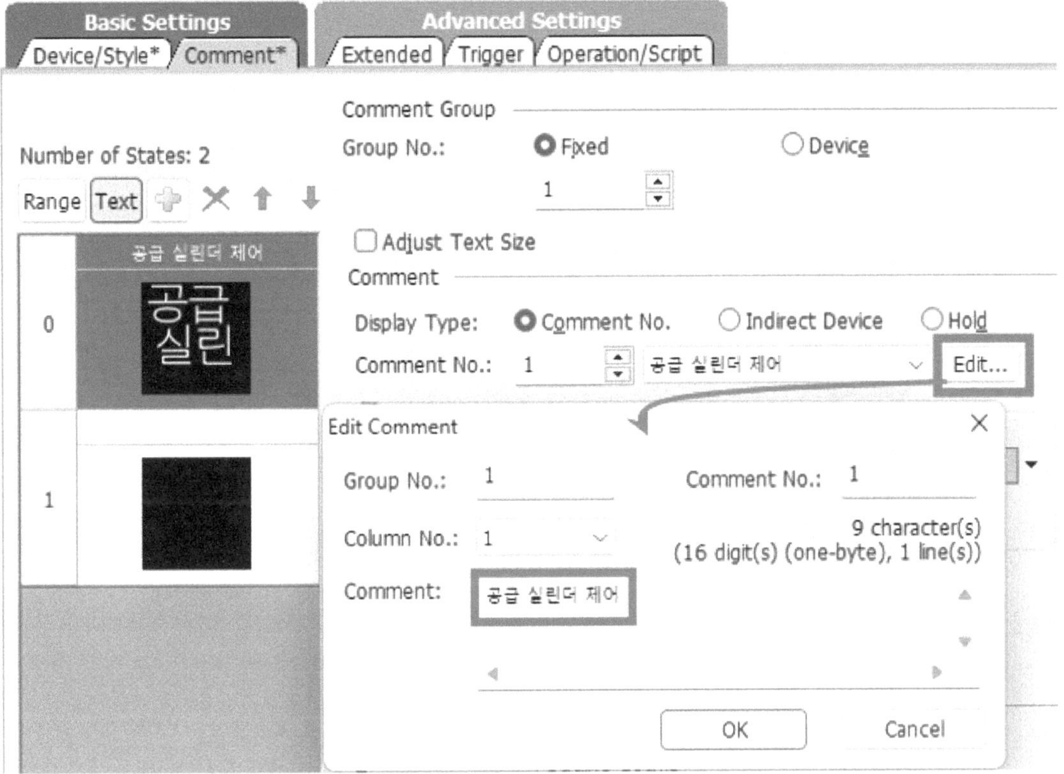

1번 스테이트를 클릭한 다음 Comment No.를 2로 선택하고, [Edit] 버튼을 눌러서 출력할
Comment인 "창고 실린더 제어"를 타이핑하고 [OK] 버튼을 클릭한다.

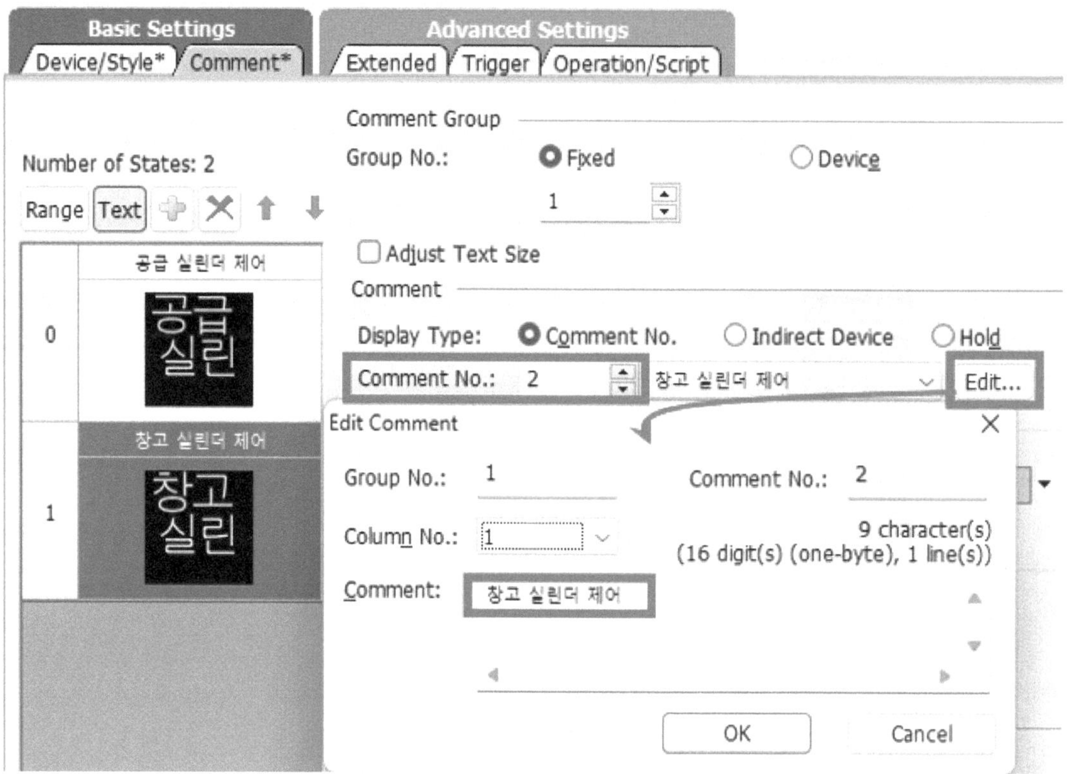

작화가 완료되면 프로젝트를 학습자가 원하는 폴더에 저장한 후 Write to GOT 를 클릭
해서 전송 후 결과를 확인한다.

PLC의 데이터 레지스터를 이용한 "문자열" 연속 표시

실전 과제 03번 프로그램을 다음과 같이 수정하여 PLC로 쓰기를 수행한다. (공급, 창고 실린더 제어)

```
0    X1F                                                  [MOV    K0    Z0    ]
     -|/|--+
           |                                      [$MOVP  "공급 실린더 제어"    D100  ]

16   X1F                                                                    (M0Z0  )
     -| |--+
           |
     T30   |
     -|/|--+

21   M0Z0   X1Z0   M20Z0                                                    (M10Z0 )
     -| |----| |----|/|--+
                         |
     M10Z0               |
     -| |----------------+

31   M10Z0   X0Z0   M30Z0                                                   (M20Z0 )
     -| |----| |----|/|--+
                         |
     M20Z0               |
     -| |----------------+

41   M20Z0   X1Z0   M10Z0                                                   (M30Z0 )
     -| |----| |----|/|--+
                         |
     M30Z0               |
     -| |----------------+

51   M10Z0                                                                  (Y20Z0 )
     -| |----

55   M20Z0                                                                  (Y21Z0 )
     -| |----

59   M30                                                   [MOVP   K2    Z0    ]
     -| |--+
           |                                      [$MOVP  "창고 실린더 제어"    D100  ]
           |
           |                                                                K1
           |                                                               (T30   )

79   M32                                                                    K1
     -| |----                                                              (T32   )

84   T32                                                    [RST    M32   ]
     -| |--+
           |                                               [$MOVP  ""     D100  ]

90                                                                         [END   ]
```

맨 아래 행의 [$MOVP "" D100]에서 ""는 큰 따옴표를 띄어쓰기 없이 2개를 연달아 입력한 것으로서 이렇게 하면 문자열이 공백으로 출력된다.

다음과 같이 버튼, 문자열 표시(Text Display)를 각각 한 개씩 작화한다.

작화가 완료되면 프로젝트를 학습자가 원하는 폴더에 저장한 후 Write to GOT 를 클릭해서 전송 후 결과를 확인한다.

소재(Work)를 판별하기 위해서는 소재의 특성을 파악해 둬야 한다. 이번 실전 과제에서 사용되는 소재는 알루미늄(금속)과 플라스틱(비금속) 소재이다. 실습 과제 09번에서도 언급한 것과 같이 소재의 재질과 크기를 알 수 있다면 소재 감지 센서를 이용하여 소재의 종류를 알아낼 수 있고, 소재 감지 센서의 설치 위치(컨베이어 벨트와 떨어진 거리)를 파악할 수 있다.

일반적으로 유도형 및 용량형 센서(원형 기준)의 경우 일반적으로 직경 70% 떨어진 거리 이내에서 검출할 수 있는데, 소재 감지 센서 끝단이 Ø12이라면 검출 거리는 약 8mm 이내인 것을 주의하기 바란다.

1. 소재 감지 모듈의 구조와 구성

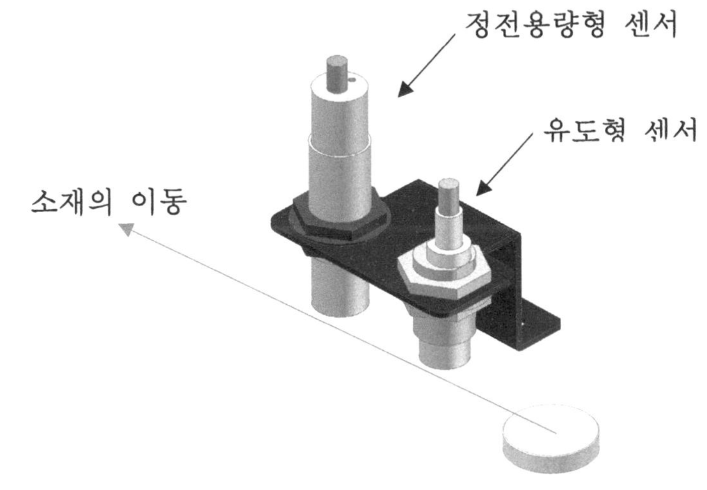

-. 유도형 센서 / 정전용량형 센서 공통 사양

* 정격동작 전압 : DC 12~24[V]

* 감지 거리 : 8[mm]

* 제어 출력 : 200[mA] 이내

* 감지 표시 기능 : 발광 다이오드 점등

위 그림의 구조에서 두 센서의 위치와 검출 거리를 생각해 보면, 컨베이어 벨트 위에서 소재가 두 센서 직경 내에 존재할 경우는 없다고 볼 수 있다. 그렇다면 소재의 이동 방향을 고려해서 유도형 센서에서 먼저 판단한 후에 용량형 센서에서 판단하도록 해서 금속과 비금속을 판별하여야 한다.

2. 동작 조건

① 인덱스 레지스터와 학습한 공식을 활용해서 선택 스위치에 의해 작동될 실린더의 종류를 선택한 다음 푸시버튼 스위치를 눌렀을 때 공급 또는 퇴출 실린더를 전진시키고, 공급 또는 퇴출 실린더의 전진이 완료되면 자동으로 후진하는 동작을 구현한다.

② PLC I/O MAP은 아래와 같이 구성한다.

구 분	코멘트 표시	I/O 할당	비 고
입 력	용량형 센서	X11	정전 용량형 센서
	유도형 센서	X12	유도형 센서
Text Display		D100	공백 또는 "금속" 또는 "비금속"을 디스플레이

3. 프로그램 실습

① GX-Works2을 실행시키고 프로젝트 및 프로그램 창을 연다.

② 평상시 열린 접점, 평상시 닫힌 접점, SET/RST, $MOVP 응용 명령과 출력 코일을 이용하여 프로그램을 작성한다.

③ 프로그램 작성

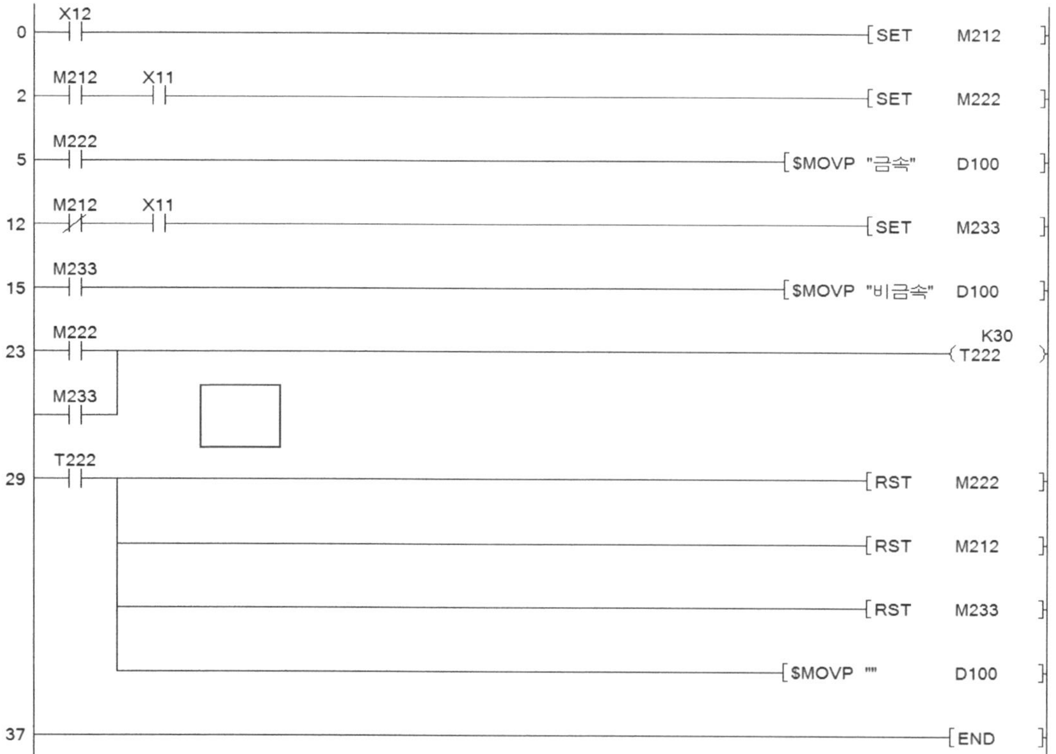

스텝

0   : 유도형 센서(X12) 접점이 On 되면 메모리 M212를 On 유지(Set)한다.

2   : 유지된 M212과 용량형 센서(X11) 접점이 모두 On 되면 금속으로 판별하여 메모리
          M222를 On 유지(Set)한다.

5   : 유지된 M222를 이용하여 데이터 레지스터에 "금속"을 전송한다.

12   : M212가 Off 상태에서 X11 접점이 On 되면 비금속으로 판별하여 메모리 M233을 On
          유지(Set)한다.

15   : 유지된 M233을 이용하여 데이터 레지스터에 "비금속"을 전송한다.

23   : 금속 혹은 비금속 판별 이후에 3초 지연시킨다.

29   : 3초 지연 타이머 접점이 On 되면 유지된 각 메모리(M222, M212, M233)를
          Off(Reset) 시키고, 데이터 레지스터에 빈 문자("")를 전송한다.

다음과 같이 Text, 문자열 표시(Text Display)를 각각 한 개씩 작화한다.

작화가 완료되면 프로젝트를 학습자가 원하는 폴더에 저장한 후 Write to GOT ⬇ 를 클릭
해서 전송 후 결과를 확인한다. 컨베이어 위에 공작물을 놓고 컨베이어 모터를 자기유지 시켜
서 용량형 센서와 유도형 센서에 의해 판별할 수 있도록 한다.

소재를 판별하여 "수량" 표시 실습

실전 과제 06번을 다음과 같이 수정하여 PLC 쓰기를 수행한다. 추가된 디바이스는 아래와 같다.

구 분	코멘트 표시	I/O 할당	비 고
입 력	초기화 스위치	X1D	Momentary
Numerical Display	금속 수량	D222	금속 공작물의 총 수량을 디스플레이
	비금속 수량	D233	비금속 공작물의 총 수량을 디스플레이

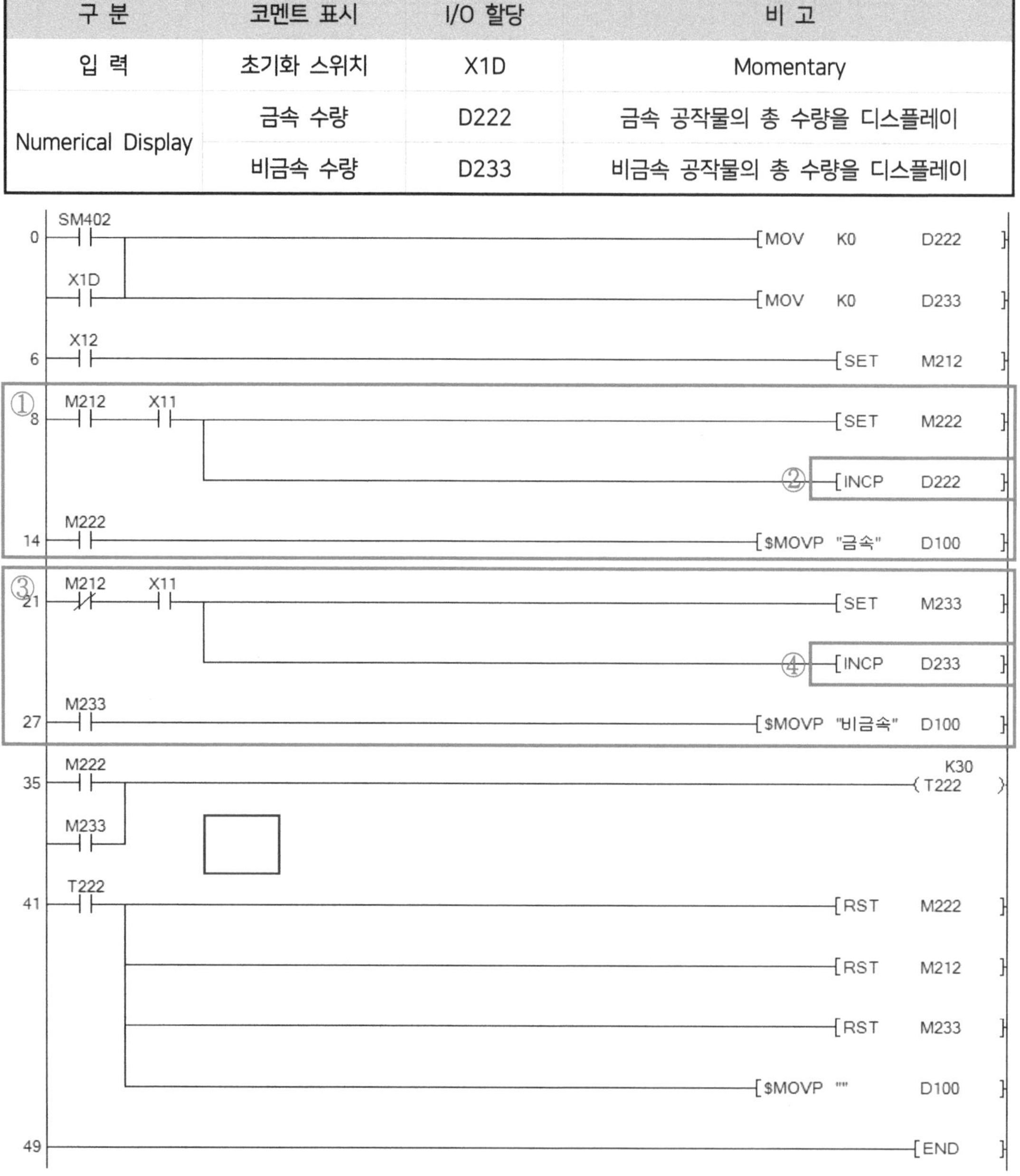

금속 판별(① 영역)에서 금속이 판별될 때마다 수량을 1씩 증가(② 영역)시킨다. 비금속 판별(③ 영역)에서 비금속이 판별될 때마다 수량을 1씩 증가(④ 영역)시킨다.

다음과 같이 Bit Switch, Numerical Display, Text, Text Display를 각각 작화한다.

[초기화] 스위치는 우선 Bit Switch를 삽입한 다음 [Device]를 X1D로 설정한다.

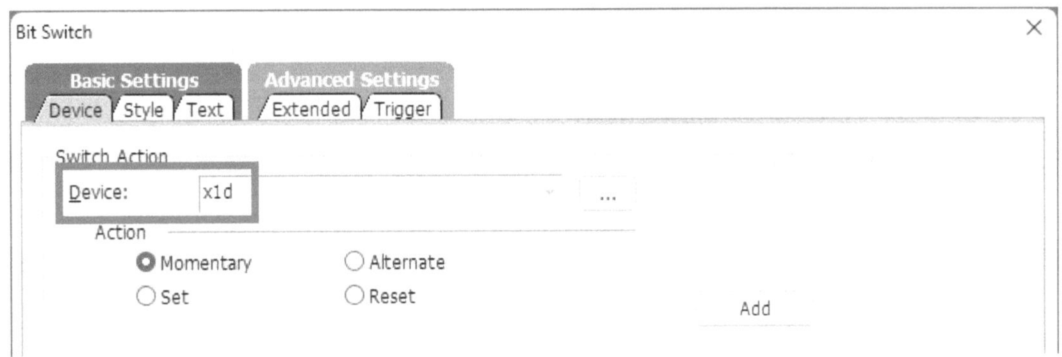

[Style] 탭에서 [Shape]을 클릭한다.

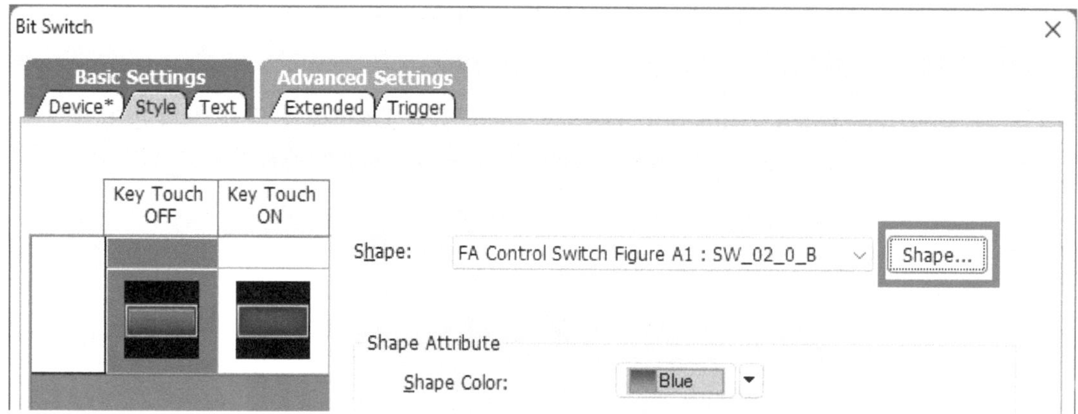

아래와 같이 라이브러리에서 기본 설정과는 다른 스위치 형태를 선택하고, 색상을 변경하는 등 원하는 대로 스타일을 수정해 본다.

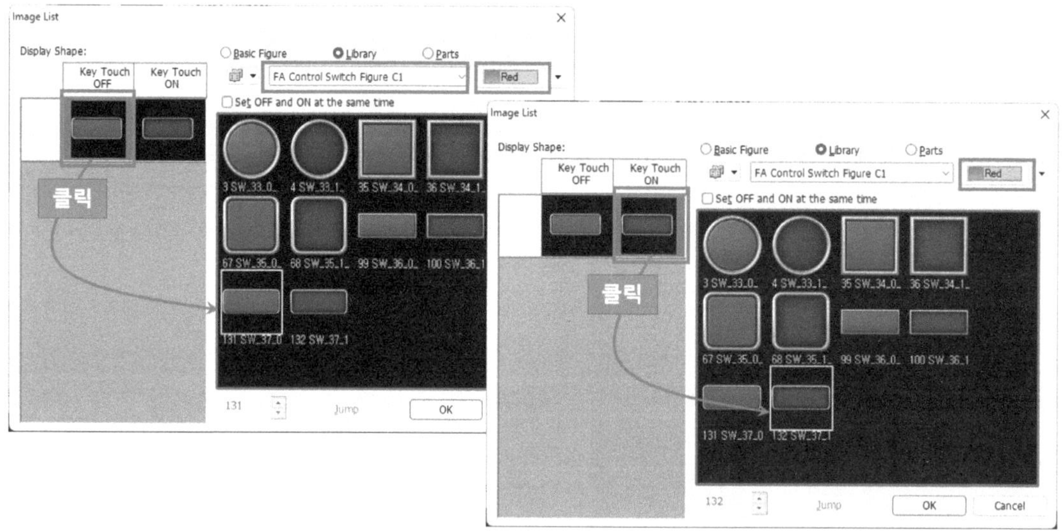

작화가 완료되면 프로젝트를 학습자가 원하는 폴더에 저장한 후 Write to GOT 를 클릭해서 전송 후 결과를 확인한다.

1. 동작 조건

① 외부 입력은 프로그램 용량 내에서 얼마든지 중복하여 사용할 수 있다.

② 직렬 또는 병렬로 접속되는 접점의 수에는 제한이 없다.

③ 외부에 접속한 스위치는 a 접점을 사용하였다 하더라도 프로그램에서는 a 접점 또는 b 접점으로 사용할 수 있다.

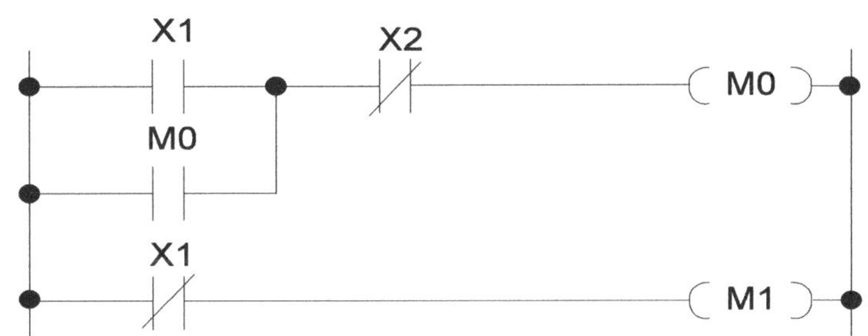

④ 출력은 중복하여 사용할 수 없다. (단, 출력이 병렬로 연결되는 다중 출력은 가능)

⑤ 내부 출력과 외부 출력의 접점 수에는 제한이 없다.

2. 프로그램 실습

```
        X1F
0       ┤├                                                    [SET    M100 ]

        M100    T101                                                  K10
2       ┤├      ┤/├                                              (T100      )

        T100                                                          K10
8       ┤├                                                      (T101      )

        X1E
13      ┤├                                                     [RST    M100 ]

15      ──────────────────────────────────────────────────── [END        ]
```

스텝

0   : 스위치 X1F를 이용하여 메모리 M100을 On 유지한다.

2, 8   : 유지된 M100으로 타이머 T100은 1초 On delay 후에 T101을 1초 On delay 시킨다.
이때 T101의 On 즉시 3번 스텝의 T101 b 접점에 의해 T100은 Off 되어 처음부터 반복한다.

플리커(점멸) 회로로 인덱스(Z) 출력

실전 과제 08번을 이용하여 다음과 같이 수정하여 PLC 쓰기를 수행한다.

시작 스위치 X1F를 누르면 출력 코일 Y30부터 하나씩 이동하면서 On → Off를 반복하다가 정지 스위치 X1E를 누르면 정지된다. 이때 다시 X1F를 누르면 정지된 이후부터 반복된다.

```
       X1F
0  ─┤ ├────────────────────────────────────[SET    M100  ]

       X1E
2  ─┤ ├────────────────────────────────────[RST    M100  ]

       M100    T101                                  K10
4  ─┤ ├───┤/├──────────────────────────────────(T100   )

       T100                                         K10
10 ─┤ ├────────────────────────────────────────(T101   )

       T100
15 ─┤↓├───┬───────────────────────────────[INC    Z0    ]
          │
          └────────────────────────────────[MOV    H0    K2Y30 ]

21 [>    Z0      K7    ]────────────────────[RST    Z0    ]

       SM400
24 ─┤ ├────────────────────────────────────────(Y30Z0  )

27 ─────────────────────────────────────────[END    ]
```

스텝

15   : 플리커(2초) 간격으로 인덱스 레지스터(Z0)는 1씩 증가를 하고, 출력 코일 Y30을 기준으로 2 Block(8bit)을 클리어([MOV H0 K2Y30]) 한다.

21   : Z0가 7보다 크면 0으로 되돌린다.

24   : 항상 Y30을 기준으로 Z0의 합산한 번지를 출력한다.

플리커(점멸) 회로로 시프트(SFL) 실습

실전 과제 09번을 다음과 같이 수정하여 PLC 쓰기를 수행한다.

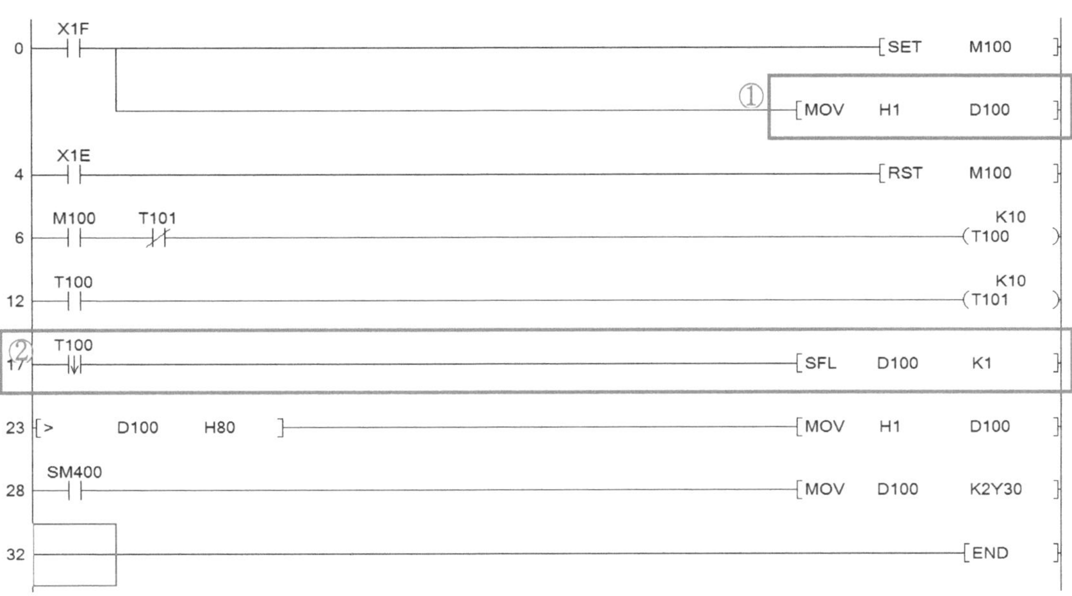

시작 스위치(X1F)를 누르면 데이터 레지스터 D100은 H1로 초기화(①)된다. 플리커가 시작
되면 정해진 시간 간격으로 D100은 K1 비트씩 왼쪽으로 이동(②)하게 된다.

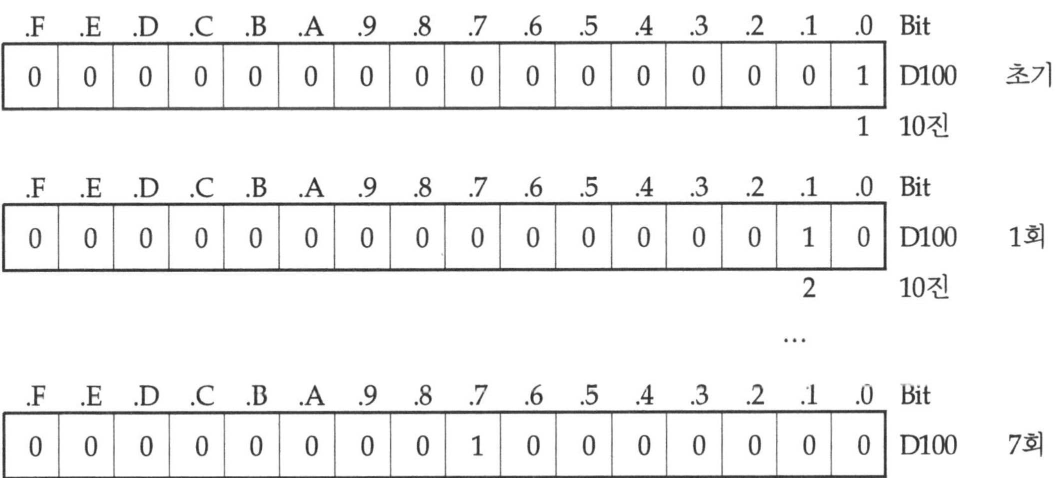

여기서 좌 Shift(SFL)은 실행될 때마다 "0"이 최하위 비트에 삽입됨을 알 수 있다.

플리커(점멸) 회로로 Block 시프트(SFL) 실습

실전 과제 10번을 다음과 같이 수정하여 출력 코일을 Block 단위로 시프트하는 프로그램을
작성한 다음 PLC 쓰기를 수행한다. 수행 결과는 실전 과제 10번과 동일하다.

시작 스위치(X1F)를 누르면 출력 코일 Y30을 기준으로 2 Block(8bit)이 H1로 초기화(①)된
다. 플리커가 시작되면 출력 코일 Y30을 기준으로 2 Block이 정해진 시간 간격마다 K1 비트씩
왼쪽으로 이동(②)하게 된다.

다음과 같이 Bit Switch와 Bit Lamp를 작화한다.

작화가 완료되면 프로젝트를 학습자가 원하는 폴더에 저장한 후 Write to GOT 를 클릭
해서 전송 후 결과를 확인한다.

플리커(점멸) 회로로 로테이트(ROL) 실습

실전 과제 11번을 이용하여 다음 프로그램을 수정하여 PLC 쓰기를 수행한다.

시작 스위치(X1F)로 출력 코일 Y30을 기준으로 2 Block(8bit)을 H1로 초기화(①)된다. 플리커가 시작되면 정해진 시간 간격으로 출력 코일 Y30을 기준으로 2 Block은 K1 비트씩 왼쪽으로 이동(②)하게 된다. 이때 이동된 마지막 출력 코일 Y37은 Y30으로 삽입된다.

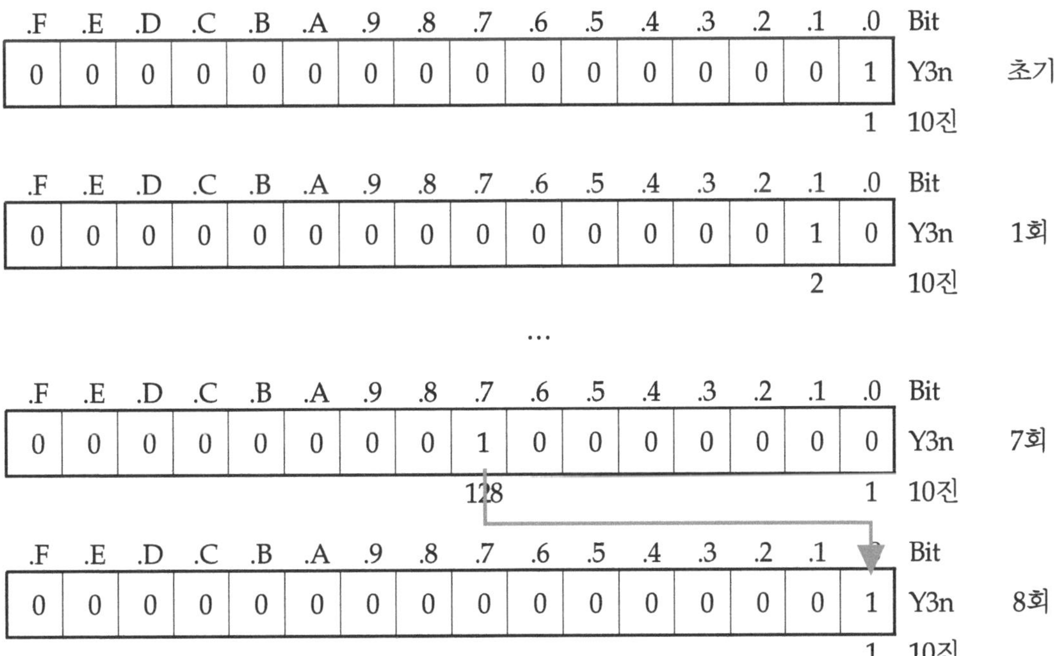

가변적 시간 플리커(점멸) 회로

실전 과제 12번을 이용하여 다음과 같이 프로그램을 수정하여 PLC 쓰기를 수행한다.

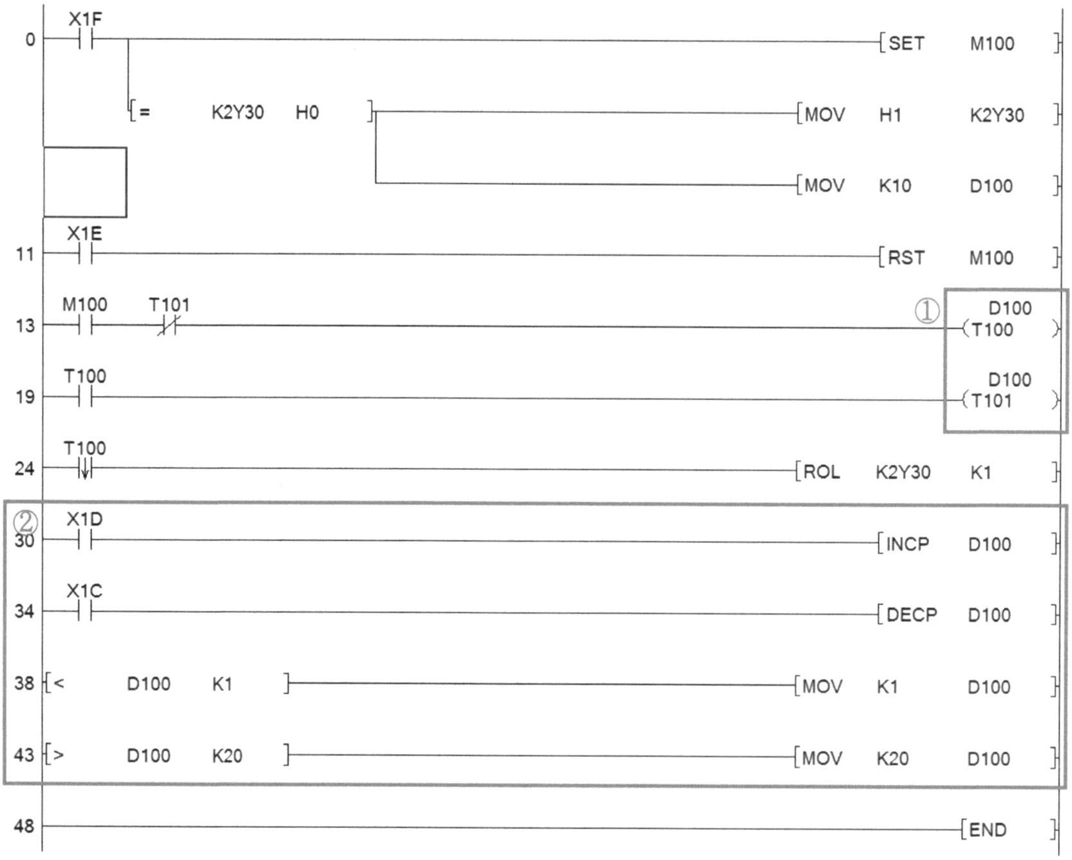

```
        X1F
  0 ────┤├──────────────────────────────────────────────[SET    M100  ]
        │
        │ ┌                    ┐
        │ [=    K2Y30   H0     ]────────────────────────[MOV    H1     K2Y30 ]
        │ └                    ┘
        │                                               [MOV    K10    D100  ]
        │
        X1E
 11 ────┤├──────────────────────────────────────────────[RST    M100  ]

        M100    T101                                        ①    D100
 13 ────┤├──────┤/├──────────────────────────────────────────(T100      )

        T100                                                     D100
 19 ────┤├──────────────────────────────────────────────────(T101      )

        T100
 24 ────┤↓├─────────────────────────────────────────────[ROL   K2Y30  K1    ]

    ②   X1D
 30 ────┤├──────────────────────────────────────────────[INCP   D100  ]

        X1C
 34 ────┤├──────────────────────────────────────────────[DECP   D100  ]

      ┌                    ┐
 38 ──[<     D100    K1    ]─────────────────────────────[MOV    K1     D100  ]
      └                    ┘
      ┌                    ┐
 43 ──[>     D100    K20   ]─────────────────────────────[MOV    K20    D100  ]
      └                    ┘

 48 ─────────────────────────────────────────────────────────────────[END   ]
```

타이머 접점의 설정값을 데이터 레지스터 D100으로 변경(①)하여 시간을 자유롭게 설정할 수 있도록 하였다. 새로운 버튼(X1D, X1C)을 만들어 D100을 증가/감소(②)를 수행할 수 있도록 프로그램을 추가하고, 스텝 38, 43에서 알 수 있듯이 D100의 범위는 K1 ~ K20로 한계를 두었다.

다음과 같이 Bit Switch와 Bit Lamp를 작화한다.

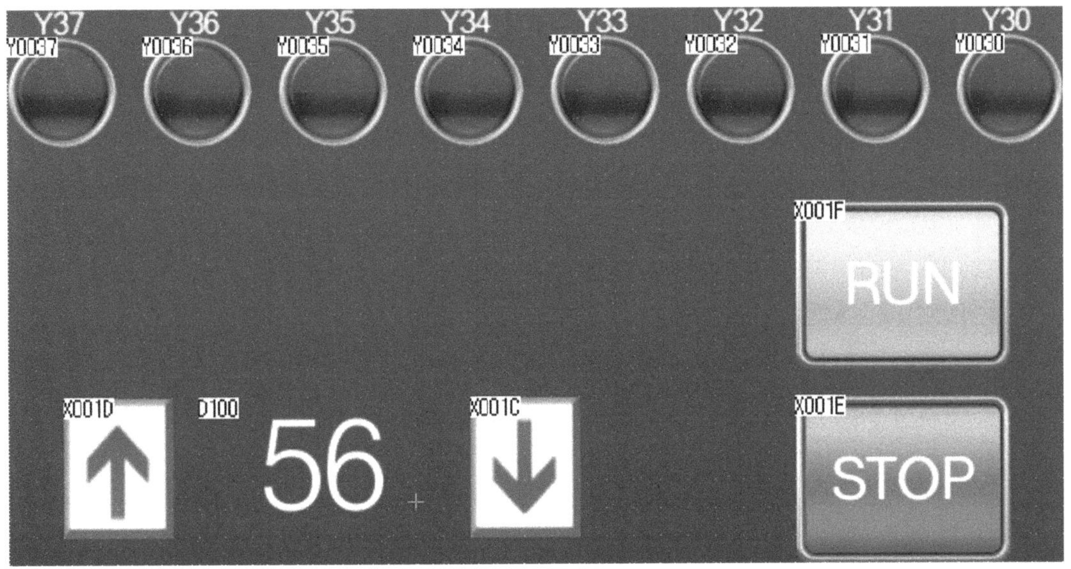

Device	Text	Object	Action
X1C	↓	Bit Switch	Momentary
X1D	↑	Bit Switch	Momentary
X1E	STOP	Bit Switch	Momentary
X1F	START	Bit Switch	Momentary
D100	타이머 설정 값	Numerical Display	
Y30~Y37		Bit Lamp	

작화가 완료되면 프로젝트를 학습자가 원하는 폴더에 저장한 후 Write to GOT ⬛ 를 클릭
해서 전송 후 결과를 확인한다.

실전 과제 14

MC(Master Control)/MCR(MC Reset) 실습

형식

[MC N□ M○]

[MCR N□]

여기서 N□은 네스팅 번호(N0 ~ N14, 15개 사용 가능), M○은 접점 번호

프로그램 실습

네스팅을 단일 구조로 사용한 예제로서 MC/MCR의 기본적인 동작을 잘 이해할 수 있는 간단한 프로그램이다.

스텝

0   : 스위치 X1F를 누르면 네스팅 번호 N0에 해당하는 접점 M100이 On 된다.

3   : M100이 켜진 상태일 때만 출력 코일 Y3F가 출력된다. 즉 왼쪽 모선을 이어 준다.

다음 프로그램은 왼쪽 모선 기준으로 네스팅 번호를 병렬로 부여한 예제이다.

스위치 X1F, X1E는 왼쪽 모선 기준선이 분리되어 있어 각각의 접점이 On 되더라도 별도로 동작할 수 있는 구조이다.

즉 네스팅 번호 N0(①)와 N1(②)의 동작이 따로 흐름을 알 수 있다.

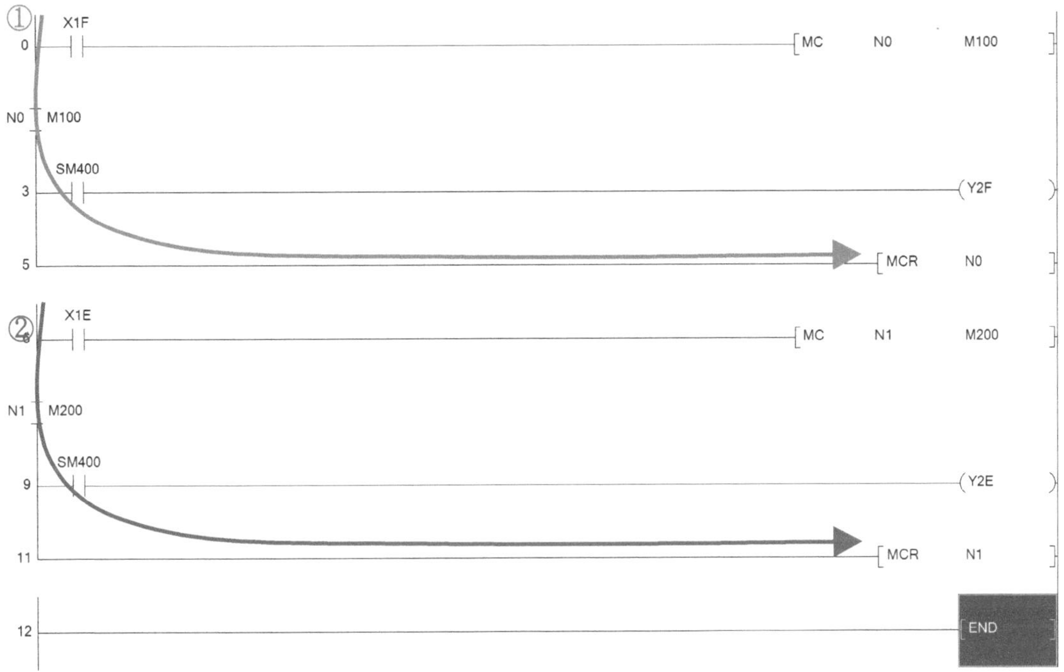

다음 프로그램은 왼쪽 모선 기준으로 네스팅 번호를 직렬로 부여한 예제이다.

스위치 X1F, X1E는 왼쪽 모선 기준선으로 네스팅 번호 N1이 N0에 종속되어 있어 N0에 의해서만 N1이 동작할 수 있는 구조이다.

즉 네스팅 번호 N0(①)와 N1(②)의 동작이 서로 연관된 흐름임을 알 수 있다.

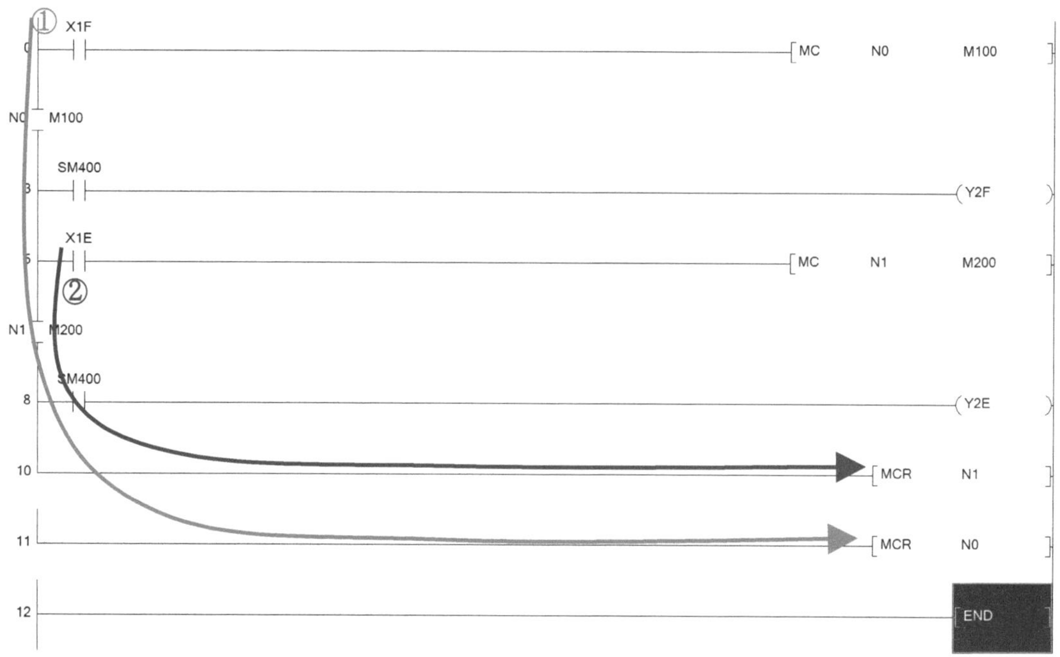

PSCAN/PSTOP 실습

형식

[PSCAN "프로그램명"]
[PSTOP "프로그램명"]

프로그램 실습

실전 과제 14에서 우리는 응용 명령 MC/MCR을 이용해서 조건에 따라 회로의 특정 구간을 실행 또는 스킵하는 기능을 실습했다. PSCAN(Program SCAN)/PSTOP(Program STOP)은 MC/MCR과 유사하게 조건에 따라 동작을 실행 또는 정지하는 용도로 사용할 수 있는 응용 명령이다.

내비게이션 바의 [프로그램 부품] - [프로그램]의 [MAIN] 프로그램을 마우스 우클릭한 다음 [프로그램 등록] - [스캔]을 선택한다.

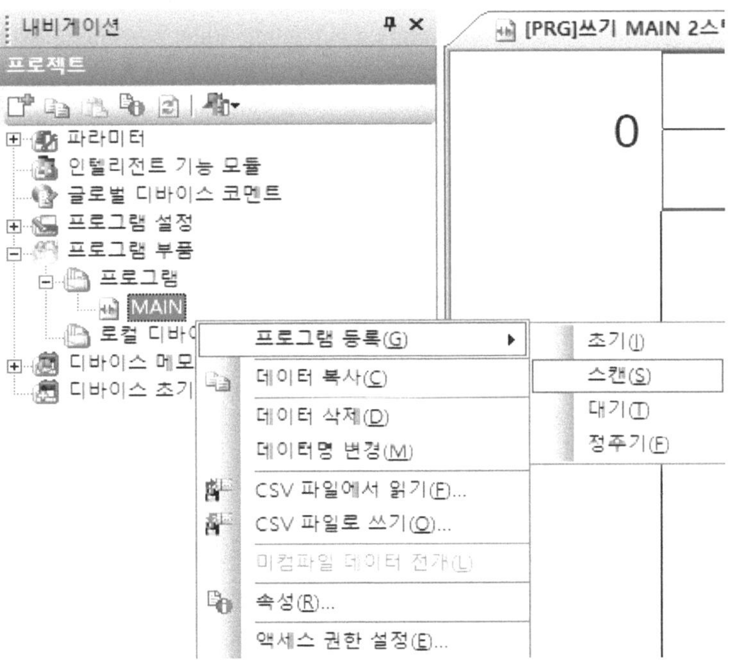

내비게이션 바의 [프로그램 설정] - [스캔 프로그램]을 마우스 우클릭한 다음 [데이터 새로 만들기]를 선택해서 [PROCESS1]으로 이름을 변경한다.

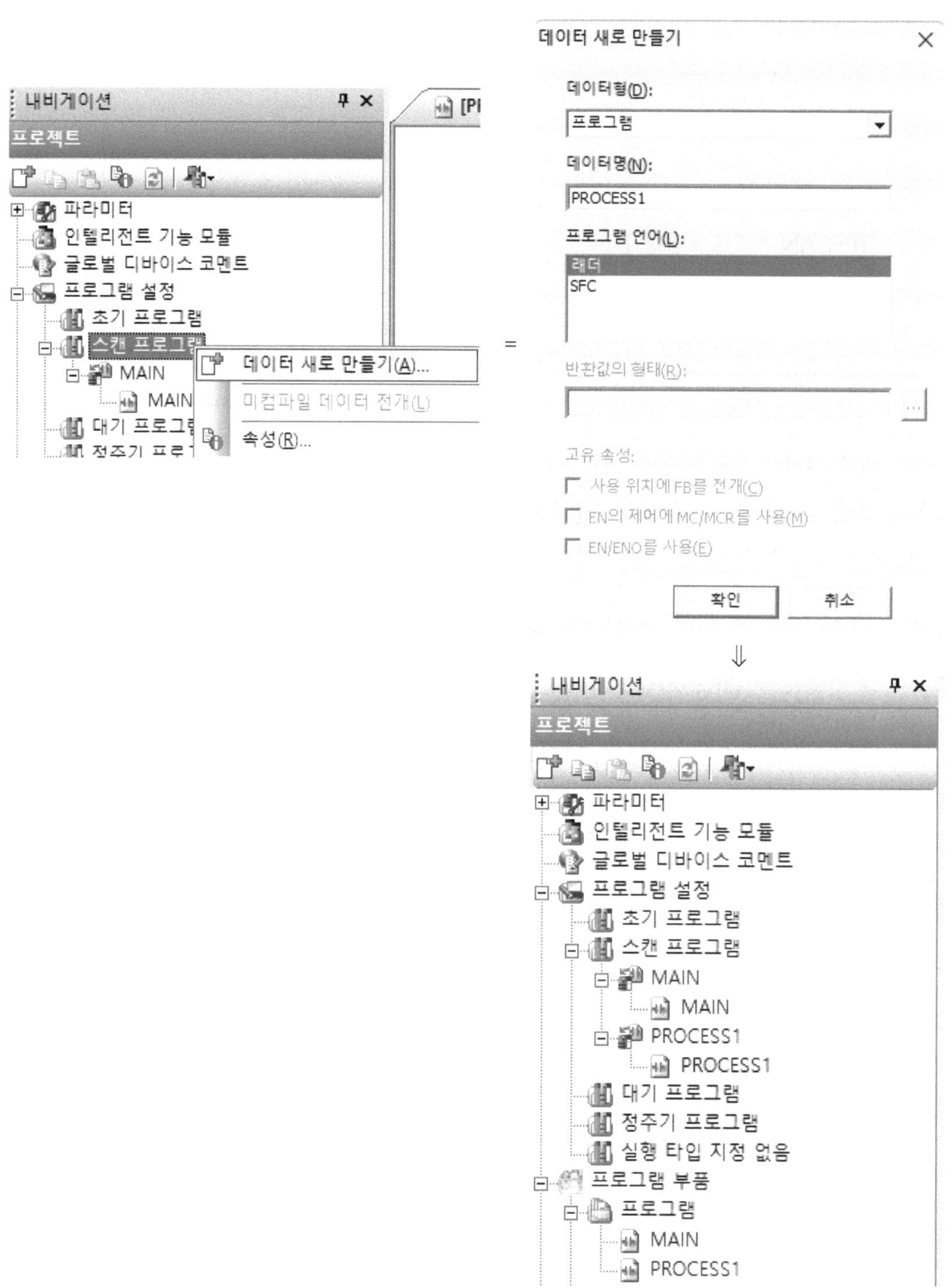

PROCESS1의 프로그램 등록과 동일한 방식으로 PROCESS2도 등록한다.

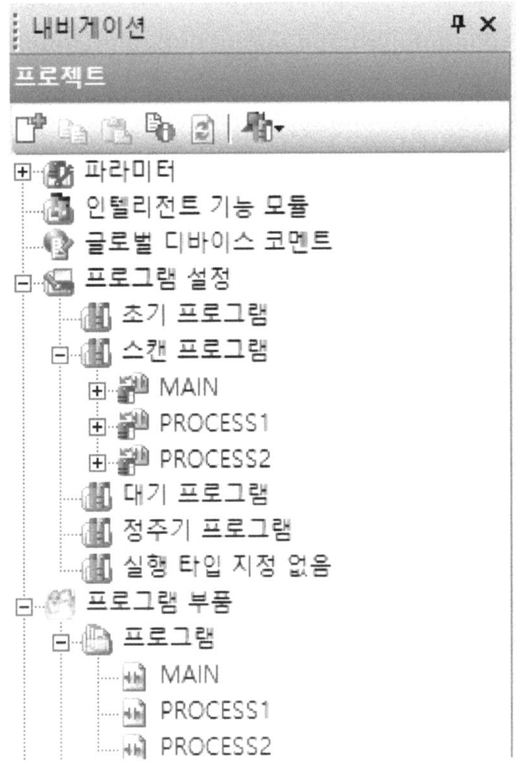

① 데이터명 : MAIN

스텝

0   : 스위치 X1F를 누르면 PROCESS1의 스캔은 실행하고, PROCESS2의 스캔을 정지한다.

13   : 스위치 X1E를 누르면 반대로 PROCESS2의 스캔은 실행하고, PROCESS1의 스캔을 정지한다.

② 데이터명 : PROCESS1

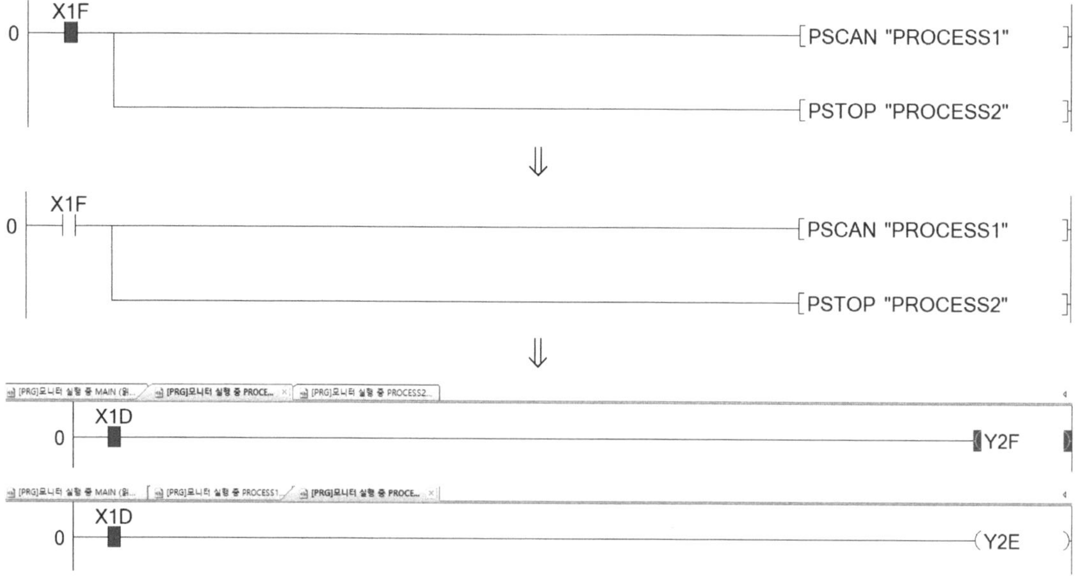

③ 데이터명 : PROCESS2

PROCESS1에서는 스위치 X1D를 눌렀을 때 Y2F가 On 되며, PROCESS2에서는 스위치 X1D 를 눌렀을 때 Y2E가 On 된다.

다음과 같이 MAIN 프로그램의 X1F를 On 한 다음 X1D를 누르면 Y2F만 On 된다. MC/MCR 과 달리 X1F가 On 되고 난 후 계속 On 되어 있을 필요는 없다는 것도 확인해 보자.

MAIN 프로그램의 X1E를 On 한 다음 X1D를 누르면 Y2E만 On 된다.

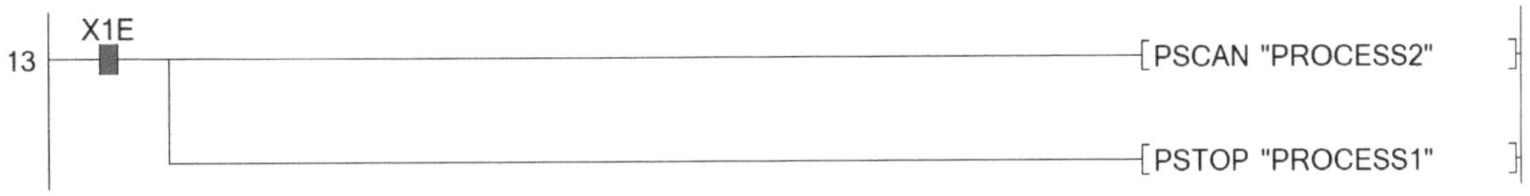
13
X1E
PSCAN "PROCESS2"
PSTOP "PROCESS1"

⇓

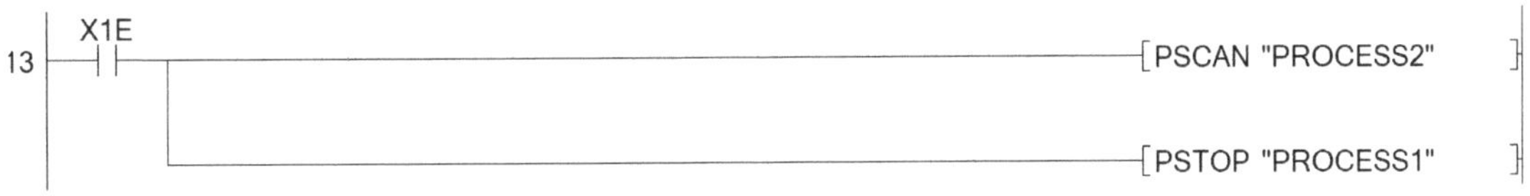
13
X1E
PSCAN "PROCESS2"
PSTOP "PROCESS1"

⇓

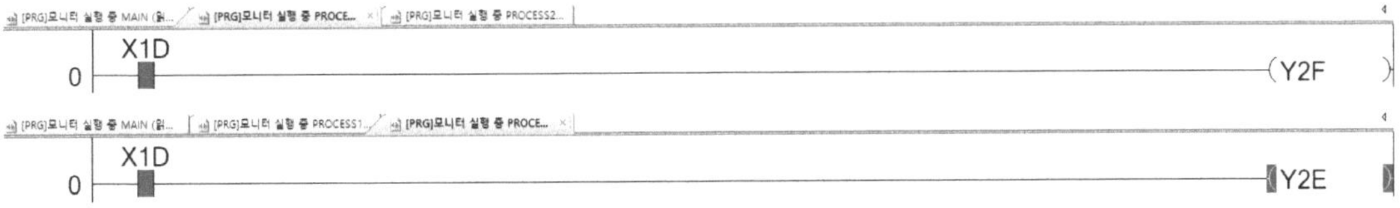
0
X1D
Y2F
0
X1D
Y2E

그런데 이 상태에서 X1D를 계속 On 한 채로 X1F를 On 하면 다음과 같이 Y2E와 Y2E가 모두 On 된다.

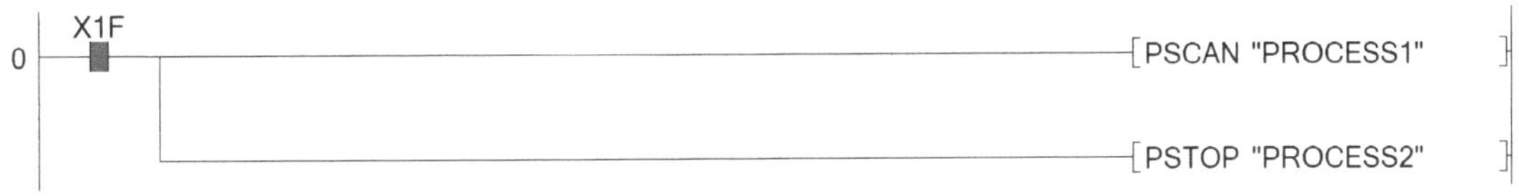
0
X1F
PSCAN "PROCESS1"
PSTOP "PROCESS2"

⇓

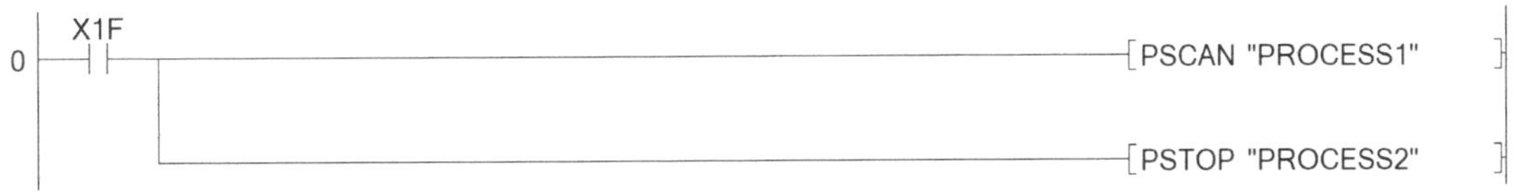
0
X1F
PSCAN "PROCESS1"
PSTOP "PROCESS2"

⇓

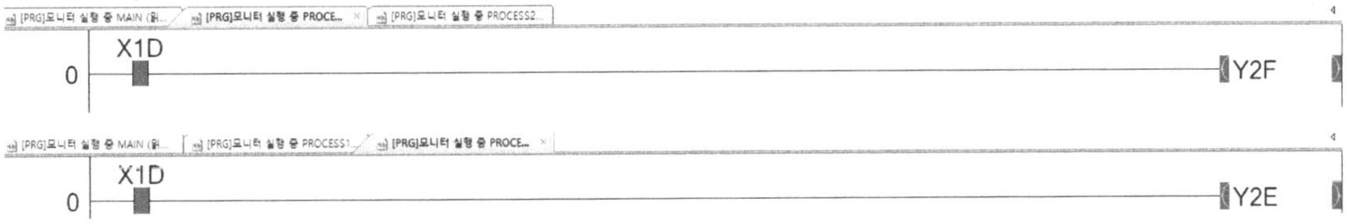
0
X1D
Y2F
0
X1D
Y2E

PSTOP이 실행된 순간 "X1D가 On이므로 Y2E가 On 되는 연산"이 정지되었을 뿐 코일 Y2E 의 On 상태 자체에는 아무런 변화가 없는 것이다. 그러므로 이 회로에서 실전 과제 14처럼 X1D 대신 SM400을 사용했다면 Y2E, Y2F 모두 계속 On 되었을 것이다.

PSTOP은 "스캔을 정지"하는 것이지 "디바이스를 Off 하는 것이 아님"을 기억해 두도록 한다.

단속/연속 운전과 비상 정지

실습 과제 25~27에서 우리는 공식을 이용해서 한 개의 편솔 또는 양솔 실린더의 전진 및 후진이 순차적으로 시동되는 동작을 실습했다. 이제 공식을 이용해서 여러 개의 편솔과 양솔 실린더를 순차적으로 전진 및 후진하도록 하는 동작을 실습한다.

주석 삽입

자신이 작성한 래더 다이어그램의 동작 원리나 접점, 코일 등의 용도를 확인할 수 있는 주석 기능을 표시되도록 하기 위해서는 [메뉴] - [보기]에서 코멘트, 스테이트먼트, 노트 표시를 체크하면 된다.

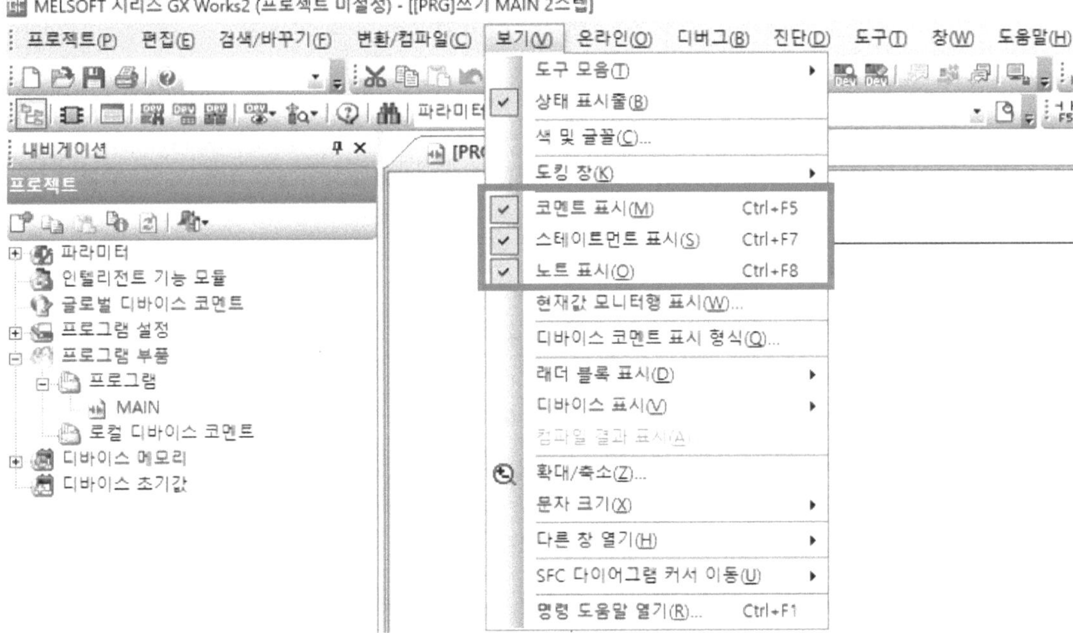

다만, 다른 설정 변경 없이 이렇게 표시만 활성화하면 래더 다이어그램의 행 간격이 너무 커져서 한 화면에 표시되는 래더 다이어그램의 행수가 적어 회로의 편집이나 해석이 불편할 수 있다.

각 주석의 표시를 활성화할 필요 없이 [메뉴] - [보기] - [디바이스 코멘트 표시 형식]을 클릭한다.

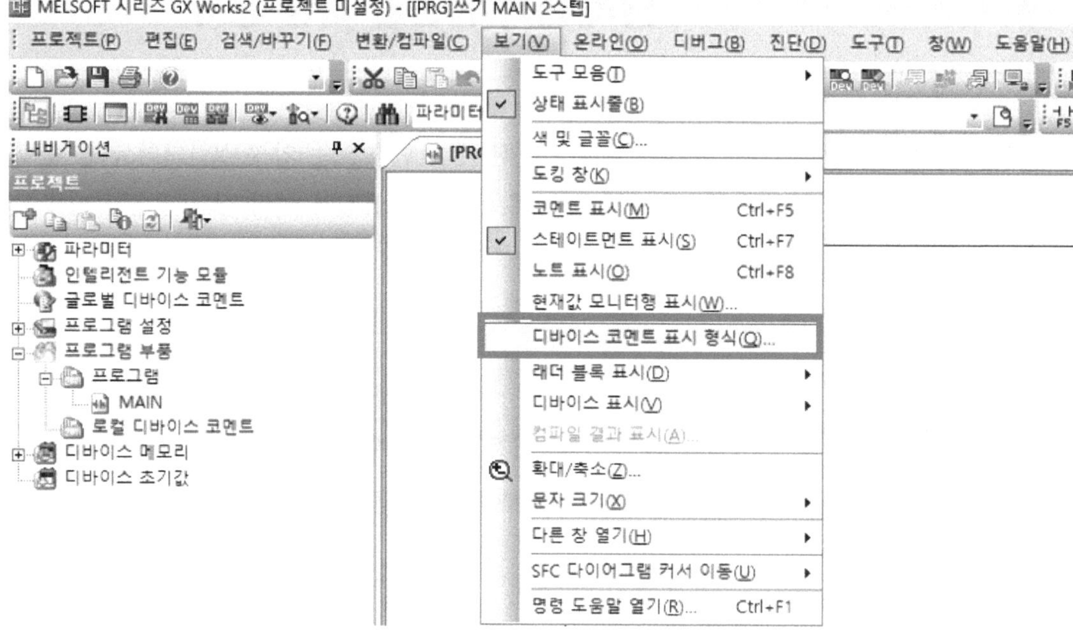

아래와 같이 코멘트의 표시 항목을 모두 체크하고, 디폴트 설정이 4인 "행수"를 클릭해서 2로 변경한다.

표시되는 행수가 2행으로 줄어들어 디폴트 설정보다 행 간격이 충분히 작아진다.

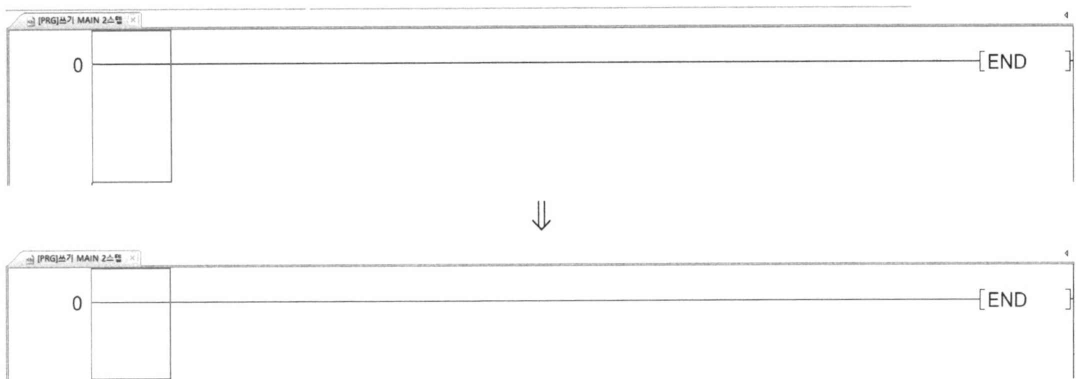

① 스테이트먼트 입력

커서를 스텝 번호에 위치시킨 채로 세미콜론(;) 타이핑 이후에 원하는 주석을 삽입하면 삽입한 행의 위쪽에 주석이 표시된다. 수정이 필요하면 스테이트먼트를 더블클릭하면 되고 삭제하고 싶을 때는 DELETE 키로 삭제하면 된다.

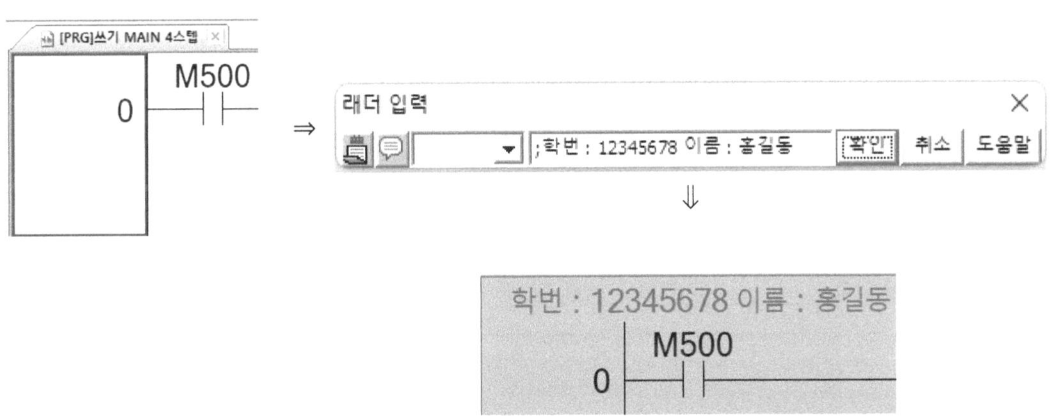

② 노트 입력

코일이나 응용 명령 등 회로의 맨 우측에 삽입될 내용을 입력할 때 세미콜론(;) 타이핑 이후에 원하는 주석을 삽입하면 삽입한 코일이나 응용 명령의 위쪽에 주석이 표시된다.

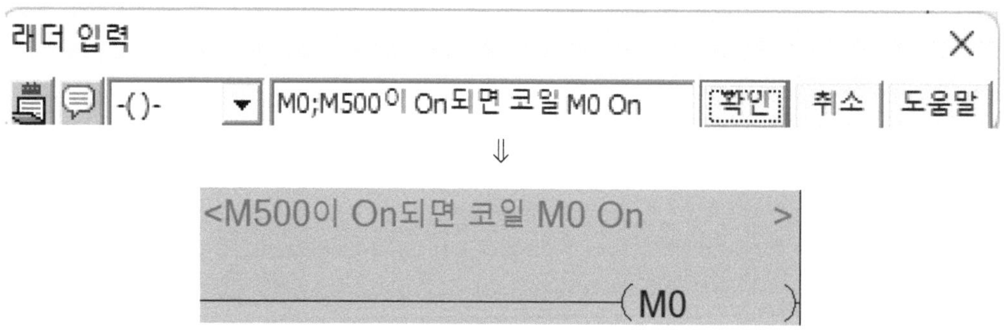

③ 디바이스 코멘트 입력

접점, 코일, 응용 명령을 입력할 때 아래와 같이 2번째 아이콘을 클릭해서 활성화한 다음, 원하는 주석을 삽입하면 삽입한 디바이스의 아래쪽에 주석이 표시된다.

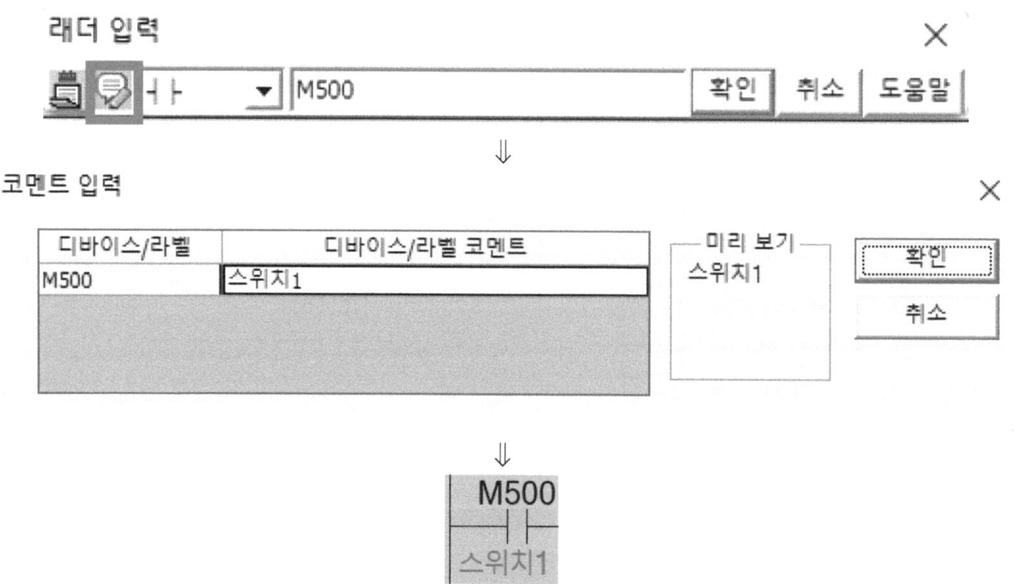

3가지 주석을 입력하기 위해 커서를 입력하기 원하는 위치에 놓고 아래 아이콘들을 클릭해도 된다.

　　회로가 길어지거나 여러 개의 프로그램 추가를 통해 회로를 작성해서 어느 디바이스가 어떤
역할을 하는지, 해당 행의 논리를 어떤 이유로 작성했는지 헷갈릴 때 이와 같이 3가지 주석을
적재적소에 삽입해서 회로 작성의 편의성을 높일 수 있다.

동작 조건

▶ [시작] 스위치를 On 하면 아래 순서도와 같이 동작한다.

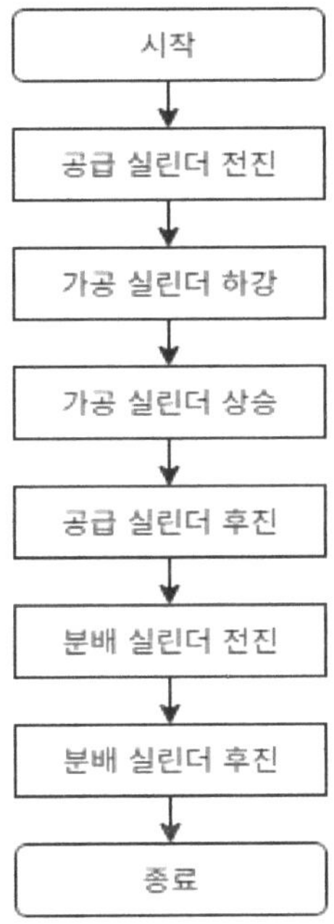

▶ 아래 I/O MAP에 의해 PLC와 하드웨어가 연결되어 있다고 가정한다. 자신의 시스템의 하
　드웨어 연결이 이 I/O MAP과 다르다면 입출력 디바이스를 수정해서 사용하도록 한다.

PLC I/O MAP			
입력 디바이스	입력 하드웨어	출력 디바이스	출력 하드웨어
X00	공급 후진센서	Y20	공급 선진솔
X01	공급 전진센서	Y21	공급 후진솔
X02	분배 후진센서	Y22	분배 전진솔
X03	분배 전진센서	Y23	분배 후진솔
X04	가공 하강센서	Y24	가공 하강솔 (편솔)
X05	가공 상승센서		

프로그램 실습

실습 과제 25~27에서 아래 공식에 의해 자동화기기의 제어가 가능하다는 것을 학습했다. 내용이 잘 기억나지 않는다면 다시 실습 과제 25부터 27까지 복습해 보길 바란다.

$$M_n = (M_{n-1} \times CDT_n + M_n) \times \overline{M_{n+1}}$$

M_n : 현재 행정

M_{n-1} : 직전 행정

CDT_n : 각 행정에서 실린더 등의 센서 조건(ConDiTion)]

$\overline{M_{n+1}}$: 다음 행정의 b접점

실전 과제 15에서 학습했던 대로 MAIN 프로그램을 스캔 프로그램으로 등록한 다음, 내비게이션 바의 [프로그램 설정] - [스캔 프로그램]을 마우스 우클릭 - "데이터 새로 만들기"를 선택해서 "OUTPUT"으로 이름을 변경한다.

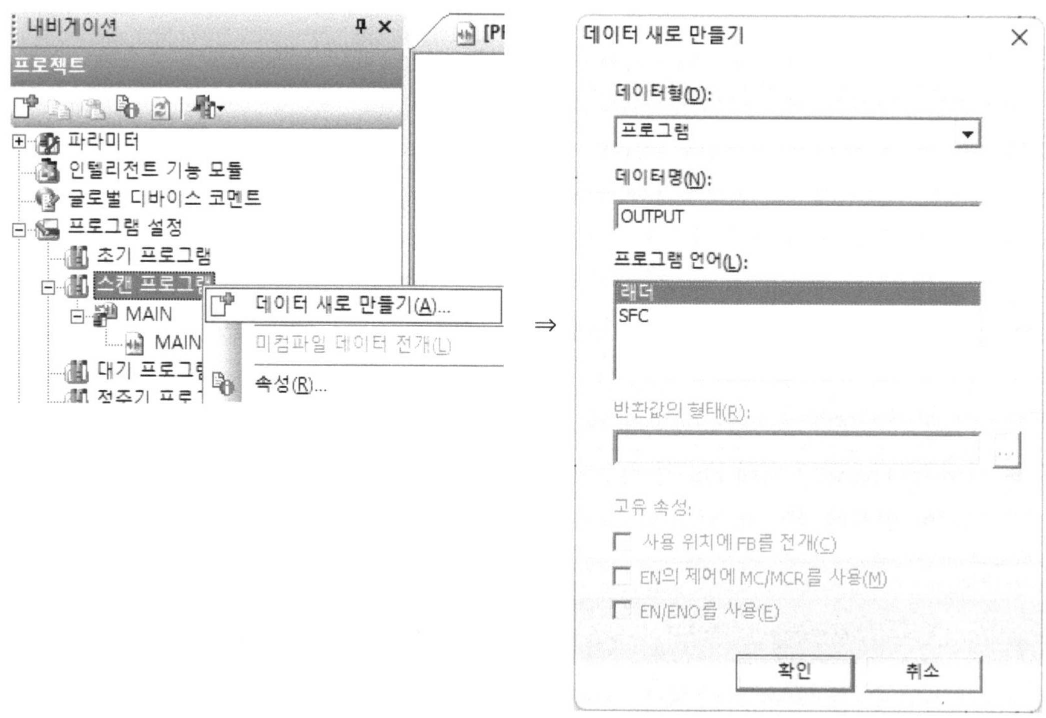

① 데이터명 : MAIN

ⅰ) 공급 실린더 전진 행정

첫 번째 행정인 공급 실린더 전진을 구현하기 위해 공식을 활용해서 래더 다이어그램을 작성해 보자.

M_{n-1}(직전 행정)은 첫 번째 행정이기 때문에 '직전' 행정으로 지정할 릴레이는 없는데 "시작 스위치"로, CDT_n(센서 조건)은 공급 실린더의 후진이 완료되어 있을 때 On 되는 "공급후진센서"로 설정한다. 래더 다이어그램으로 작성하게 될 공식이므로 이해를 돕기 위해 좌항과 우항을 서로 뒤바꿔 놓았다.

$$M_n = (M_{n-1} \times CDT_n + M_n) \times \overline{M_{n+1}}$$
$$\Downarrow$$
$$(\text{시작 스위치} \times \text{공급 후진 센서} + M_1) \times \overline{M_2} = M_1$$

이제 이 공식을 래더 다이어그램으로 변환한다. 연산의 결과인 M_1은 코일, 시작 스위치는 임의의 디바이스(M500)로, 곱셈(×)은 AND(직렬 연결), 덧셈(+)은 OR(병렬 연결), $\overline{M_2}$는 M_2(다음 행정인 "가공 실린더 하강" 행정)의 b 접점으로 작성한다. MAIN 프로그램에 아래와 같이 회로를 작성한다. 만약 시작 스위치를 PLC에 연결된 푸시버튼 스위치나 토글 스위치로 사용하고 싶다면 M500 대신 해당 스위치의 디바이스 주소(예 : X1F)를 사용하면 된다.

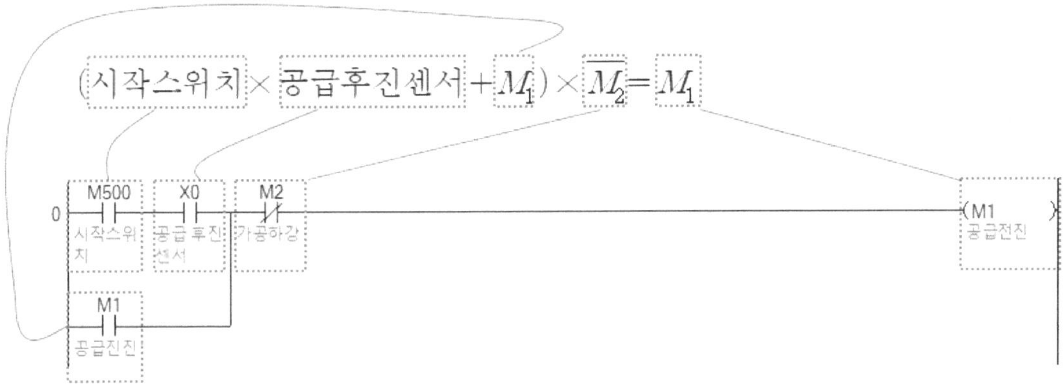

M1을 출력 디바이스인 Y20(공급 전진솔)에 연결하면 공급 전진 행정은 완성되는데, 모든 출력 디바이스는 OUTPUT 프로그램에서 연결하도록 하겠다.

ii) 가공 실린더 전진 행정

M_{n-1}(직전 행정)은 직전 행정인 "M1"으로, CDT_n(센서 조건)은 직전 행정인 공급 실린더의 전진이 완료되어 있을 때 On 되는 "공급 전진 센서"로 설정한다. 래더 다이어그램으로 작성하게 될 공식이므로 이해를 돕기 위해 좌항과 우항을 서로 뒤바꿔 놓았다.

$$M_n = (M_{n-1} \times CDT_n + M_n) \times \overline{M_{n+1}}$$
$$\Downarrow$$
$$(M_1 \times 공급\ 전진\ 센서 + M_2) \times \overline{M_3} = M_2$$

공급 실린더 전진 행정과 마찬가지 방식으로 이 공식을 래더 다이어그램으로 변환한다.

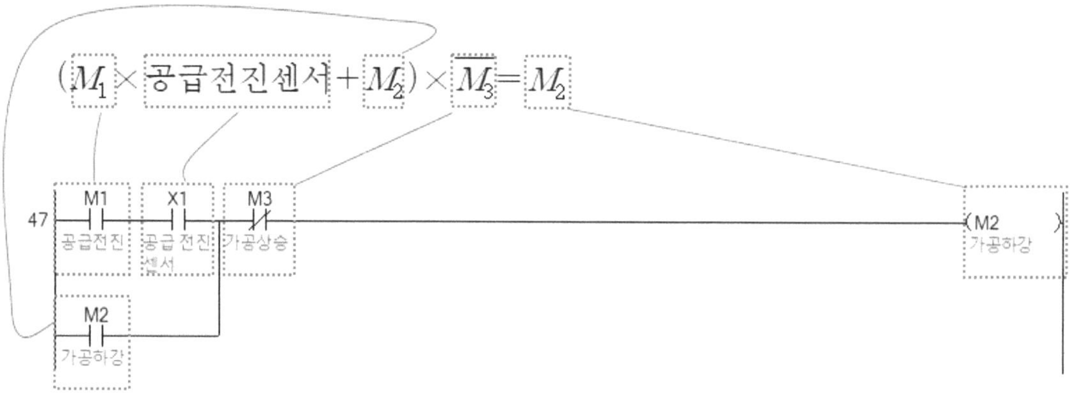

iii) 가공 실린더 상승 → 공급 실린더 후진 → 분배 실린더 전진 → 분배 실린더 후진

아래와 같이 공식에 의해 래더 다이어그램을 작성한다.

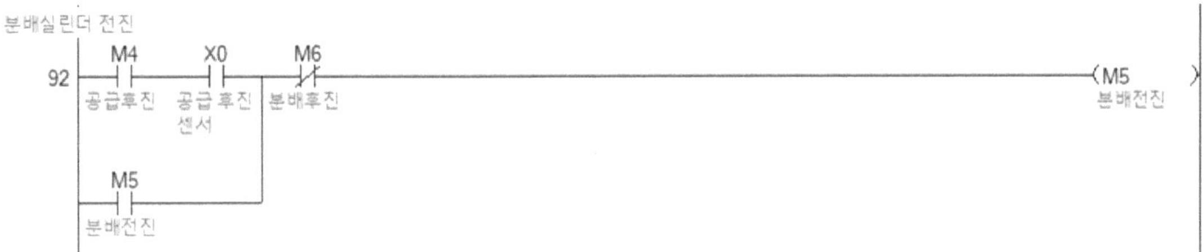

$$M_n = (M_{n-1} \times CDT_n + M_n) \times \overline{M_{n+1}}$$

분배 실린더 후진 행정은 마지막 행정이므로 다음 행정이 없는데, "다음 행정의 b 접점"인 $\overline{M_{n+1}}$은 어떻게 설정할까? 마지막 행정이 실행된 다음에 시작 스위치를 또다시 누르면 첫 번째 행정부터 순차적으로 행정을 실행해야 하므로 $\overline{M_{n+1}}$을 첫 번째 행정인 공급 실린더 전진 행정의 b접점($\overline{M_1}$)으로 설정한다.

$$(M_5 \times 분배전진센서 + M_6) \times \overline{M_1} = M_6$$

② 데이터명 : OUTPUT

OUTPUT 프로그램에서는 각 행정의 출력 디바이스를 지정한다.

첫 번째 행정 M1에 공급 전진솔을 연결한다. 공급 전진솔은 양솔이므로 일단 M1이 On 되어 Y20이 On(공급 실린더 전진) 하면 그 뒤에 M1이 Off 되어 Y20이 Off 되더라도 전진 상태를 유지한다.

가공 하강솔은 편솔이므로 M2가 On 되어 Y24이 On(가공 실린더 하강)한 다음 M2가 Off 되거나 M3이 On 되어 Y24이 Off 되면 가공 실린더가 상승한다. [MAIN 프로그램]에서 어차피 M3이 On 되면 M2가 Off 되므로 아래와 같이 b접점 M3을 삭제해도 상관없다.

분배 실린더도 양솔이므로 아래와 같이 이후 동작을 작성하면 된다.

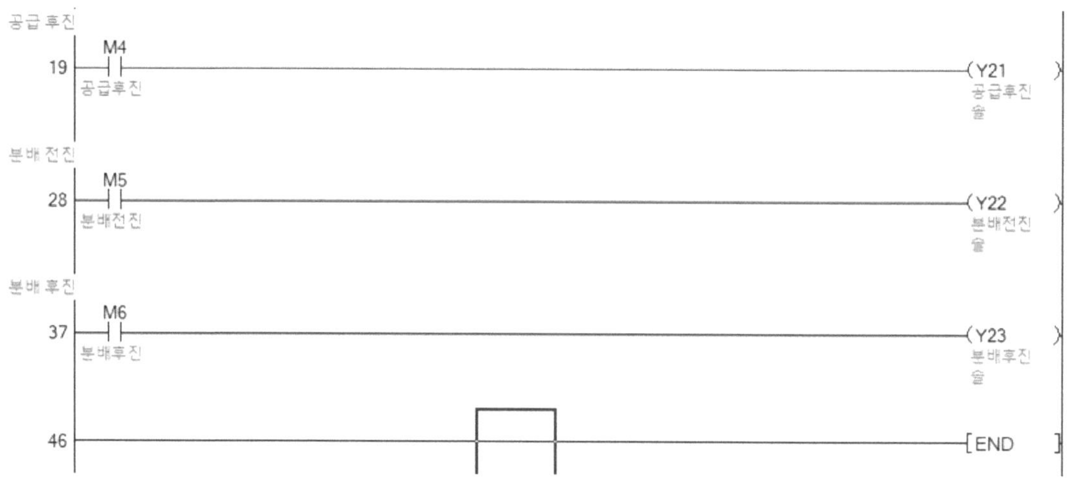

여기까지 작성한 다음 PLC 쓰기 후 모니터 모드(F3) 또는 모니터+쓰기 모드(SHIFT+F3)로 진입한 다음, M500을 On(SHIFT+ENTER) 해서 동작이 순서도대로 이루어지는지 확인해 본다. 시작 스위치 M500이 일단 On 되면 M500을 Off 하더라도 마지막 행정까지 실행되는데, 마지막 행정인 분배 실린더 후진이 실행되었을 때 M500이 On 되어 있다면 행정이 처음부터 반복되는 것을 확인해 본다.

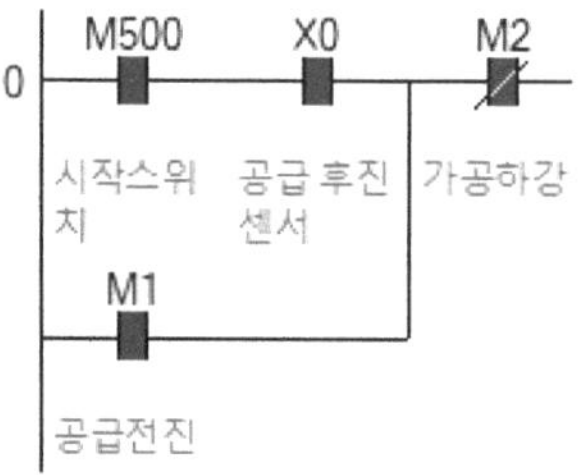

③ OUTPUT 프로그램 수정

작성한 OUTPUT 프로그램을 SET, RST 응용 명령에 의해 실행되도록 수정해 보자.

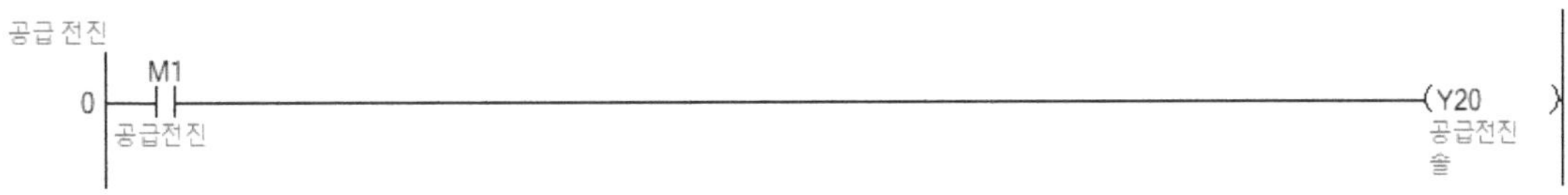

첫 행의 코일 Y20을 아래와 같이 수정한다.

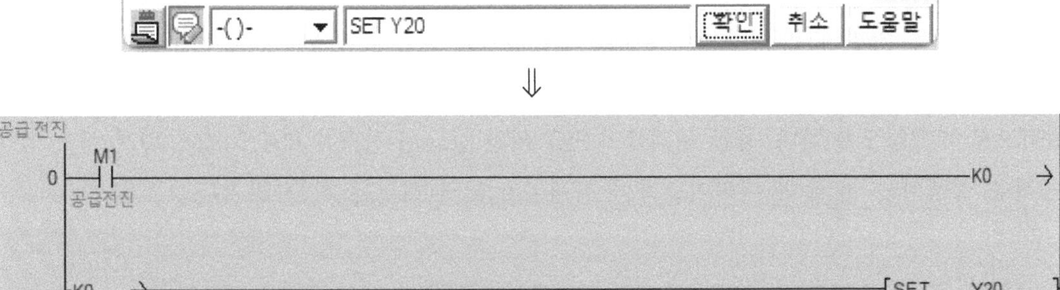

⇓

첫 행 우측의 K0 → 과 두 번째 행의 좌측의 K0 → 는 그저 이 두 줄의 회로가 서로 연결된 하나의 회로라는 의미이며, 변환(F4)을 실행하면 아래와 같이 GX-Works2에서 한 줄의 회로로 정리해 주므로 신경 쓰지 않아도 된다.

첫 행의 아래(스테이트먼트나 9번 스텝)에 커서를 놓고 SHIFT+INSERT를 눌러서 빈 행을 추가한다.

⇓

세로선(CTRL+방향키↓ 또는 CTRL+방향키↑)을 이용해서 아래와 같이 작성한다. SET은 자기유지 기능을 가진 응용 명령으로서 RST이 실행되기 전까지 계속해서 디바이스를 On 하므로 양솔인 출력 디바이스를 SET으로 지정한 경우에는 반대 동작에 해당하는 출력 디바이스를 RST으로 지정하도록 한다. 공급 전진솔이 SET 되면 공급 후진솔은 RST 되도록 해서 서로 반대 동작을 실행하는 두 출력 디바이스가 동시에 On 되지 않도록 하는 것이다.

편솔인 Y24는 다음과 같이 수정한다. M2가 On 되면 가공 실린더가 하강하고, 하강이 완료되어서 M2는 Off, 그 대신 M3이 On 되면 가공 실린더가 상승하게 된다.

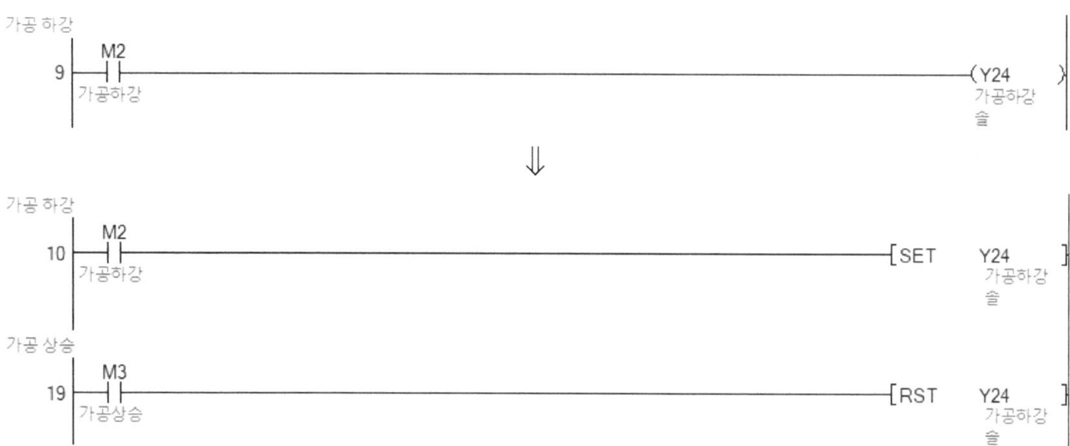

나머지 행정은 모두 양솔이므로 공급 실린더 전진 행정과 마찬가지로 다음과 같이 수정한다.

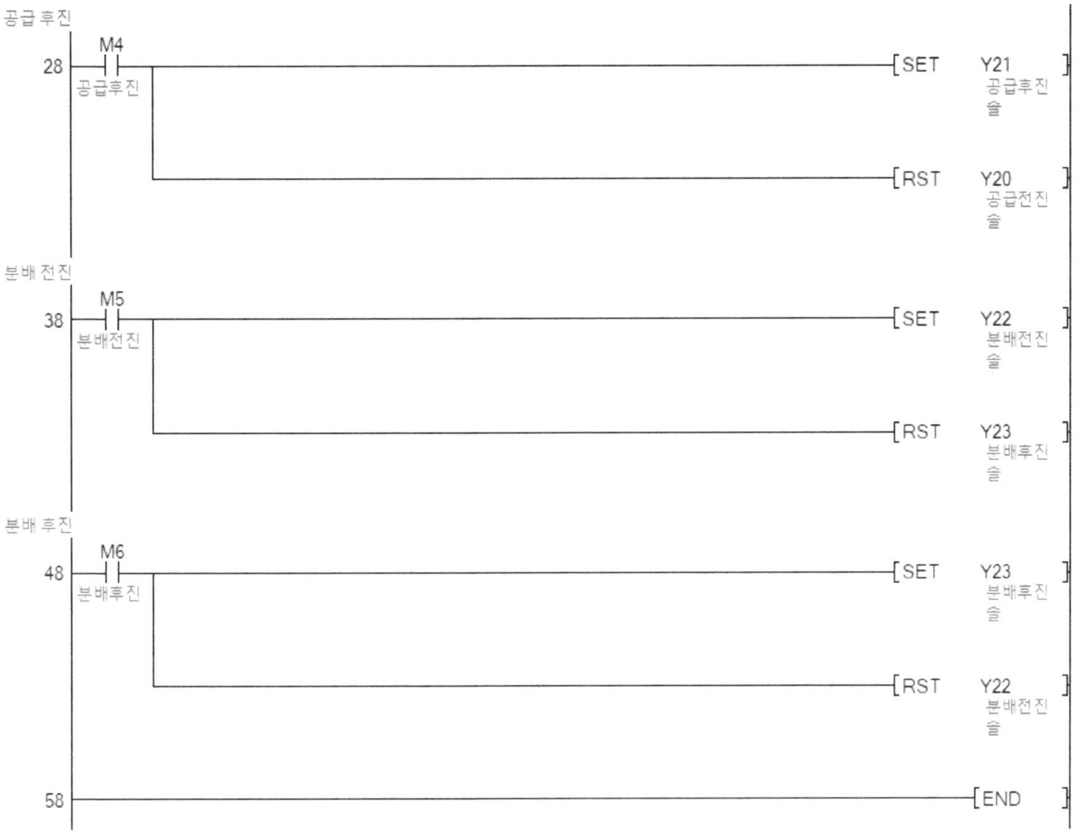

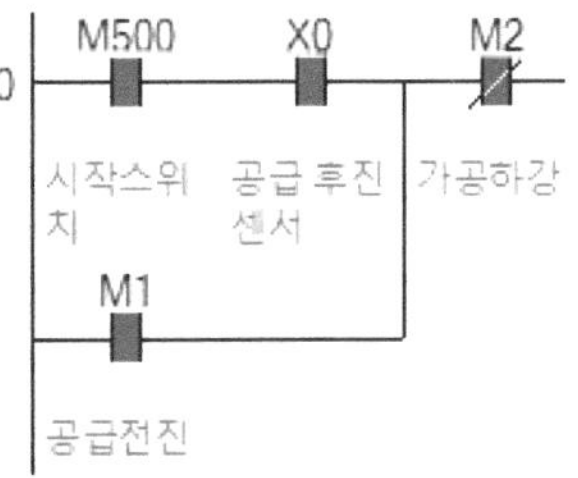

다시 PLC 쓰기 후 모니터 모드(F3) 또는 모니터+쓰기 모드(SHIFT+F3)로 진입한 다음 M500을 On(SHIFT+ENTER) 해서 동작이 코일을 사용했을 때와 동일하게 이루어지는지 확인해 본다.

④ 단속/연속 운전

지금까지 실습한 대로 사이클이 1회 동작한 다음 정지하는 것을 "단속 운전"이라고 한다. 이제 정지 명령이 있을 때까지 사이클을 계속 반복하는 "연속 운전"의 구현을 학습해 보자.

앞에서 마지막 행정인 분배 실린더 후진이 실행되었을 때 M500이 On 되어 있다면 행정이 처음부터 반복되는 것을 보았는데, 연속 운전을 구현하는 논리 자체는 이와 동일하다.

단속 동작만 구현한 이전의 회로에서는 MAIN 프로그램의 마지막 행정인 분배 실린더 후진
이 "시동되는" M6에서 래더 다이어그램이 완료되었으며 동작에도 문제가 없었는데, 만약 연속
운전, 즉 M6이 On 된 후 첫 행정이 실행된다면 분배 실린더의 후진이 시작되자마자 공급 실린
더가 전진하는, 부자연스러운 동작이 일어난다. 그러므로 아래와 같이 분배 실린더의 후진 완
료를 검출하는 행정을 추가해서 분배 실린더의 후진이 완료되고 나면 첫 행정인 공급 실린더
전진이 실행될 수 있도록 한다.

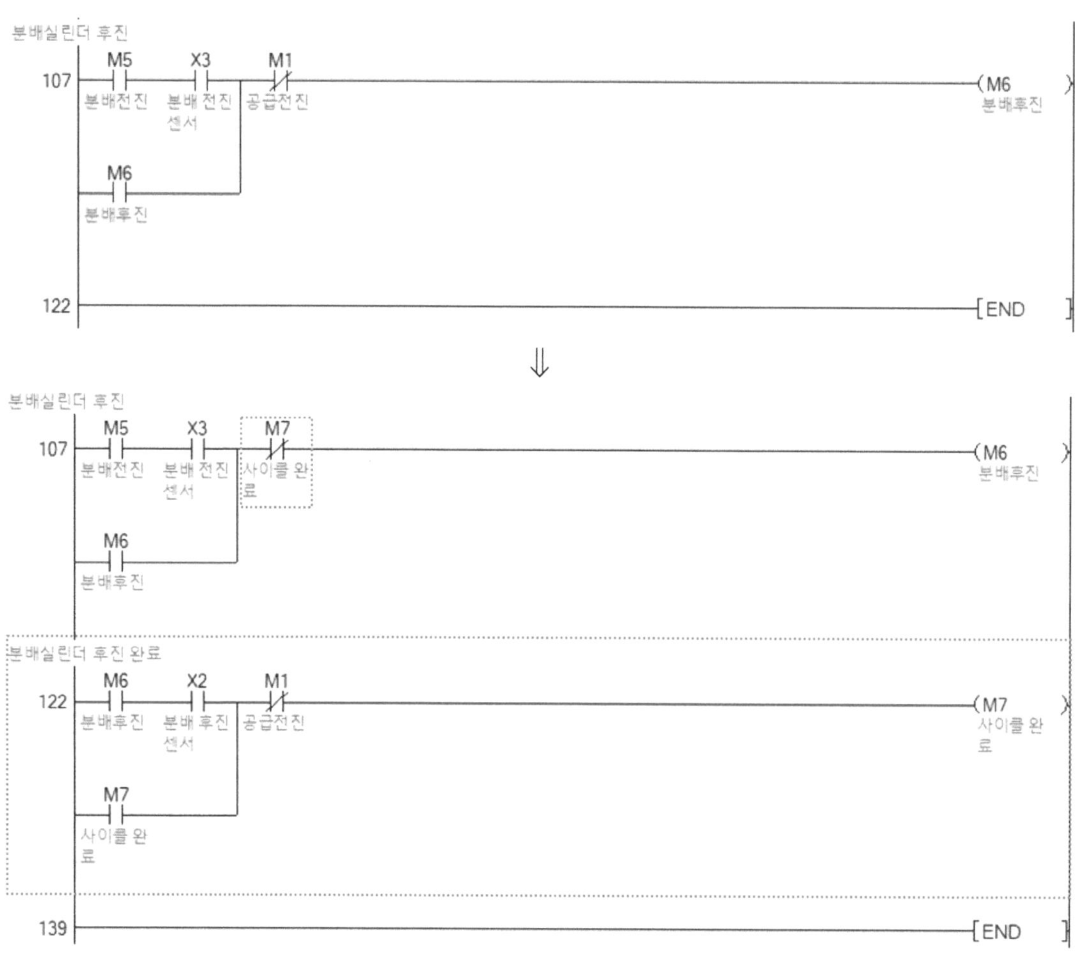

MAIN 프로그램의 첫 행에서 SHIFT+INSERT를 2번 입력해서 2개의 빈 행을 추가한 다음
아래와 같은 회로를 추가한다. M510은 연속 운전을 실행하는 연속 스위치이며 X1F 등 시스템
에 연결된 푸시버튼 스위치의 디바이스로 사용해도 된다. M51은 연속 스위치를 눌렀는지 여부
를 판단하는 검출 비트로 사용된다.

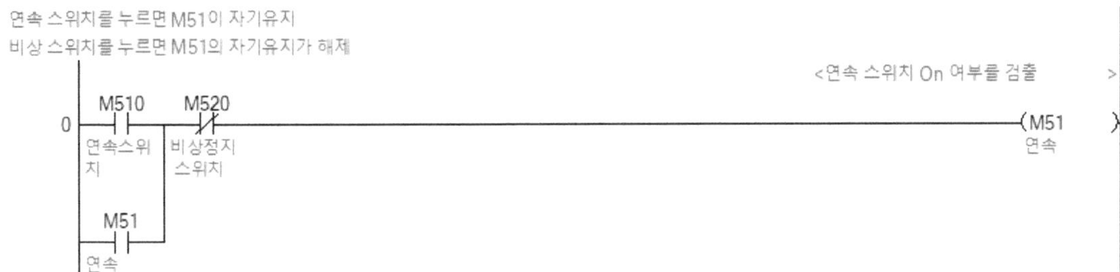

M500은 단속 스위치로서 "M500이 계속 On 되어 있더라도 사이클이 반복되지 않도록" 상승 펄스(= 양변환 검출 접점 = 상승 엣지 검출 접점, ⤒)로 변경한다. 상승 펄스의 기능에 대해서는 실습 과제 11을 참고하도록 한다.

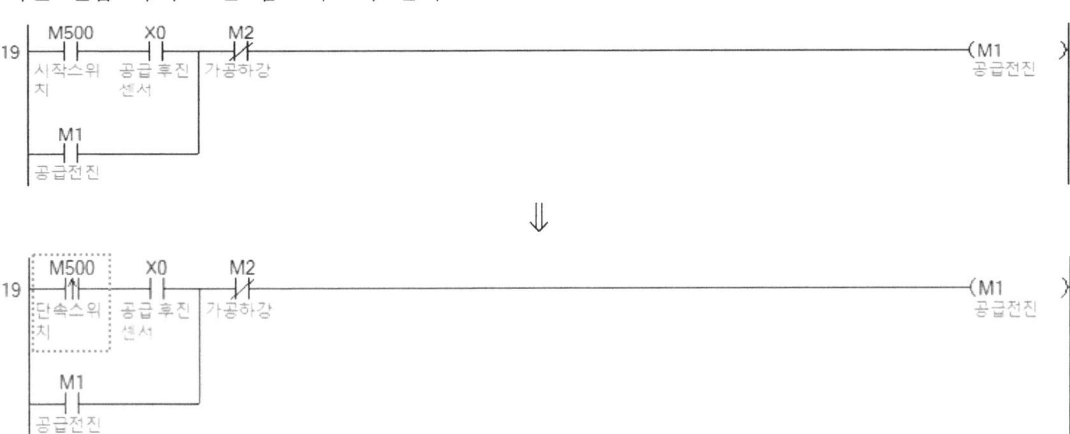

연속 스위치를 눌렀을 때에도 단속 스위치와 동일하게 공급 실린더 전진 행정부터 동작하므로 다음과 같이 연속 스위치 검출 비트 M51에 의해 M1이 자기유지될 수 있도록 OR 회로를 구성한다.

M500은 a 접점으로 입력하더라도 단속 스위치를 계속 On 시켜 놓지만 않으면 동작에 문제가 없지만 M51은 반드시 상승 펄스로 입력해야 한다. 이유는 다음과 같다.

연속 운전이 실행되면 각 행정이 순차적으로 동작하다가 아래 행정의 M4가 On 되어서 공급 실린더 후진이 실행된다.

만약 M51을 a 접점으로 입력했을 경우에는 공급 실린더 후진이 완료되면 X0이 On 되므로 아래와 같이 "M51 On AND X0 On ⇒ M1 On" 연산이 실행된다. 즉 공급 실린더가 "후진 후 즉시 다시 전진"해 버린다.

연속 운전 중 한 사이클이 완료되면 다시 첫 행정부터 실행될 수 있도록 아래와 같이 OR 회로를 추가해서 래더 다이어그램 작성을 완료한다. 여기서 추가된 M51은 반드시 a 접점이어야 한다.

다시 PLC 쓰기 후 모니터 모드(F3) 또는 모니터+쓰기 모드(SHIFT+F3)로 진입한 다음 M500, M510, M520을 On(SHIFT+ENTER) 해서 동작이 코일을 사용했을 때와 동일하게 이루어지는지 확인해 본다.

⑤ 비상정지

실전 과제 15에서 PSCAN과 PSTOP 응용 명령을 이용해서 프로그램의 스캔을 실행하거나 정지할 수 있다는 것을 살펴보았다. 이제 이 두 응용 명령으로 비상 정지 동작을 구현해 보도록 하겠다. 일단 EMG라는 이름의 프로그램을 추가한다.

비상 정지 스위치를 누르면 시스템은 현재 상태로 정지(실린더는 진행 중인 행정을 마치고 정지)하고, 비상 정지 스위치를 해제하면 남은 동작을 이어서 동작한다. 실린더는 공압 실린더 이므로 별도의 조치를 취하지 않아도 도중에 멈추지 않고 진행 중인 행정을 마치고 정지한다. 여기서 첫 행의 M600은 상승 펄스로 변경해도 동작은 동일하다.

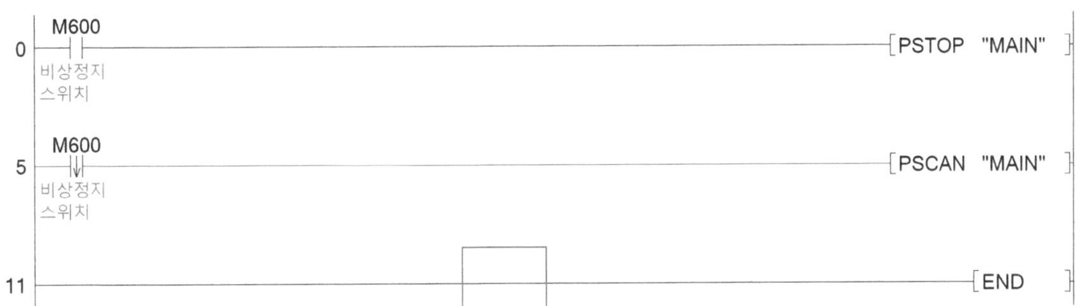

비상 정지가 단속 운전 중일 때는 실행되지 않고 연속 운전 중일 때만 실행되도록 하려면 아래와 같이 작성하면 된다.

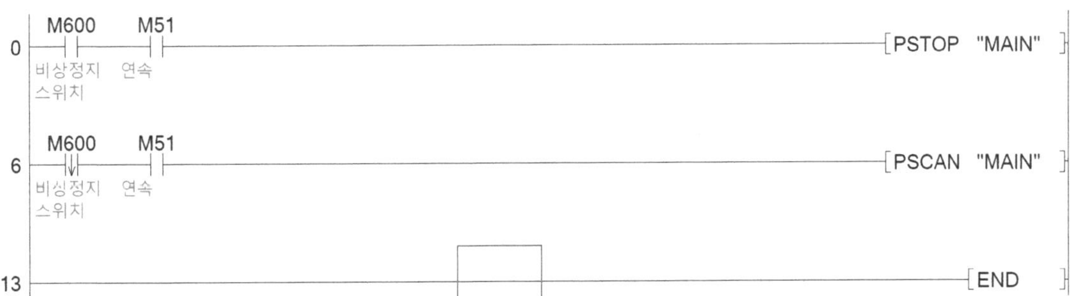

PLC 쓰기 후 동작을 확인해 본다.

금속/비금속 검출

실전 과제 06, 07에서 정전 용량형 센서와 유도형 센서에 의한 금속/비금속 판별 동작을 실습했다. 이제 실전 과제 16의 실린더 순차 동작에 가공 모터와 컨베이어 모터의 동작을 추가한 다음, 정전 용량형 센서와 유도형 센서의 위치에 상관없이 금속/비금속을 판별해서 그 결과에 따라 서로 다른 동작을 실행하도록 하는 동작을 실습한다.

동작 조건

▶ [단속] 스위치를 On 하면 우측의 순서도와 같이 1 사이클 동작한다.

▶ [연속] 스위치를 On 하면 우측의 순서도와 같이 동작하며, 공급 매거진의 공작물이 소진될 때까지 반복 동작한다.

▶ [정지] 스위치를 On 하면 해당 사이클을 마치고 정지한다.

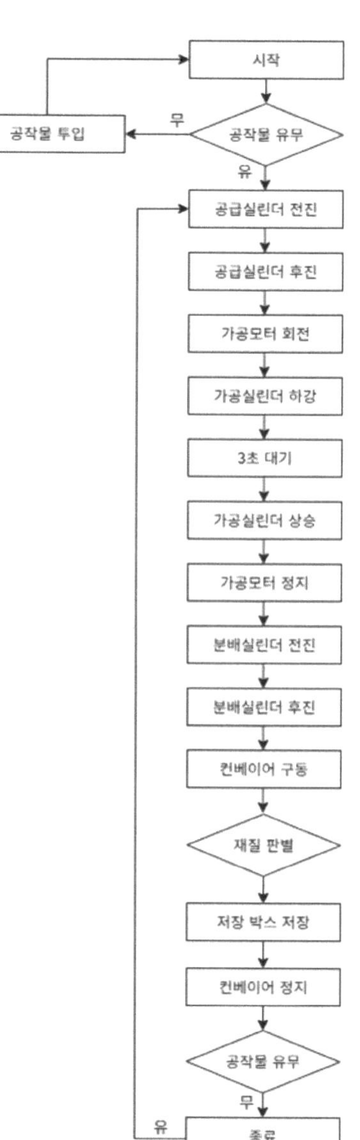

▶ 터치 패널에는 다음과 같이 작화한다.

실전 과제 02에서 통신 설정과 Bit Switch, 실전 과제 02에서 문자열 표시, 실전 과제 07에서 수치 표시에 대해 학습했으므로 참고한다.

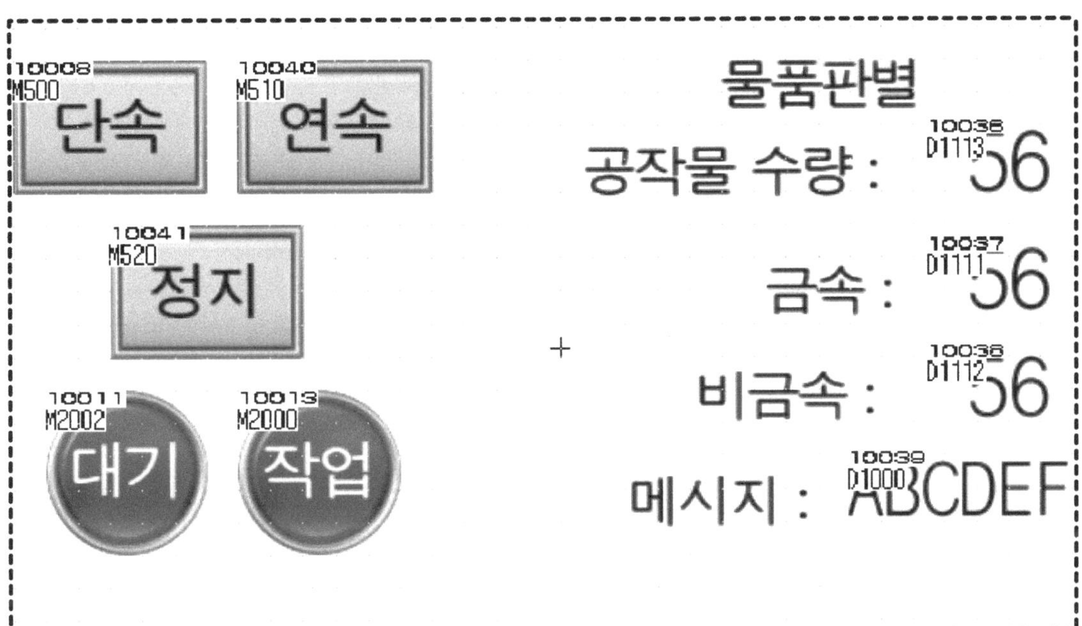

Device	Text	Object	Action
M500	단속	Bit Switch	Momentary
M510	연속	Bit Switch	Momentary
M520	정지	Bit Switch	Momentary
M2000	작업	Bit Lamp	
M2002	대기	Bit Lamp	
D1000	메시지	Text Display	
D1111	금속	Numerical Display	
D1112	비금속	Numerical Display	
D1113	공작물 수량	Numerical Display	

▶ 터치패널의 각 Object에 따른 동작은 다음 표와 같이 이루어진다.

		동작 및 표시 상태
화면 구성	스 위 치	- [단속] 또는 [연속] 버튼을 터치하면 순서도의 조건에 맞추어 공정이 시작된다. (공정은 공급 매거진의 모든 공작물이 적재 완료될 때까지 반복) - [정지] 버튼을 터치하면 해당 사이클을 마치고 정지한다.
	램 프	- [대기] 램프는 연속 동작이 시작되면 소등하고 이 외에는 점등 - [작업] 램프는 연속 동작 중에만 점멸(0.5초 On, 0.5초 Off)하며, 이 외에는 소등
	물 품 판 별	- [공작물 수량]에는 공작물 판별 센서에 의해 감지한 물품의 총 수량을 표시 - [금속]에는 공작물 판별 센서에 의해 감지한 금속 물품의 총 수량을 표시 - [비금속]에는 공작물 판별 센서에 의해 감지한 비금속 물품의 총 수량을 표시 - 공작물, 금속, 비금속 수량은 모든 공작물이 적재 완료되면 초기화 - [메시지]에는 공작물 판별 센서에 의해 감지한 물품이 "금속" / "비금속" 으로 표시되며, 표시된 지 3초 후 사라짐

▶ 아래 I/O MAP에 의해 PLC와 하드웨어가 연결되어 있다고 가정한다. 자신의 시스템의
하드웨어 연결이 이 I/O MAP과 다르다면 입출력 디바이스를 수정해서 사용한다.

PLC I/O MAP			
입력 디바이스	입력 하드웨어	출력 디바이스	출력 하드웨어
X00	공급 후진센서	Y20	공급 전진솔
X01	공급 전진센서	Y21	공급 후진솔
X02	분배 후진센서	Y22	분배 전진솔
X03	분배 전진센서	Y23	분배 후진솔
X04	가공 하강센서	Y24	가공 하강솔 (편솔)
X05	가공 상승센서	Y2D	드릴가공모터 (DC모터)
X0F	공급 검출센서 (광화이버센서)	Y2E	컨베이어모터 (DC모터)
X11	용량형 센서		
X12	유도형 센서		

프로그램 실습

우선 4개의 스캔 프로그램을 추가한다.

MAIN, OUTPUT, IDENTIFY, LAMP

① 데이터명 : MAIN

실습 과제 16을 참고해서 순차 동작 과정을 작성한다.

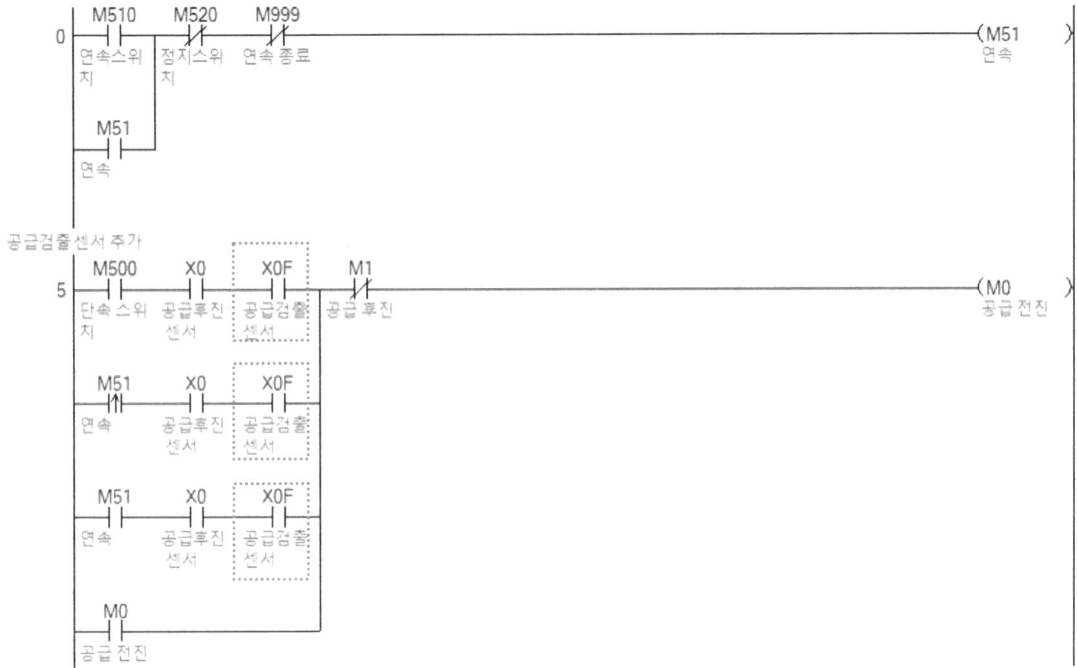

실습 과제 16에서 공급 검출 센서 X0F를 단속 및 연속 동작의 시작 조건과 직렬 연결하고, 이후의 각 행정은 공식에 의해 작성한다. 시작 조건 중 a 접점 M51이 연결된 행은 미완성된 것으로서 사이클 완료 행정의 번호를 확인한 후 추가할 예정이다.

공급 실린더 후진

가공 모터 회전

가공 실린더 하강

3초 대기

가공 실린더 하강 완료 후 3초 대기 동작은 위와 같이 On 딜레이 타이머에 의해 구현하면
된다. 위 3행의 회로는 아래 2행의 회로로 대체해서 행의 수를 줄일 수도 있다.

그 외의 행정은 실전 과제 16과 동일한 방식으로 작성하면 된다.

가공 실린더 상승

가공 모터 정지

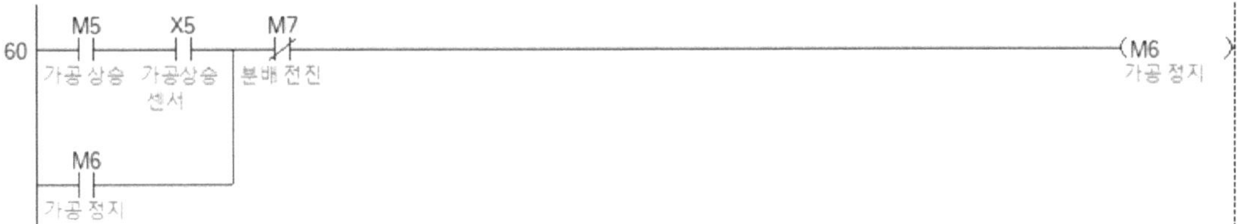

분배 실린더 전진

분배 실린더 후진

컨베이어 구동 / 저장 박스 저장 / 컨베이어 정지

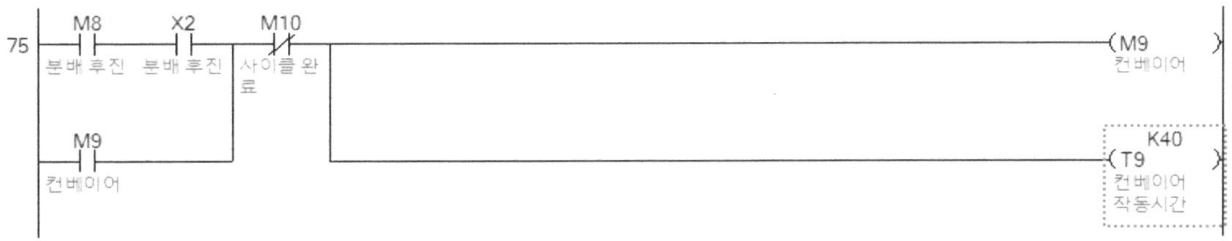

M9가 On 되면 컨베이어 모터가 On 되고, On 된 지 4초 후에 공작물이 저장 박스에 저장되므로 컨베이어 구동이 정지되도록 작성했다. 시스템에 따라 컨베이어 모터가 5초나 6초 동안 On 되어야 공작물이 저장 박스에 저장될 수도 있으므로 적당히 수정한다.

M10이 On 되면 컨베이어 모터가 Off 되는 마지막 행정이 실행된다. 이제 첫 번째 행정에 사이클 완료 행정 M10을 추가한다. 커서를 원하는 위치에 놓고 Ctrl+INSERT 키를 눌러 열 추가를 한 다음 M10을 추가하면 된다. 직렬 연결(AND 회로)에서 좌우 배치는 회로의 동작과는 아무런 상관이 없다는 점을 참고하도록 한다.

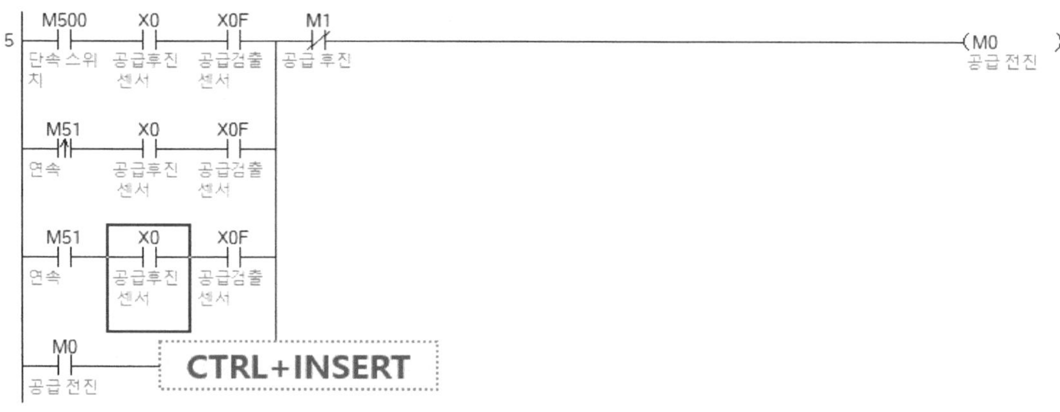

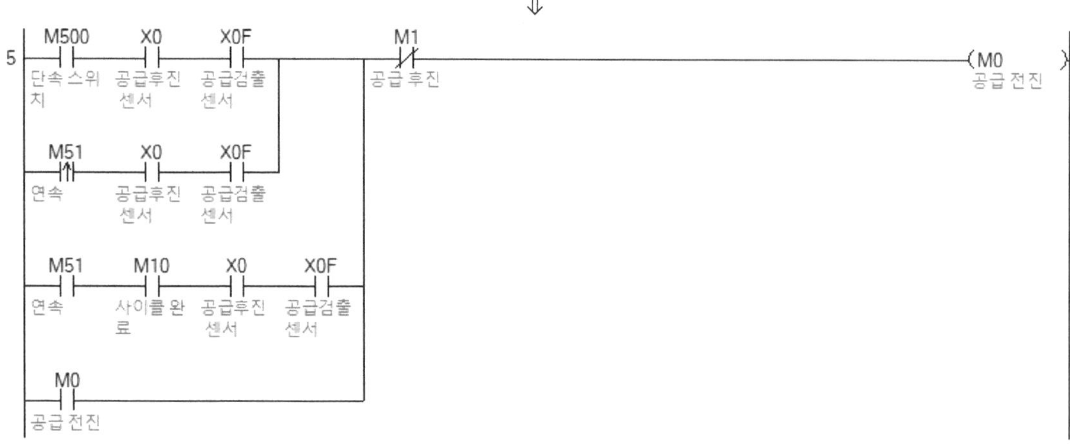

② 데이터명 : OUTPUT

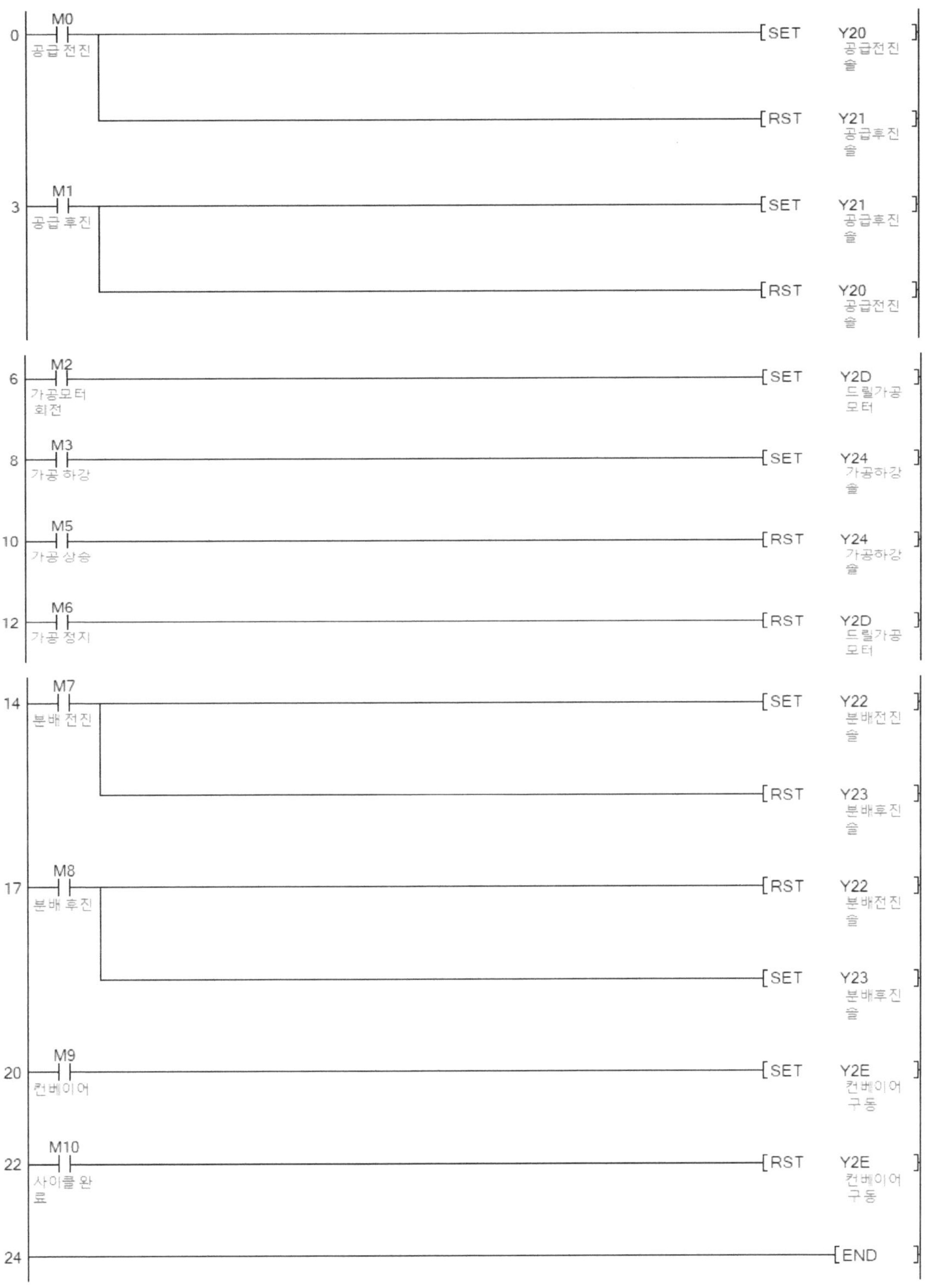

③ 데이터명 : IDENTIFY

아래와 같은 방식으로 회로를 작성하면 정전 용량형 센서와 유도형 센서의 위치에 상관없이
금속/비금속을 판별할 수 있다.

이렇게 유도형 센서를 상승 펄스로, 용량형 센서를 하강 펄스로 설정해서 금속(M1112)/비금
속(M1111)을 판별하면 아래 그래프와 같이 유도형 센서와 용량형 센서가 어떤 순서로 배치되
어 있건 유도형 센서로 먼저 검출하고, 그 뒤에 용량형 센서로 검출할 수 있게 된다.

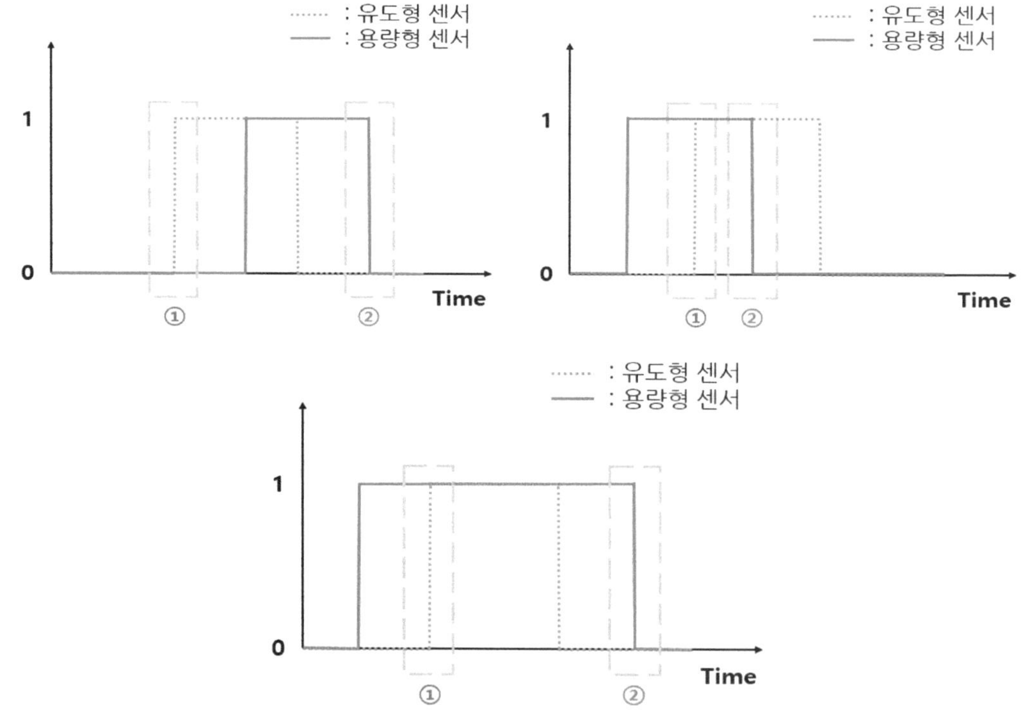

유도형 센서의 On/Off 여부를 M1212에 저장해 둔다.

비금속이 검출되면 M1111을 자기유지 하는데, M1111은 우선 40번 스텝의 메시지 출력에 사용되고 이후에 비금속 검출 3초 후 메시지를 삭제하는 데 사용된다. 또한, 터치패널에 출력될 비금속 수량과 공작물 수량의 값을 각각 1만큼 증가시키기 위해 INCP를 이용했다. 실습 과제 21에서 INCP에 대해 학습했었다.

금속이 검출되면 M1112을 자기유지하는데, M1112은 우선 84번 스텝의 메시지 출력에 사용되고 이후에 금속 검출 3초 후 메시지를 삭제하는 데 사용된다. 또한, 터치패널에 출력될 금속 수량과 공작물 수량의 값을 각각 1만큼 증가시키기 위해 INCP를 이용했다.

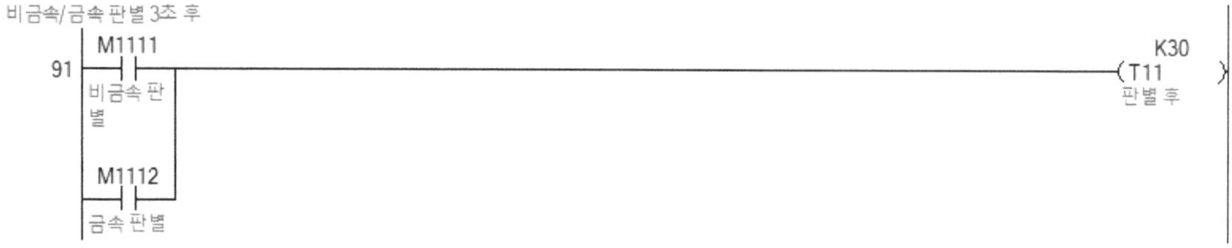

비금속 또는 금속이 판별되면 3초 동안 지연시킨다.

3초가 지난 다음에는 판별에 이용된 M1111, M1112, M1212를 모두 리셋함으로써 다음번 공작물이 검출되었을 때 정상적인 금속/비금속 판별이 가능하도록 한다. 디스플레이되고 있던 문자열을 삭제하기 위해서는 $MOVP 다음에 큰따옴표 2개를 띄어쓰기 없이 연달아 입력하면 된다.

위 회로의 3행은 모두 [RST 데스터네이션]의 형식인데, 이렇게 여러 개의 비트 또는 워드 디바이스를 리셋하는(값을 0으로 만드는) 동작은 아래와 같이 BKRST 응용 명령으로 대체할 수 있다.

BKRST는 아래와 같은 형식을 취하는데, D부터 시작해서 n개의 범위를(BlocK) ReSeT 하는 명령어이다. 그러므로 [BKRST M1111   K102   ]는 M1111부터 M1212까지 총 102개의

디바이스를 모두 리셋하는 역할을 한다. BKRST은 이처럼 사용한 비트 디바이스를 모두 초기화하는 용도로 사용할 수 있는 응용 명령이다.

BKRST	데스터네이션(D) [비트 디바이스]	개수(n)

비트 디바이스와 워드 디바이스에 대해서는 4장 초반에 학습한 바 있다.

공작물, 금속, 비금속 수량은 모든 공작물이 적재 완료되면 초기화되어야 하므로 한 번의 사이클이 완료되었을 때(M10) 공작물이 없다면(X0F) MOV 응용 명령을 이용해서 모두 0으로 만들어준다.

위 회로의 3행은 모두 [MOV K0 데스터네이션]의 형식인데, 이렇게 동일한 값을 여러 개의 디바이스에 전송하는 동작은 아래와 같이 FMOV 응용 명령으로 대체할 수 있다.

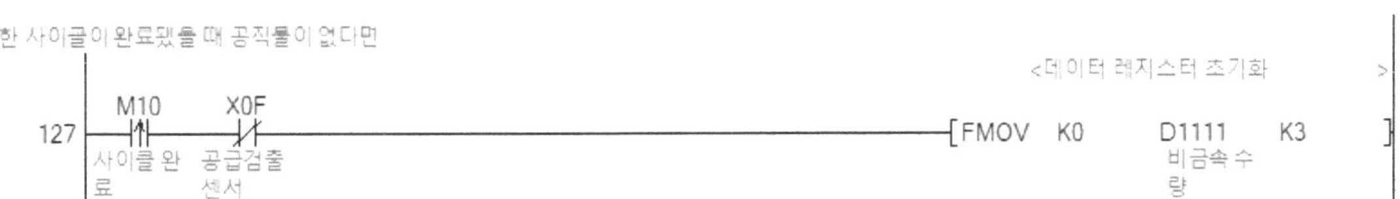

FMOV는 아래와 같은 형식을 취하는데, S의 값을 D부터 시작해서 n개에 모두 채우는(Fill) MOVe 명령어이다. 그러므로 [FMOV   K0   D1111   K3   ]는 10진수 0을 D1111,

D1112, D1113, 총 3군데의 디바이스로 전송하는 역할을 한다. 이처럼 FMOV를 이용해서 3개의 디바이스에 동일한 값을 전송하는 정도로는 유용성을 크게 느끼지 못할 수도 있겠지만, 예를 들어 [FMOV K0   D0   K9999]처럼 사용한 모든 워드 디바이스를 초기화하는 등의 용도로 사용할 수 있는 응용 명령이다.

FMOV	소스(S)	데스터네이션(D) [워드 디바이스]	개수(n)

　BKRST, FMOV 모두 동일한 값을 여러 개의 디바이스에 전송하는 역할을 할 수 있는데, 둘의 차이는 BKRST는 비트 디바이스를, FMOV는 워드 디바이스를 데스터네이션으로 지정해야 한다는 점이다.

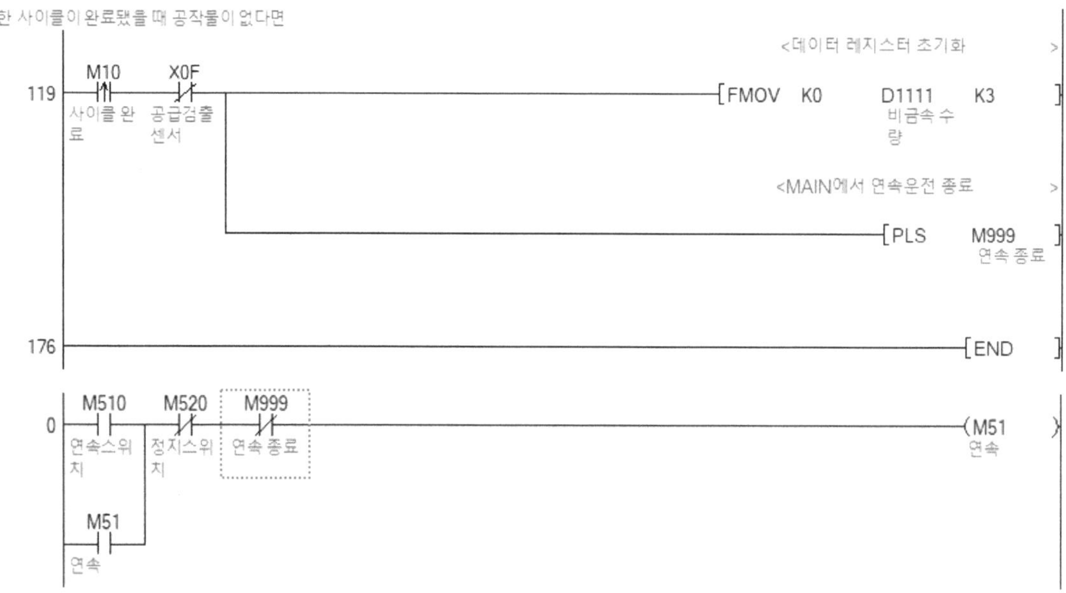

　M999는 한 번의 사이클이 완료되었을 때(M10) 공작물이 없는(X0F) 상태를 검출하는 비트로 사용하며 아래쪽 회로와 같이 MAIN 프로그램의 맨 위에 b 접점으로 연결해서 M51의 정지 조건으로 만들어 줌으로써 M999가 On 되면 M51이 Off 되어 해당 사이클 완료 후 M0이 On 되지 않도록, 즉 연속 운전을 더 이상 실행하지 않도록 만든다.

　M999가 On 되면 M51의 자기유지를 해제한 후 1스캔 뒤에 곧바로 Off 되어 다음 번 연속 운전이 가능하도록 만들어 줘야 한다. M10이 상승 펄스이기 때문에 M999는 a 접점으로 입력해도 동작에 아무런 차이가 없다. 또는 M10은 a 접점으로, M999는 PLS로 입력해도 된다.

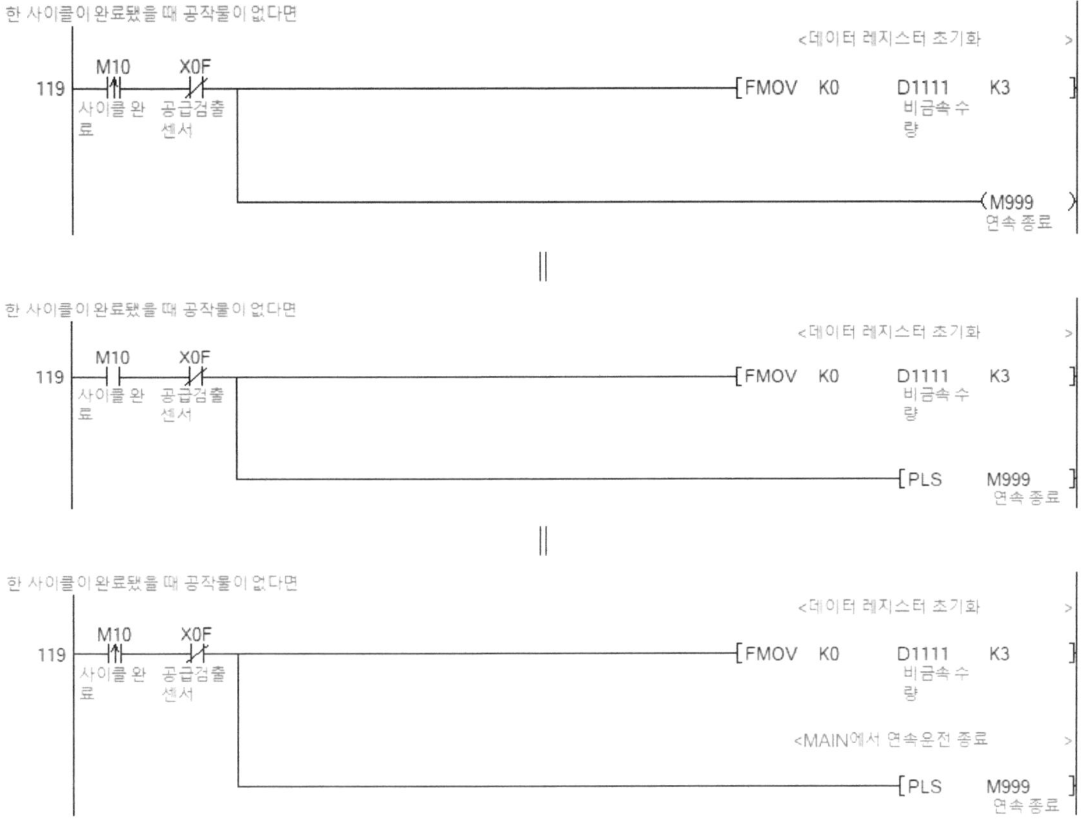

④ 데이터명 : LAMP

램프의 동작 조건은 다음과 같다.

- [대기] 램프 M2002는 연속 동작이 시작되면 소등하고 이외에는 점등
- [작업] 램프 M2000는 연속 동작 중에만 점멸(0.5초 On, 0.5초 Off)하며, 이외에는 소등

연속 스위치를 누르면 자기유지됨으로써 연속 운전이 실행 중임을 검출하는 M51을 특수 릴레이 SM412와 직렬 연결한 다음 작업 램프 M2000에 연결한다. 엄밀히 따지자면 SM412는 PLC RUN 후 0.5초 Off부터 시작해서 Off-On이 반복되기 때문에 만약 SM412, SM413(1초 Off, 1초 On이 반복) 등 플리커 회로를 제공하는 특수 릴레이를 사용할 때 반드시 Off가 먼저 되어야만 하는 조건이 주어졌다면 b 접점으로 입력한다. 하지만 램프의 점멸에서 Off와 On의 순서는 그리 중요하지는 않으므로 a 접점으로 사용하면 된다.

```
        M51     SM412
0  ─────┤├──────┤├──────────────────────────────────────────────( M2000 )─
        연속    0.5s On,                                                  작업 램프
                0.5s Off

                                                              ─[RST    M2002 ]─
                                                                        대기 램프
```

연속 동작 중에 대기 램프는 소등되어야 하므로 RST 응용 명령으로 M2002를 Off 시킨다.

```
        X0F     M10
6  ─────┤╱├─────┤↑├──────────────────────────────────[SET     M2002 ]─
        공급검출  사이클 완                                           대기 램프
        센서     료
```

한 번의 사이클을 마쳤을 때 공작물이 없다면 대기 램프를 자기유지하도록 한다.

```
        X0F     M10
6  ─────┤╱├─────┤↑├──────────────────────────────────[SET     M2002 ]─
        공급검출  사이클 완                                           대기 램프
        센서     료
                │
        M51     │
        ─┤↑├────┤
        연속     │
                │
        SM402   │
        ─┤├─────┘
        RUN 후 1
        SCAN ON

13 ─────────────────────────────────────────────────────────[END ]─
```

실행 중이던 연속 동작이 정지되는 순간과 PLC가 RUN된 순간에도 대기 램프가 On 되도록 조건을 추가해서 OR 회로를 작성한다.

여기까지 작성한 다음 "PLC 쓰기"와 "Write to GOT"를 각각 실행하고 동작을 테스트해 본다.

⑤ 데이터명 : EMG – 비상 정지 추가

실습 과제 16에서 학습한 비상 정지 동작을 추가해 보자. 아래 동작 조건을 만족하도록 한다.

▶ **연속 운전 중일 때 비상 정지 스위치를 누르면 시스템은 현재 상태로 정지(실린더는 진행 중인 행정을 마치고 정지, 가공 모터 정지, 컨베이어 정지)하고, 비상 정지 스위치를 해제 하면(터치하고 있던 손가락을 떼면) 남은 동작을 이어서 동작한다.**

실습 과제 16에서는 다음과 같이 비상 정지와 비상 정지 해제 동작을 구현했다.

비상 정지 스위치를 누르면 시스템은 현재 상태로 정지(실린더는 진행 중인 행정을 마치고 정지)하고, 비상 정지 스위치를 해제하면 남은 동작을 이어서 동작한다. 실린더는 공압 실린더이므로 별도의 조치를 취하지 않아도 도중에 멈추지 않고 진행 중인 행정을 마치고 정지한다. 여기서 첫 행의 M600은 상승 펄스로 변경해도 동작은 동일하다.

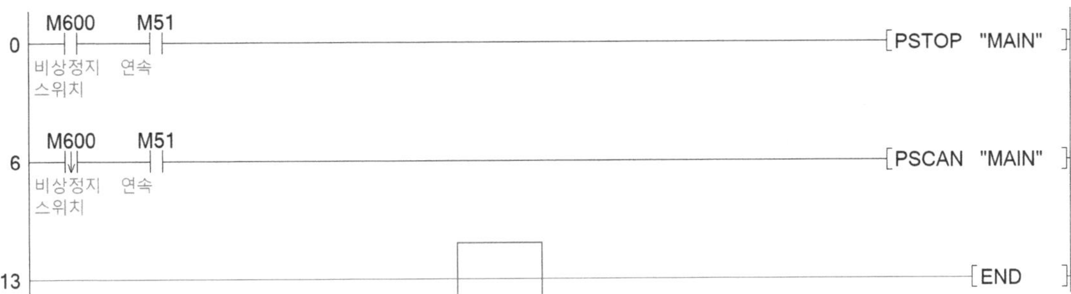

실습 과제 16에서는 공압 실린더의 행정만 다뤘는데 공압 실린더는 해당 디바이스의 전진/후진, 하강/상승 행정을 자기유지해 놓더라도 동작이 완료되면 더 이상의 움직임이 없다. 하지만 실습 과제 17에서 추가된 DC 모터(드릴 가공 모터[Y2D]와 컨베이어 모터[Y2E])는 자기유지가 되면 계속해서 회전하게 된다. 실습 과제 15 맨 마지막 파트에서 PSTOP은 "스캔을 정지"하는 것이지 "디바이스를 Off 하는 것이 아님"을 기억해 두라고 한 것을 다시 상기해 본다.

그러므로 비상 정지 스위치를 눌렀을 때 모터가 회전 중이었는지 여부를 비트 디바이스에 저장해 둔 다음 모터가 회전 중이었다면 회전을 정지시키고, 비상 정지가 해제되면 저장된 비트 디바이스의 상태에 따라 모터 회전의 재개 여부를 결정하도록 회로를 작성한다.

i) 비상 정지

우선 "EMG" 프로그램을 스캔 프로그램으로 추가한 다음 "EMG" 프로그램에 다음의 회로를 작성한다.

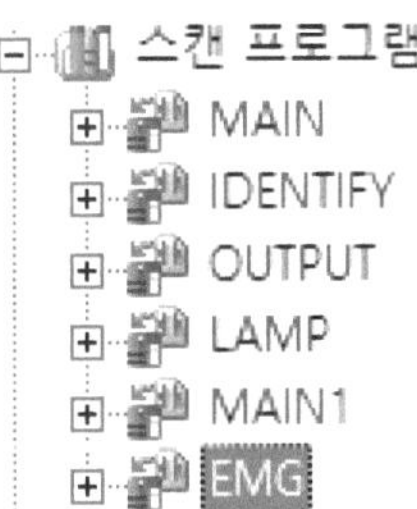

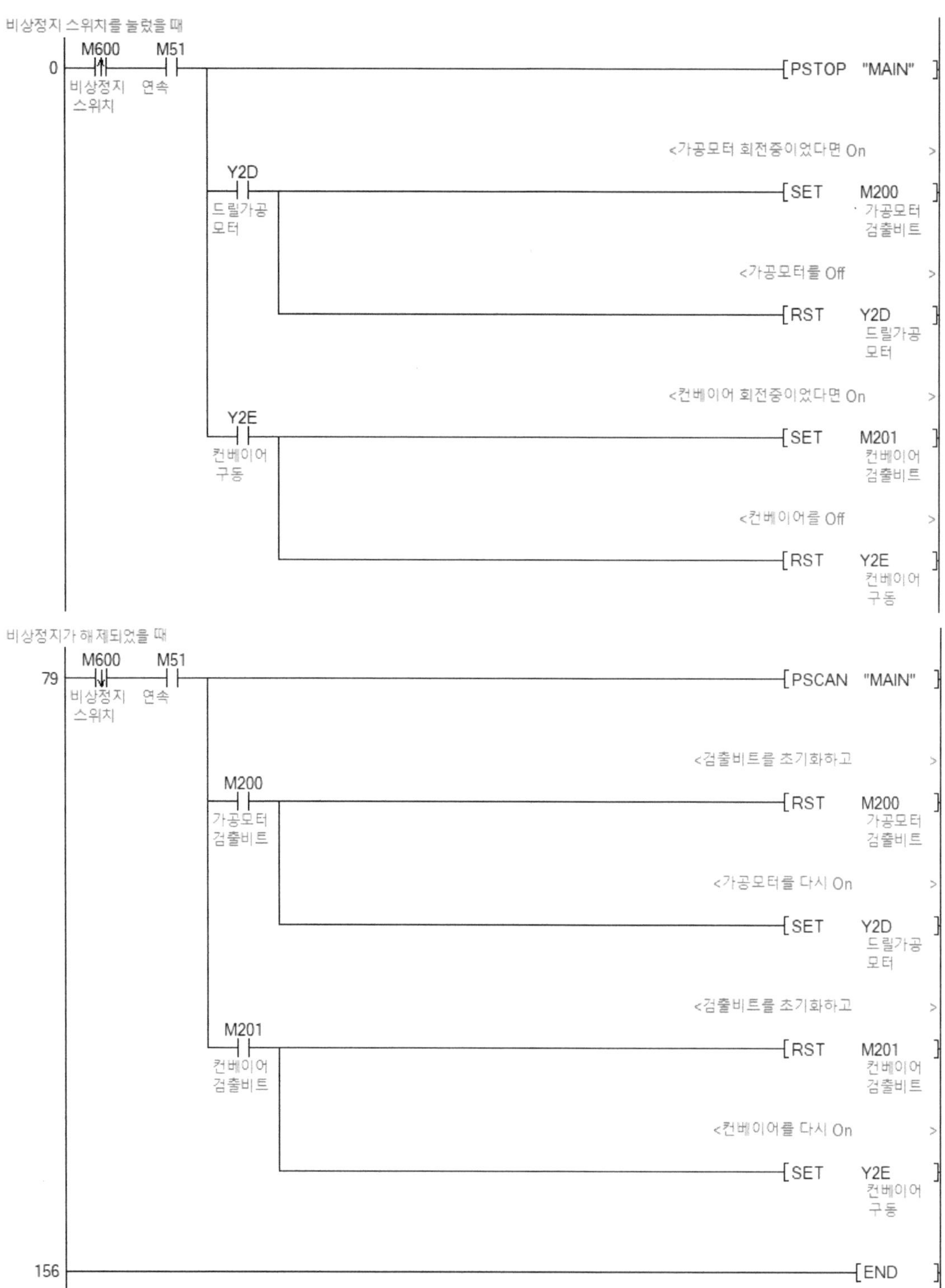

비상정지 스위치를 눌렀을 때
0
M600
비상정지
스위치
M51
연속
[PSTOP   "MAIN"]
<가공모터 회전중이었다면 On>
Y2D
드릴가공
모터
[SET   M200]
가공모터
검출비트
<가공모터를 Off>
[RST   Y2D]
드릴가공
모터
<컨베이어 회전중이었다면 On>
Y2E
컨베이어
구동
[SET   M201]
컨베이어
검출비트
<컨베이어를 Off>
[RST   Y2E]
컨베이어
구동
비상정지가 해제되었을 때
79
M600
비상정지
스위치
M51
연속
[PSCAN   "MAIN"]
<검출비트를 초기화하고>
M200
가공모터
검출비트
[RST   M200]
가공모터
검출비트
<가공모터를 다시 On>
[SET   Y2D]
드릴가공
모터
<검출비트를 초기화하고>
M201
컨베이어
검출비트
[RST   M201]
컨베이어
검출비트
<컨베이어를 다시 On>
[SET   Y2E]
컨베이어
구동
156
[END]

터치 패널에 비상정지 스위치(Bit Switch, Momentary)를 추가한다.

"PLC 쓰기"와 "Write to GOT"를 각각 실행하고 동작을 테스트해 본다. 연속 동작 중에 비상 정지 스위치를 터치하고 있으면 동작이 정지되고 터치를 해제하면 동작이 재개되는지 확인한다.

ii) 비상 정지(교번 동작 – FF 응용명령)

비상 정지 동작 조건을 다음과 같이 수정해 보자.

▶ 연속 운전 중일 때 비상 정지 스위치를 홀수 번 누르면 시스템은 현재 상태로 정지(실린더는 진행 중인 행정을 마치고 정지, 가공 모터 정지, 컨베이어 정지)하고, 비상 정지 스위치를 짝수 번 누르면 남은 동작을 이어서 동작한다. 즉 비상 정지 스위치를 1번 누르면 정지 → 2번 누르면 재개 → 3번 누르면 정지 → …

실습 과제 23에서 동작 조건처럼 On-Off가 반전되는 교번(Toggle, Alternate, Flip-Flop) 동작에 대해 학습했다. GX-Works2에서 교번 동작을 구현하거나 GT-Designer3에서 교번 동작을 구현할 수 있는데, 그중 GX-Works2에서 응용 명령 FF를 이용하는 방법을 소개하도록 하겠다.

아래와 같이 GX-Works2에서 회로를 변경한 다음 "PLC 쓰기"와 "Write to GOT"를 각각 실행하고 동작을 테스트해 본다.

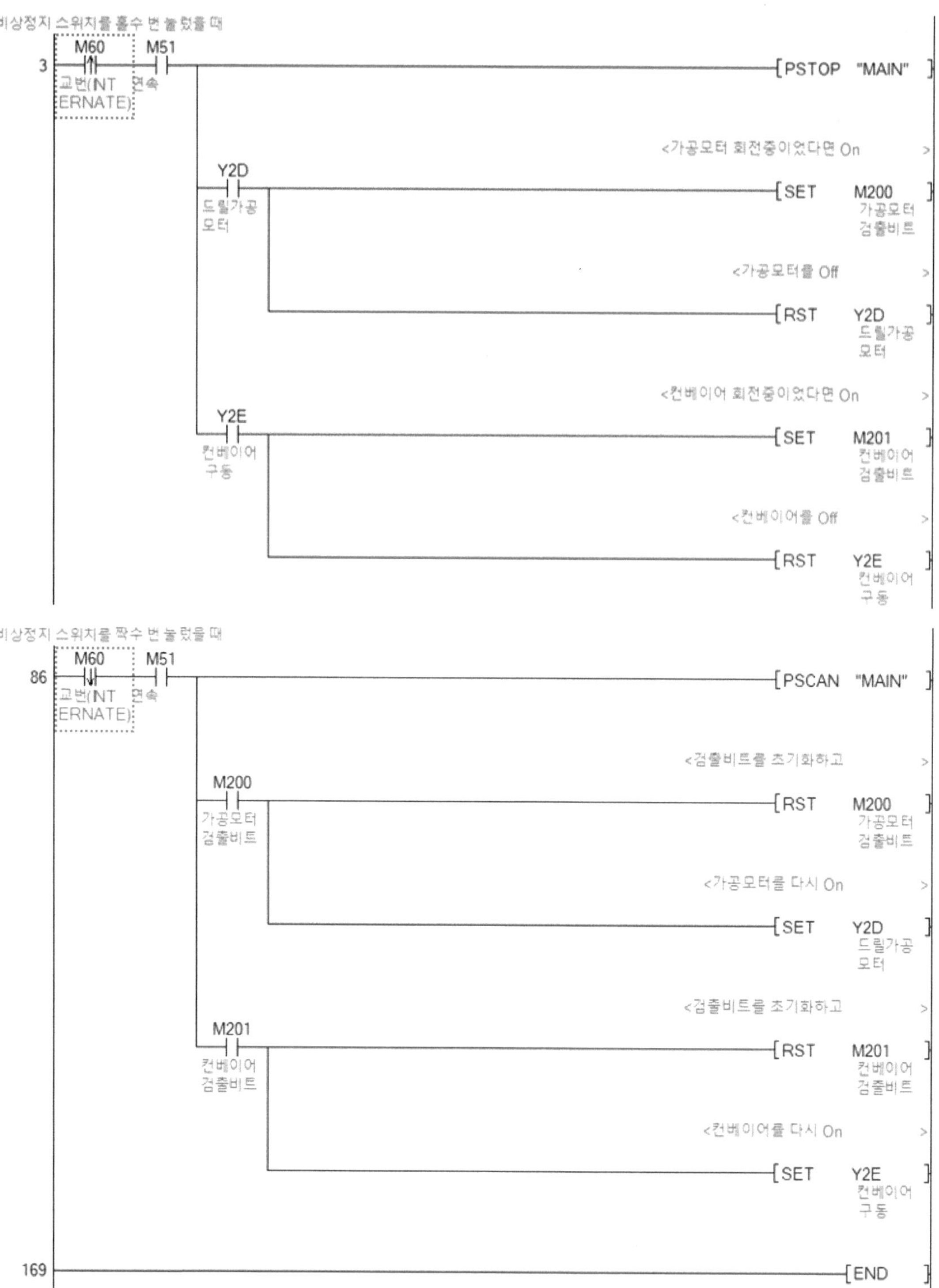

비상정지 스위치를 홀수 번 눌렀을 때
3
M60
교번(INTERNATE)
M51
연속
[PSTOP "MAIN"]
<가공모터 회전중이었다면 On >
Y2D
드릴가공모터
[SET M200]
가공모터검출비트
<가공모터를 Off >
[RST Y2D]
드릴가공모터
<컨베이어 회전중이었다면 On >
Y2E
컨베이어구동
[SET M201]
컨베이어검출비트
<컨베이어를 Off >
[RST Y2E]
컨베이어구동
비상정지 스위치를 짝수 번 눌렀을 때
86
M60
교번(INTERNATE)
M51
연속
[PSCAN "MAIN"]
<검출비트를 초기화하고 >
M200
가공모터검출비트
[RST M200]
가공모터검출비트
<가공모터를 다시 On >
[SET Y2D]
드릴가공모터
<검출비트를 초기화하고 >
M201
컨베이어검출비트
[RST M201]
컨베이어검출비트
<컨베이어를 다시 On >
[SET Y2E]
컨베이어구동
169
[END]

iii) 비상정지(교번 동작 – GT-Designer3의 Switch Action)

GX-Works2의 회로를 다시 원래대로 되돌린 다음 GT-Designer3에서 교번 동작을 구현해 본다.

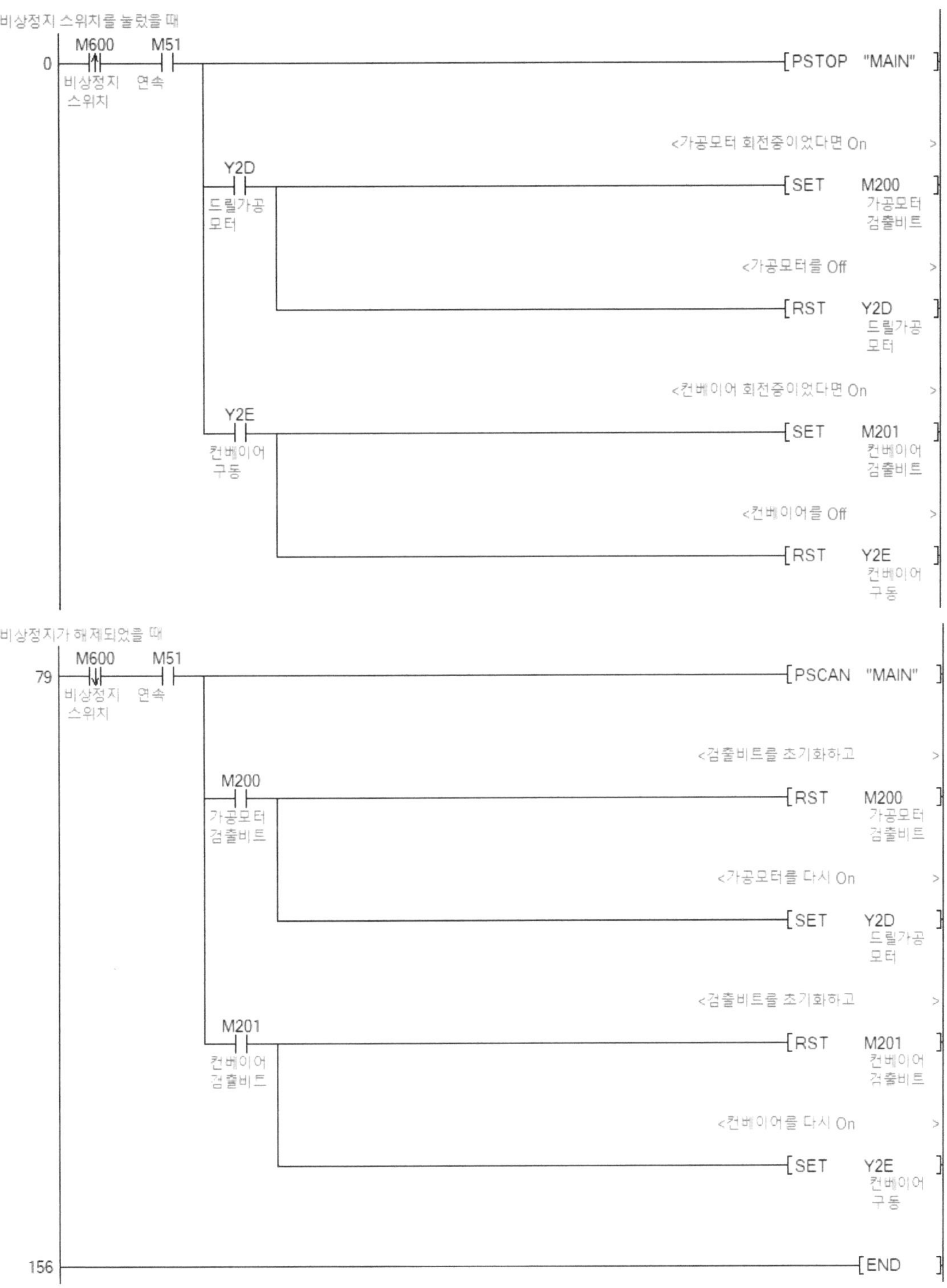

비상정지 스위치를 더블 클릭한 다음 [Switch Action] - [Action]을 "Alternate"으로 변경한다. 이렇게 하면 GX-Works2에서 FF 응용명령을 사용했을 때와 마찬가지로 스위치를 홀수 번 터치하면 M600이 On 되고, 짝수 번 터치하면 M600이 Off 된다.

Lamp 기능을 디폴트 값인 Key Touch State에서 "Bit-ON/OFF"로 변경한다. Key Touch State는 터치 중인지, 터치가 해제되었는지에 따라 스위치의 형태가 바뀌는 것이고, Bit-ON/OFF는 우측의 Device가 On인지, Off인지에 따라 스위치의 형태가 바뀌는 것이다.

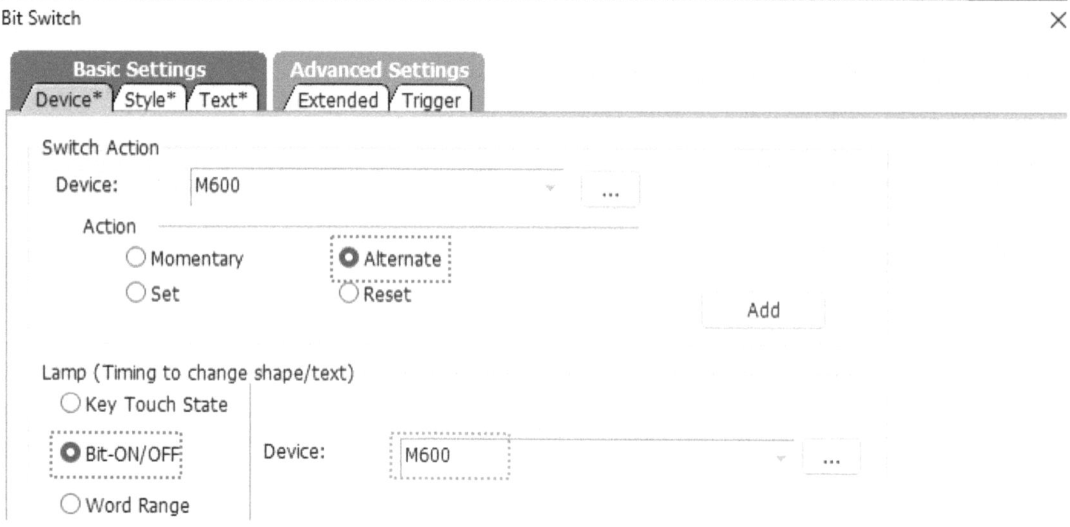

이제 [Style] 탭으로 들어간 다음

① [Shape] 클릭

② Library에서 [FA Control Selector Figure 1] 선택

③ Display - Shape에서 "Lamp Off"를 클릭한 후 우측의 스위치 라이브러리에서 원하는 형태의 스위치를 선택

④ Display - Shape에서 "Lamp On"을 클릭한 후 우측의 스위치 라이브러리에서 원하는 형태의 스위치를 선택

⑤ "OK" 클릭해서 스위치의 형태가 변경될 수 있도록 한다.

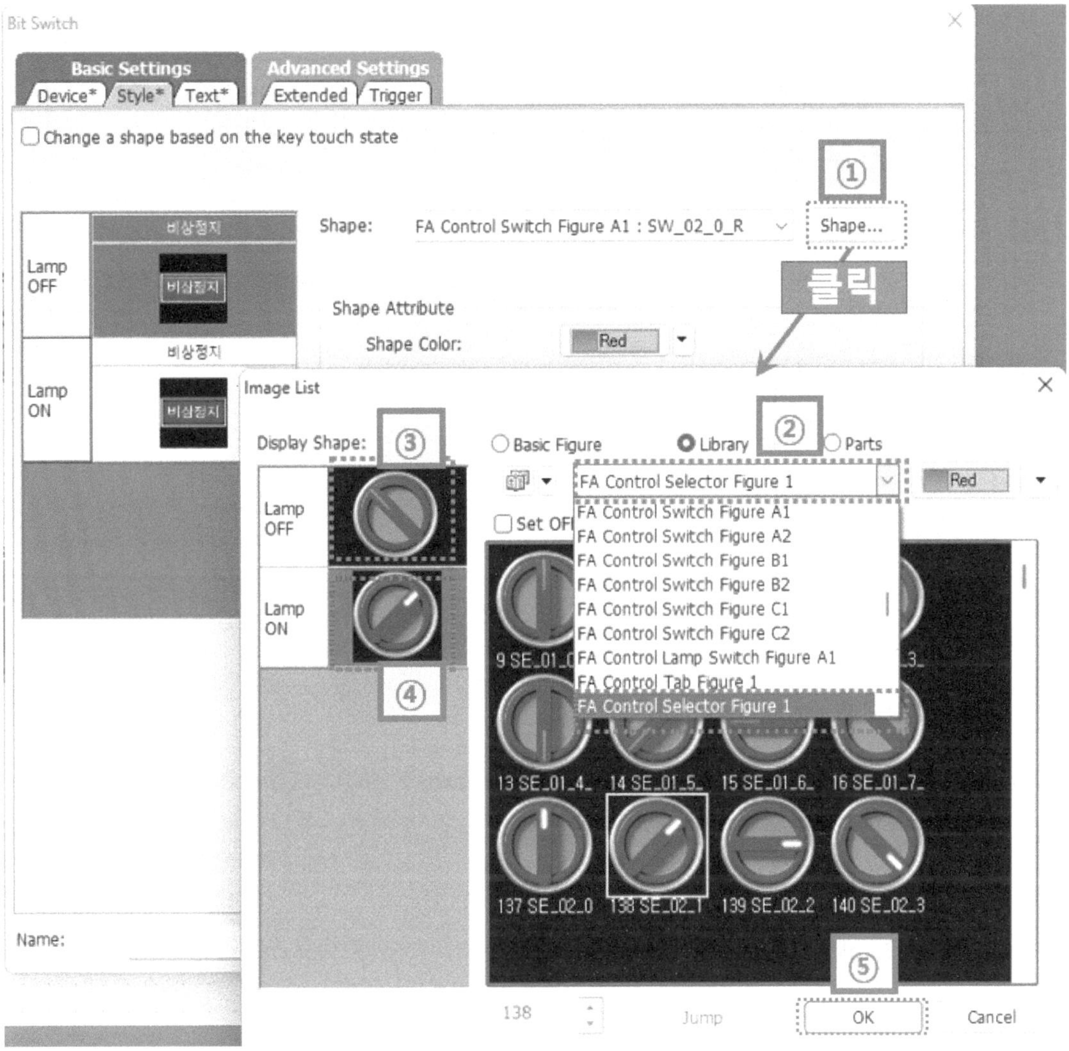

가로/세로 비율을 적당히 조절해서 다음과 같은 형태로 만든다.

비상 정지 스위치의 형태는 다음과 같이 변한다.

홀수 번 터치했을 때	초기 상태 및 짝수 번 터치했을 때

"PLC 쓰기"와 "Write to GOT"를 각각 실행하고 동작을 테스트해 본다.

동작 조건

▶ 실전 과제 17을 참고해서 [시작] 스위치를 On 하면 우측의 순서도와 같이 동작하도록 회로를 작성해 보시오.

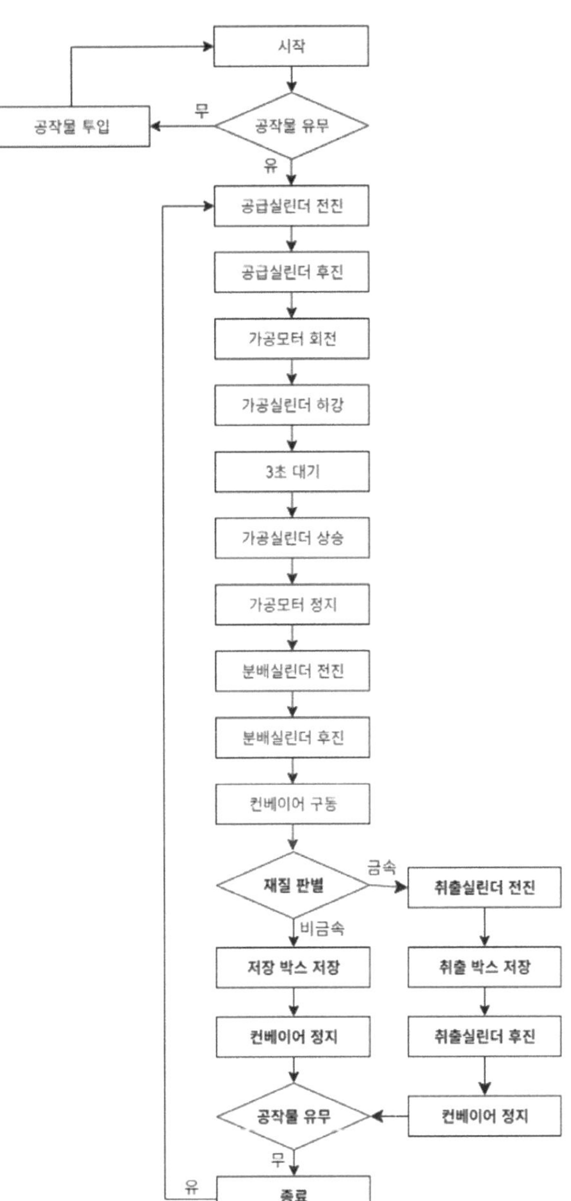

- IDENTIFY 프로그램에서 금속이 판별된 지 0.3초(시스템에 따라 시간은 다를 수 있음) 뒤 취출 실린더를 전진시켜 취출 박스에 저장 → 전진이 완료되면 다시 후진 → 후진이 완료되면 컨베이어 정지하도록 수정한다.

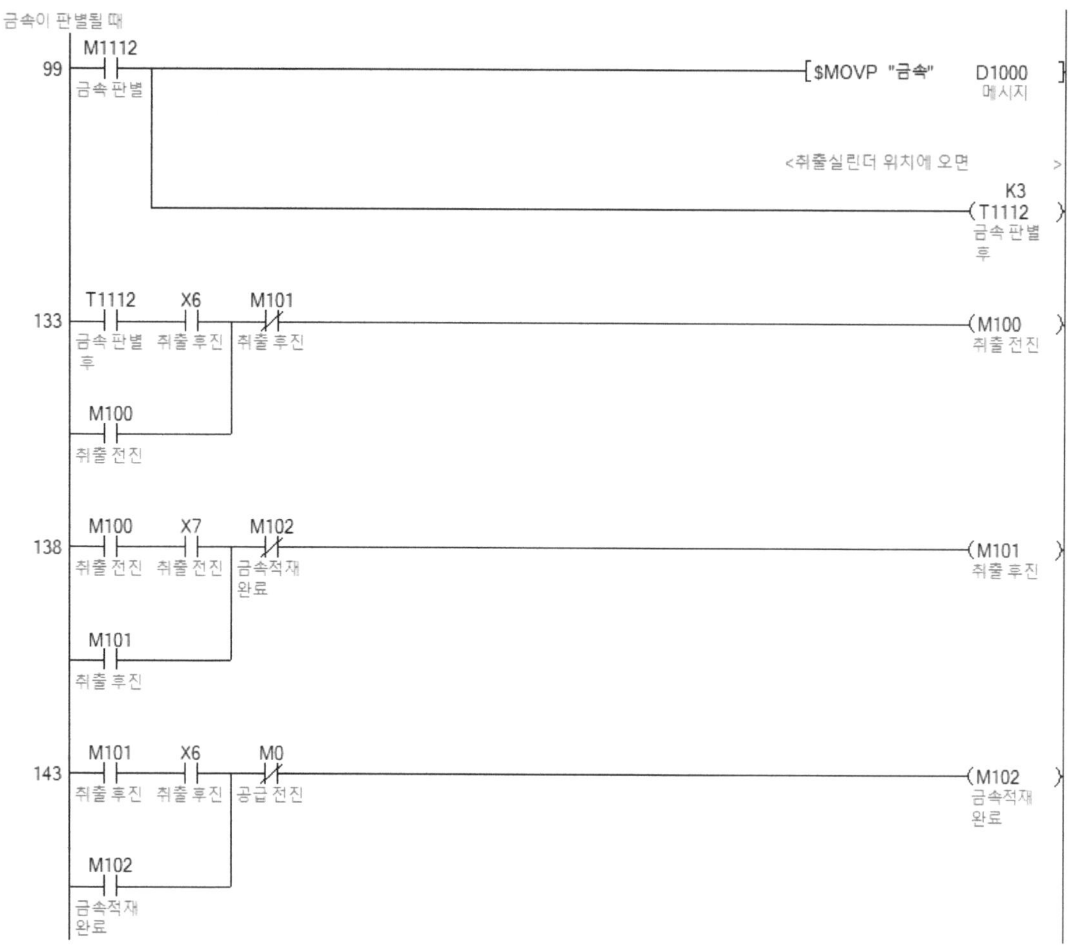

- 비금속이 판별된 지 4초(시스템에 따라 시간은 다를 수 있음) 뒤에 컨베이어를 정지해서 저장 박스에 저장되도록 한다.

- 금속/비금속 판별 과정을 참고해서 M102가 On OR T1111이 On 되면 컨베이어가 Off 되도록 OUTPUT 프로그램을 스스로 수정해 본다.

- IDENTIFY 프로그램에서 아래 파트는 이제 3초 뒤에 M1111~M1212를 리셋해 버려서 비금속 판별 후 T1111이 4초를 계측하기 전에 Off 해 버린다. 그러므로 BKRST과 $MOVP를 T11에 연결해서는 안 된다.

MAIN 프로그램의 아래 파트에서 "M9 On AND T9 On"이 한 번의 사이클 완료를 의미했는데, 이제 "M102가 On OR T1111이 On" 된 것이 한 번의 사이클 완료를 의미한다. 이 파트를 동작 조건에 맞도록 수정해 본다.

EMG 프로그램에서 비상 정지 스위치가 On 되었을 때 MAIN 프로그램만 PSTOP 하는 것으로 충분한지 생각해 본다.

```
       M600     M51
  0 ───┤↓├──────┤ ├────────────────────────────────────[PSTOP  "MAIN"  ]
      비상정지   연속
      스위치
```

그 외에 수정할 부분을 스스로 찾아 수정해 본다.

만약 비상 정지를 해제했을 때 초기화(모든 실린더는 후진 또는 상승, 모든 DC 모터는 회전을 정지)하도록 하려면 어떻게 하면 될지 생각해 본다.

멜섹(MELSEC)을 이용한

PLC (GX-Works2) 제어

실습   PLC Basic Practice
HMI 제어

| 2025년 | 8월 | 16일 | 1판 1쇄 | 인 쇄 |
| 2025년 | 8월 | 25일 | 1판 1쇄 | 발 행 |

지은이 : 최 영 근, 정 용 섭

펴낸이 : 박   정   태

펴낸곳 : **광   문   각**

10881
파주시 파주출판문화도시 광인사길 161
광문각 B/D 4층
등   록 : 1991. 5. 31 제12-484호
전화(代) : 031) 955-8787
팩   스 : 031) 955-3730
E-mail : kwangmk7@hanmail.net
홈페이지 : www.kwangmoonkag.co.kr

- ISBN : 979-11-93965-21-4   93560

값 20,000원